U0182198

EBERS

翻 开 生 命 新 篇 章

血缘与人类

从分子视角重读人类演化史

FROM WHERE WE CAME

A Physicist's Perspective on Human Origin, Adaptation, Proliferation, and Development

[美] 郭建渝（Chris Young Kelly） 著

科学普及出版社
·北 京·

图书在版编目（CIP）数据

血缘与人类：从分子视角重读人类演化史 /（美）郭建渝著 . — 北京：科学普及出版社，2024.6

书名原文：FROM WHERE WE CAME: A Physicist's Perspective on Human Origin, Adaptation, Proliferation, and Development

ISBN 978-7-110-10731-7

Ⅰ . ①血… Ⅱ . ①郭… Ⅲ . ①人类进化—历史 Ⅳ . ① Q981.1

中国国家版本馆 CIP 数据核字 (2024) 第 072110 号

著作权合同登记号：01-2022-5241

策划编辑 郭仕蕻 王 微
责任编辑 孙 超
文字编辑 汪 琼 郭仕蕻
装帧设计 佳木水轩
责任印制 徐 飞

出 版 科学普及出版社
发 行 中国科学技术出版社有限公司发行部
地 址 北京市海淀区中关村南大街 16 号
邮 编 100081
发行电话 010-62173865
传 真 010-62179148
网 址 http://www.cspbooks.com.cn

开 本 880mm × 1230mm 1/32
字 数 283 千字
印 张 12.25
版 次 2024 年 6 月第 1 版
印 次 2024 年 6 月第 1 次印刷
印 刷 北京盛通印刷股份有限公司
书 号 ISBN 978-7-110-10731-7/Q · 301
定 价 88.00 元

著者简介

郭建渝（Chris Young Kelly）

美籍华裔实验物理学家、工程师，也是一名高产的科普作家。

他早期的物理研究着重于化学激光材料的量子特性，以及如何优化激光的效率。该类激光材料已被广泛应用于现代半导体工业的纳米级集成电路光蚀刻技术中。他还在实验室中模拟海王星和天王星的表面环境来研究大气层的量子光谱，以进一步探讨这两个行星表面的化学成分。

作为工程师，他参与奠定了早年高速光纤通信技术的基础，为视频流、数据存储等互联网庞大的流量提供了宽阔的通路。后来他成为一名科技企业的高级主管，并在斯坦福大学电机研究所担任访问教授。他也是高科技行业的企业家和投资者。他还是一名高产的技术类科研学者，发表了100多篇同行评议的文章，近年的写作兴趣转为面向大众传播科学。

内容提要

你知道吗？我们智人的基因构成中，有一部分来自已经灭绝的尼安德特人。

那么，这些人类近亲，和我们一样聪明吗？都是人类，我们为什么不同，如何不同？我们可以和他们交谈吗？这些问题与“我们来自何处”（from where we came）有什么关系？

在本书中，著者站在理科视角，以基因的角度，全面概述现代智人的发展历程。

如果你也同样好奇人类种群的发展史，并且厌倦了媒体的老生常谈与信息轰炸，那么我们可以简单地把宏大复杂的人类演化归结为简单的科学线索。

其实，我们从单细胞基因生物进化而来的过程，可以比喻为在城市里坐公共交通去往不同的地方。通过流行的文化案例、作者的个人经历、一些幽默的比喻和简单的图形及定义，我们用一个科学家的眼睛，就能简单探索和概括人类进化的宏大主题。我们将深入探讨人类物种兴起、繁衍、灭绝和演化的因果关系，从基因层面认识整个历史。

跟随著者的脚步，我们能够探索人类的祖先如何克服各种困难，历经数百万年而生存甚至繁荣。很明显，地球上现存的每一个人，在许多方面都是相似的，除了基因上的微小差异。作为同一个物种，我们不禁有了动力，去寻找让自己生活更好的方法。

毕竟，我们都是活在地球上血浓于水的兄弟姐妹。

目录

第 1 章　人类最古老的谜团

为什么要追求这个答案 / 002
自古至今的回答 / 003
追寻这个问题的动机 / 007
本书写作目的 / 011
本书概览 / 012

第 2 章　我们来自何处

这些答案是怎么得到的 / 018
继续对这个问题刨根问底 / 024
图书与研究 / 033
人类故事的开端：700 万年前 / 034

第 3 章　人类演化的原始动力

人类最原始的起点 / 037
演化历程的“因”与“果” / 039
建立演化的基本结构 / 039
建立演化原理 / 045
演化中随机性的验证 / 049
本章总结 / 057

第 4 章 “我们”到底是什么动物

人类最简单的定义 / 061
人类的官方名称 / 063
人类的其他常用名称 / 067
分类法、族谱、系统发育树 / 070
物种的简单定义 / 071
演化时间的计量单位 / 073

第 5 章 人类的族谱

尼安德特人激发了丰富的想象力 / 077
系统发育树：浓缩的人类族谱 / 080
前人属阶段：距今 700 万年前到 250 万年前 / 082
人属阶段：250 万年前至 90 万年前 / 094
古老智人阶段：90 万年前至 4 万年前 / 097
现代人类阶段：20 万年前至今 / 101
本章总结 / 102

第 6 章 人类化石诉说的故事

熟悉人类化石 / 105
克服人类化石的重重障碍 / 112
从化石到人类演化 / 114
人类化石的发现史 / 116
化石的形成 / 121
化石测年 / 122

一点应用物理 / 129
连绵不断的形体演化 / 130

第 7 章　人类形体上的演化

整理人类化石 / 134
渐进概念与阶梯平衡 / 135
拼凑未知的拼图 / 137
头部的改变 / 139
姿势：完全双足运动的适应 / 144
手和手臂 / 146
喉咙和语音器官 / 148
现代人类与尼安德特人的躯干 / 152

第 8 章　脱氧核糖核酸与演化

生物宏观和微观之间的关系 / 155
DNA 的发现与研究简史 / 159
DNA 分子简介 / 167
DNA 与演化 / 172
线粒体 DNA / 179
本章总结 / 182

第 9 章　现代人类的起源

现代人类起源研究的最重要贡献 / 185
相关研究与团队 / 186

研究内容 / 197
现代分子人类学 / 207
本章总结 / 209

第 10 章　尼安德特人、丹尼索瓦人和现代人类

智人家庭 / 214
智人的 DNA / 216
智人族谱 / 219
智人类各亚种之间的交流 / 225
智人全家福 / 229
跨智人亚种姻亲关系的影响 / 233
本章总结 / 241

第 11 章　人类物种的形成

宏观物种形成的几种假想 / 248
宏观物种观念 / 252
微观物种观念 / 253
确定人类物种形成的研究 / 256
本章总结 / 264

第 12 章　人类的共通性与变异性

成为人类自己的物种 / 266
我们人类的共通之处 / 268
人类的变异处 / 286

本章总结 / 293

第 13 章　人类大迁徙

迁徙与扩散 / 298
人类迁徙了多远 / 299
2 分钟人类迁徙史 / 301
早期人类的足迹 / 303
现代人类迁徙 / 309
现代人类迁徙的三个阶段 / 314
第一阶段：非洲内部的迁徙与扩散 / 315
第二阶段：出走非洲的第一梯队 / 318
第三阶段：出走非洲的第二梯队 / 320
第三阶段：最后一次冰河最高峰期之后 / 326
现代人类迁徙总结 / 331
现代人类将去往何方 / 332

第 14 章　近年来人类学的进展

2017 年 / 336
2018 年 / 340
2019 年 / 344
2020 年 / 350
2021 年 / 351
本章总结 / 352

第 15 章　人类必须成为更好的物种

第一个目标的实现 / 357
第二个目标能否实现 / 360
对现代人类的评价 / 362
人类的同理心和二重性 / 368
人类应有改善自己物种的理想 / 373

第1章

人类最古老的谜团

Solving Humans' Oldest Mystery

“我们来自何处？”

这是一个非常简单的问题，但它似乎无止无休地困扰着人类。这个问题有多古老呢？我们可以合理地假设，在人类刚开始会说话、有语言和认知能力的时候，就会问这个问题了。最近发现的人类喉部化石碎片显示人类口头交流的能力可以追溯到50万年前，当然这种口头交流语言很可能跟今天所知道的语言完全不同。现代黑猩猩身上已经显示出有思维过程能力的迹象——认知能力，表明人类很早就会思考认知。但是，除非有足够多的关于我们语言和智力起源的确凿证据，否则我们可能永远都不知道，人类到底何时以及如何第一次提出这个问题。

人们普遍认为，提出这个问题是因为我们一直都有天生的好奇心。其实不然，早期人类确实对自然好奇，但是人类的好奇大多数是针对他们直接关心的事情。例如，他们可能很好奇，为什么某些坚果（如苦杏仁）吃了会引发呼吸困难，为什么有些树叶可以止血（如欧蓍草），或者他们也可能会问为什么潮湿的木材生不了火。只有当他们不必担心生计，而且有空闲的时候，才有心情去探讨一些无关民生的问题。在他们的心目中甚至怀疑为什么要去想“我们来自何处”这个问题，而且还需要去寻找答案；事实上，人类一直都有需要知道这个答案，并不只是好奇。

为什么要追求这个答案

早期狩猎时期的人类基本社会群体很可能由家族加上近亲和朋友组成。人类学者没有这些人类氏族组成的记录，但是可以合理地假设当初的社会结构与现代高级灵长类动物相似。演化心理学家认为，典型的人类社会群体规模约有 30 人，类似于现代自然生态中的黑猩猩群体。在一些比较罕见的情况下，群体规模可能多达 150 人。但是，多于 150 人的群体就有分裂为较小团体的倾向，除非规范建立得非常完美。

在一个类似这样的群体里，为了保持群体的凝聚力和生存能力，人类鼓励并培养与生俱来的同理心、同情心和利他主义。就像在现代灵长类动物中观察到的那样，这些情感与行为在彼此照顾中反映出来。当然，他们之间总会有不可避免的争端，有时是抢夺资源，有时是争风吃醋。但同时也观察到他们之间的冲突通常经过一些物资交换，或轻触下巴，相互拍拍背，哈哈一笑泯恩仇。总之，由于他们在这些小团体中彼此熟稔，大多数日子里，或许有些小冲突，但生活似乎平静和满足。可以想象生活在这个时代和群体中，除了生存外，没有太多别的忧虑。

但是真实的生活却没这么单纯，在平静与单调之中，经常不可避免地要与其他群体互动。根据最近的一项研究，早期人类群体之间的这种社交接触是我们发展复杂文明的主要驱动力。群体之间是如何互动呢？在排外的本能心态里，第一个行动多是防御性的，大概都会先通过某种形式的交流来找出另一群体的来处。在试探的对话中，首先要提出的问题之一很可能就是“你从哪里来？”这就像现代派对中用“你来自哪里”来和陌生人打开话匣子一般。只有当两个互动群体都认为对方没有威胁时，双方才开始分享食物和故事，以剩余物资换取短缺，建立起诸如狩猎或对抗自然灾难的联盟。

在某些情况下，接触其他群体甚至是主动的，因为向外伸展的活动是在自己群体以外寻找交往伴侣的一个机会，打开话匣子就是活动的第一步。不管向外伸展的动机是什么，了解我们的出处都是群体生存和繁衍的一部分。从生存本能的角度来看，人们的确有需要知道“我们来自何处”。

自古至今的回答

在这些群体的交流中，双方都要能适当地应付这些类似的问题，否则对话难以持续下去。经过多次与其他群体互动之后，这些群体都已经有了一些标准答案。每个群体的标准答案通常由最聪明的巫师或祭司来制订。巫师会治愈诸如伤口或简单的疾病，他们无疑是群体里最受信任和尊敬的人。他们也可以将平凡的日常活动编成深受成员欢迎的故事。巫师几乎在人类原始生活中无所不在，他们也就理所当然地被认为是能回答“我们来自何处”这个问题的最佳人选。其实，他们最重要的任务之一就是用“我们来自何处”的答案来编成故事，以促进群体或部落的团结。通常，这些故事都掺杂了不少神话式的答案。

神话的答案

大多数神话试图要人们相信自己是一些万能的神祇的创作品。这些神祇赋予我们群体的是特殊和独有的本质，强大的群体，同时有获得各种生活资源的本领。我们的出身让我们成为一个有价值的群体，对内可以增加族群团结，对外可以得到其他群体的艳羡与友谊，也可以凌驾其他群体或建立同盟。总之，如果你相信这个神话，就会得到真正的好处。能够正确传达这些信念无疑会增进本族的地位，从而与他族建立同盟，交换资源。以巫师既有的聪明，他们无疑知道“我们来自哪里”的问题没有真正的答案，因为连他们自己也不知道。群体内的成员只要相信神话就是真理，生活就可无虞。

从我们物种的开始直到 19 世纪中叶，神话般的答案始终主导着人类对起源的想象。不管这些神话是否为真，相信这些神话的人们就不会被其他生活上琐碎的事情所困扰。其实，甚至到现在，相信背后有神奇能力的靠山支撑，似乎是人类长久以来的心理必需品。

人类来自何方的神话比比皆是，内容丰富，这几乎都归功于聪明的巫师或祭司的想象力。例如，中非的博斯洪戈（Boshongo）人民，声称他们都来自伟大的创造者本巴（Bumba）。本巴从口中吐出了宇宙以及宇宙中的一切事物。而本巴的最后的一个任务就是吐出了人类。根据维基百科的说法，帕恰玛玛（Pachamama）是安第斯山脉土著人民崇拜的女神，她创造了所有的人类。3 年前，我在秘鲁旅行时，一位来自秘鲁 Quechuan 的本地人告诉了我当地人的说法，他说帕恰玛玛是所有人的曾曾……祖母，而她则是从土地中诞生出来的。伏羲和女娲是人类始祖的神话，在中国有 5000 年的历史，他们可以说是中国版的亚当和夏娃。关于女娲的另一种说法是，她独自一人，用泥土创造出人类。当她发现做出来的人类都会死亡，她就另外造出男人与女人，并让他们交配来繁衍后代。当然，还有大家都熟悉的《圣经·创世纪》里的亚当、夏娃，他们也被认为是所有人类的祖先。

化石的故事

在 19 世纪中叶前后，当演化论开始逐渐渗入普罗文明中时，人们对来自何方故事的神秘感逐渐消失，导致大部分神话最终完全崩溃。那时许多相信达尔文演化论的学者因为担心宗教对他们的制裁与处罚，迫于压力不得不承认除人类之外的生物都经演化而来。但是，当大量原始人类化石不断被发现后，学者们终于在 20 世纪初接受了人类也是经演化而来的论点。很明显的，人类是来自于猿类和现代人类之间的某种动物，他们甚至可能直接由猿类演化而来。不过，大部分宗教里人类起源神话的影响仍然根深蒂固，相信不是这么容易消失的。

许多基于化石研究建立起来的各种演化理论，纷纷扰扰争执了 100 多年。这些年里，各种理论版本五花八门，莫衷一是。这个不确定性主要是源于对化石的诠释不够明确，因为比较解剖学者们始终无法单单基于零碎的化石而精确地刻画出远古人类的形貌，正所谓“巧妇难为无米之炊”。在有些情况下，这些不明确的化石诠释导致了一些似是而非的演化理论。也有些别有用心的学者利用学术的舞台来为自己图利，甚至还有假造化石、故意的错误和偏见的执着，所有这些因素造成了探讨人类演化过程时的种种障碍。

在 20 世纪 40—70 年代，利基家族（Leakey Family）和许多当代人类学家不断地发现了人类化石。这些化石和它们的诠释主宰了这些年人类族谱和演化理论的研究。同时，当每隔一段时间就会有一些“重要”化石被发现时，原有的理论就会被更新甚至被推翻。人类演化故事一直持续不断地改变。到了 1980 年前后，一直都没有任何令人信服的论点可以“统一”和协调所有证据和理论。于是有关人类自己的演化研究几乎停滞不前。

DNA 的答案

约 20 世纪 60 年代中期，遗传生物学的发展改变了这一现状。对基因的理解逐渐清晰；DNA 的发现和深入研究，科学家和专业人士的新思维，都为整个演化科学注入了新鲜血液。因为这些新学者大都与传统化石人类学的背景不同，更为人类的演化研究带来了新的想法。整个多元科学的融合在 20 世纪 80 年代后期达到高潮。其中有一个研究团队宣布了一个现代人类演化理论，对当时的传统理论来说极具挑战性。他们的发现总结如下：“当今所有在世的人类都是 20 万年前生活在撒哈拉以南非洲的几个少数祖先的后代。”这句话似乎奠定了现代人起源的人事时地物的基础。但从遗传学的角度来看，这还没有触及我们这个共同祖先在 700 万年前的原始起源。所以，尽管这项研究对现代人的演化具有里程碑意义，但是还只是人类演化过程的 1/30 而已。

这项研究为人类演化的研究方法奠定了现代分子人类学

的基础。该基础更使得现代最先进的科学与技术作为工具发挥了它们的潜能，让我们进一步了解了有关人类演化的许多细节。这个新的现代分子人类学甚至让人们窥视到尼安德特人的遗传结构（尼安德特人是人类已经灭绝的近亲，大约在4万年前就已不复存在）。更有甚者，人们还可以用它去了解比尼安德特人还早的祖先。如果分子人类学和科技继续同时发展，人类学者将会把人类的演化理论改进得更趋完善。

到了2020年，历经过去50年分子人类学和化石人类学的共同努力，人类对自己有了清楚的概念。我有理由相信，研究结果已经部分回答了“我们来自何处”的一般问题。但是对我来说，大半所知都是属于演化的过程和结果，至于背后有什么更为根本的驱动力及其如何带动了这些演化的过程和结果则付诸阙如。所以，虽然对于“我们来自何处”的问题似乎已有一些答案，但我总觉得这些答案并不完全，也似乎缺少了一些重要的关键信息。

追寻这个问题的动机

身为一个物理系学生，我相信任何基本主题都具有两个不可缺少的特质：它应该简单而又有广大的包容性。牛顿的万有引力定律简单明了，这个重力场无所不在，一切所见事物的运行都被一个同样的重力公式支配着。这个定律的正确和有效已经被验证了数百年。重力公式控制着从天体到铅笔掉落到地面的所有运动。重力理论是简单而包容的。物理界中还有很多像这样的理论。如果我用重力的广义相对论或所有基本粒子的标准模型来与人类演化比较，我相信得出的结论也具有同样的相似性与启发性，只是解释起来比较复杂而已。我也坚信，凡事都有因，也有其导致的果，即一个因果关系。演化论也绝不例外，所以演化的背后一定有一个指导原则具有如此简单和包容的特质。

“当今所有在世的人类都是20万年前生活在撒哈拉以南非洲的几个少数祖先的后代”这个简明扼要的摘要，是100多年来人类学研究的结晶。很显然，它既简单又有包容性。在我对人类演化进行了约4年的涉猎和思考之后，演化中的相当于“万有引力”的原理越来越清楚而且似乎呼之欲出。是的，演化的背后的确有一股驱动力，它具有因果逻辑，既简单又包容。其“因”是控制自然之间相互作用的原理，其“果”是所有演化的活动和演化出来的有机体。我将从物理的角度首次对这个认识进行详细的探讨，用它来贯穿本书的各个主题。

本书缘起

除了高中生物学以外，我对一般演化的了解并不多，更不用说对人类的演化了。在2014年之前除了了解肤浅的概略之外，我完全是一个的新手。我花了约4年的时间进行探索、阅读和分析，尔后才对人类演化略知一二。当然，我到底是一个业余爱好者，写这本书是我为了保留自己的知识和学习经验的记录，以便将来可以随手翻阅与回味。

从我开始对人类演化好奇直到写这本书的这段时间至少持续了我半生。我从小就一直对神秘的事物感到好奇。小学五年级的时候，为了知道手表是怎么计时的，我曾经把父亲的手表拆成许多小零件。我要在父亲回家之前想尽办法赶紧把手表装好。可是，桌上最后却总是剩下一两个小零件。当然，那只手表从此再也走不动了。当20世纪60年代初发生日环食时（我不记得确切年份了），我看到到处都是环形的树影和叶影，我曾不停地缠着父亲寻求答案（我父亲是个极有智慧的人）。小时候我们家有个小农场在孵小鸡，我曾花几个小时目不转睛地盯着小鸡从鸡蛋中啄开蛋壳，挣扎地爬出来。我也像当时的许多孩子一样，对任何有关恐龙的一切都十分着迷。

在成长的过程中，童年漫无目的的追求并没有持续下去。我发现无法同时专注于每一个有趣的课题。此外，还有其他同样有趣的课外活动占用了很多时间，如看电影、打球、露营、派对、旅行，当然还有和女孩约会。当我决定必须要专注于一样东西的时候，我选择了物理。

在成为物理学家、转行当工程师、成为丈夫和父亲的过程中，我对人类起源的兴趣从未消失。每当浏览各种刊物时，我都会特别留意与人类演化有关的任何消息。其中我印象最深刻的是1988年《新闻周刊》的一篇文章，它对现代人起源的简单而有力的结语深深打动了我。但那时我有个家，早出晚归地工作，同时支付每月的高额房贷，我的生活都围绕着一个“美国梦”，对人类演化的兴趣只好暂时放在一边。

当我完成职业生涯，还清房屋债务，正式进入空巢期时，我总算腾出时间来专注于人类演化。我的职业生涯大部分是工程经理，职责是推动同僚一起执行分工合作，以达成任务为唯一目标。这个工程经理可能得不到“最佳人缘奖”，因为是以目标为导向尽可能直接而快速地完成任务。对我来说，深入了解人类演化的故事也应该采取同样的态度和方式。

将了解人类演化的目标放在最凸显的聚焦上，我为这项工作设定了约3年的时间。我还有一个更有野心的目标，那就是从最基本的角度出发找一个推动演化的基本原理。我没有幻想能够掌握所有必要的人类演化学术背景知识，如人类学、人体解剖学、地质学、比较解剖学、生物学、分子遗传学、统计学、人类人口学、演化心理学，以及化石测年技术等。但是这些学问都着重于演化的现象，我对追求演化的推动力则更有兴趣。我认为，如果所有的现象是“果”，它的背后一定有其“因”。

为了实现这个目标，我打算广泛地搜索、识别和构建一个演化框架。该框架首先要能找到这个最基本的驱动力，以及它如何在演化活动和结果中表现出来。其目的是找到犹如“万有引力”一样的基本原理作为演化准则，同时将所有演化活动置于框架中的恰当位置。我认为，在这近 4 年的时间内我已经初步建立了这个框架。

对人类演化之谜的追问

回顾过去几年的学习经历，有时觉得这些抽丝剥茧的过程很有意思，有时也有豁然贯通的兴奋。但当有些问题十分混乱而找不出条理时，我也沮丧过。但是总的来说，我对这学习经历是十分满足的，而且绝对值得在脑力上对自己不断挑战。经过了这 4 年，我相信演化原理的框架和知识已经成形，看来 2019 年可以对我所得到的知识做一个合理而暂时的总结。当时是想以某种记录来反映我这几年来的经验，让我这几年耗费不少精力累积起来的知识和经验不至于被遗忘。我认为最好的方法是将这些笔记、想法和我对演化原理的理解与追求，整理成一本完整的书。除了知识与原理之外，我还觉得应该包括我的学习过程，说不定将来还可以重温这几年的经验。

大约在2021年初，这本书逐渐完成。原来一开始时我并没有特别针对读者对象，只是想以井井有条的方式把笔记组织好，使整个人类的演化对我自己来说易于了解。与此同时我也意识到，我已经慢慢地建立起一个源自物理学观点的人类演化历史。对我来说，这种观点的潜意识就像滤镜片一样，为几乎所有棘手的人类演化问题都带上了有独特的物理色彩。特别是我已经基于一组原则将基本的原动力定为原因，并将所有演化现象都视为结果，概括地包含在这一演化框架中。得到这种认识的鼓舞，我决定重新整理自己记下的资料，并以演化框架为中心贯穿人类演化活动与现象来撰写成此书。

当我决定分享我对人类演化的看法时，我还考虑了另一个选择。我想到找机会与一家知名的研究机构合作，专注于一两个人类学的主题，希望我成为参与者和贡献者，而不仅仅是一个旁观者。我想到向这些知名的研究机构提出建议，我甚至已选择了一个主题作为研究的题目。不过，目前的目标在于整理这本书，先向自己做一个交代。

在编写本书时，我感觉到基本上还是摆脱不了物理学家的直觉与本能。这令我倾向于用物理或数学来诠释任何有关演化的题目。我认为这将是我的书和其他人类学书之间的一大区别。

本书写作目的

整理好的笔记对我来说只是一个冗长的备忘录。除了清楚地表达目前对人类演化的理解并追踪最新进展之外，就没有其他具体目标。但当我决定将这个备忘录变成一本书的时候，我不得不想一想这本书的目标了。经过仔细的思考，我设立了两个很平实的方向。

第一个目标是翔实地记载我眼中的人类学现状。目的是希望读者能轻松地通过人类演化原理和现象来回答“我们来自何处”的问题。同时，相信我在繁复的演化过程中厘出最恰当的学习方式，使读者更容易捕捉到人类演化的精髓。

本书写作将近一半的时候，第二个目标开始浮现。我注意到尽管存在着许多明显的差异，但我时常不经意地指出所有现代人类之间亲近的血缘关系。于是我开始更加强调这个观点，并着重于在适当时机触及这种血缘关系和亲密感。我希望借此能唤醒我们与生俱来的同理心，使我们成为一个更良好的自然物种。如果读者对这种血缘关系和亲密感觉产生共鸣，并且在我们做出任何可能影响其他同胞的决定时记得这一点，那么我认为这第二个目标已经有点成效了。

本书概览

坊间许多关于人类起源的书籍是由著名的人类学家、考古学家、科学家和科普作家撰写的。但是我在这些书里寻找“我们来自何处”却一直没有找到十分满意的答案。我相信这个问题反映了许多读者和我同样的困惑。

从完全谋生到有点熟悉这个主题的过程是迂回而令我满足的。我想这些经验说不定值得与一些对该主题感兴趣的人分享，所以前两章除了对这个主题做一个简要介绍，也简短地描述了学习过程，其中包括走过的对的路和多次旷日耗时的歧途。这应该可以减轻读者独自探索这个主题时毫无头绪的感觉。

我大部分的写作都集中在整理基本的演化原理来解释它的现象。第 3 章将介绍我从物理和数学的观点引导出的演化原理框架。该框架将为读者提供了一个出发点，也是本书在讨论每个演化关键论点的基础。

在说到任何题目时都必须先正其名，第 4 章的主旨在于弄清“人类”究竟是一个什么动物。一旦弄清楚“人类”的定义和我们与其他动物的关系以后，我们就可以大概知道我们的“人类族谱”如何一步一步建立起来。接下来第 5 章，我用现代人（第 4 章已清楚地为现代人正名）为中心、以平铺直叙的方式为人类族谱做一概述，以作为继续阅读本书的一个参考。这种去芜存菁、不加细节的叙述方式可让读者很快地进入状态。

我原计划以最少的学术用语来编写这本书。但美国有句俗话，“不打破几个鸡蛋就不能做一个煎蛋卷”（You can't make an omelet without breaking a few eggs），意思是“想要有收获的话就得有所付出”。我们将花时间熟悉一些比较生疏但常用的议题。第 8 章和第 9 章引入了一些最基本的科学原理和听起来艰深却不可或缺的术语，唯有如此，读者才可以充分欣赏并了解有趣的演化故事。在全书共 15 章的内容中，只有这两章是比较技术性的。另外还在其他必要的地方会适时介绍一些比较罕见但有用的术语。

经过第 8 章与第 9 章的技术洗礼以后，其他的技术困难都可迎刃而解了。自此，读者可以轻松地深入探讨分子人类学的真正含义了。在第 10 章我们将运用刚刚熟悉的分子遗传语言来了解我们与几个已消失的祖先之间的密切关系。我们还将陈述现代人、尼安德特人与其他古代人类在时空上和基因上有着密切关系的热门话题。我们也将说明这些关系如何在我们的 DNA 中留下了那些不可泯灭的痕迹。

一直困扰着我的谜题之一是：人类如何与黑猩猩分家而造就智人这个物种。第 11 章用我们从第 8、9 章介绍的现代人类学知识来解开这个谜题，这章为这个谜题提供了部分答案。令人惊奇的是，人类花了将近 400 万年才完全摆脱了远古的黑猩猩，成为一个不同的物种。同样令人惊奇的是，现代分子人类学居然能够把数百万年前发生的事情如亲眼看到一般解析出来。

接下来的第 12 章将讨论导致所有人类之间的共通性与多元性和它们的起源，同时也讨论人类与其他物种（如黑猩猩）有着明显的不同与起因。其实人类的共通之处也正是与黑猩猩最明显不同的地方。人类，尤其是现代人类的多元性，大大地丰富了现代人生活的所有层面。但是由于现代人有着高度的流动性，现代人类会变成一个越来越均匀，却也越来越独特的物种。

第 13 章谈到过去 200 多万年里人类迁徙的故事，本章将从两个方面着手。首先谈到人类曾经到过的地方，也就是化石发现的地方。其次试图阐述在何时以及如何到达那里的途径。我们将使用遗传和化石的线索来勾画出人类过去 200 万年里迁徙和定居的路线图。

近年来，分子人类学有了新发现。第 14 章简要地列举过去 4 年来的一些重要发现。最新的发现是在 2020 年 10 月发表的有关尼安德特人与新型冠状病毒（SARS-CoV-2）关系的研究。有些发现也会在其他章中提出，在此章中不作较为详细的说明。

最后一章将从我观察到的人类良好本性与永恒的乐观作为结尾。其中我提出了一些使这个人类物种可以变得更好的基本概念。同时我们也应该全心全意地珍惜自己：一个历经艰辛的700万年演化出来的物种，其中当然还包含了人类物种天生的自我改良的本能。

注释

1. For the typical primate social group sizes, see, for example, "Neocortex size as a constraint on group size in primates." Dunbar, RIM Journal of Human Evolution, 22 (6): 469–493. (1992). doi:10.1016/0047-2484(92)90081-J.
2. Emile Zuckerkandl (July 4, 1922 – November 9, 2013) was an Austrian-born French biologist considered one of the founders of the field of molecular evolution. He is best known for introducing, with Linus Pauling, the concept of the "molecular clock," which enabled the neutral theory of molecular evolution. This theory is somewhat controversial and has not gained wide recognition.
3. "The Search for Adam and Eve," Newsweek, 111, 46–52 (1988).

第2章

我们来自何处

"Where Did We Come From?" Answered

在过去的150年里，经过人类学家、解剖学家、考古学家、生物学家、遗传学家、数学家、统计学家乃至艺术家的共同努力，为“我们来自何处”的答案建立了一个颇为完整的略图。单以现代人来说，它为所有目前的人类提供了一个明确的答案：当今所有在世人类都是20万年前生活在撒哈拉以南非洲的一些祖先的后代。这个答案列举出现代人类的三个事实：首先，我们是一个有78亿成员的紧密相连的大家庭，也都是寥寥几个最近的共同祖先（most recent common ancestors，MRCA）的子子孙孙；其次，原始家园是在非洲撒哈拉沙漠以南；最后，我们家庭的年龄，即最近的共同祖先的年代（time to the most recent common ancestors，TMRCA），大约是在20万年前。

当然，如果你将观点稍拉近一点，这个简单的摘要还包含了许多细节。例如，我们有着遗传相近的紧密关系，虽然看起来不尽相同。在人类 DNA 25 000 个基因中，所有人之间只有不到 150 个不同点。这 150 个基因的排列有以万亿计的组合，确保了任何两个人之间存在着显著的不同。因此，如果拍一张 78 亿人的全家福照片，我们将找不到两个完全相同的人，甚至即使是同卵双胞胎，也不会完全相同。

如果要知道我们家族最早的住址，答案就比较模糊了。就拿一个现代家庭来说，除非已经知道祖父在过去的 100 年中没有搬过家，否则无法确定祖父原来的住处，更别提将近 8000 代的老祖宗的老家了。此外，除非有一本全球 78 亿人的详细族谱，否则将不会知道这个老祖宗或老祖母的真正年龄。但是以上对现代人类的“我们来自何处”的答案可算是颇为令人满意的了。

如果拉远观点，扩大家庭的范围，把现代人类老祖宗的祖宗和他们的堂亲、表亲都囊括进来时，那么这个大家庭 MRCA 的年龄和出处也能粗略地被估计，虽然尚不够精确。这些堂亲、表亲，包括了尼安德特人和跟他们类似的亲戚。他们都是智人，却不属于现代人类，或不属于智慧的智人亚种。假如继续追根究底，智人的祖先又是什么呢？事实上，本书就是不停地放远观点来穷究这个问题。那么接下来的问题是：最早、最大的人类家庭里有哪些亲戚呢？这个家庭又有多古老呢？人类最大、最老的 MRCA 又是谁呢？以目前所知，人类最大最老的 MRCA 是开始和黑猩猩分家的第一批人。分家的时间大约在 700 万年前，而分家后的大家庭至少有 30 个古代亲戚物种。

就扩大的大家庭而言，彼此之间也是非常接近的，我们遗传基因差异的上限低于 3%。因为我们知道与最接近的非人类动物（黑猩猩）之间最多就这 3% 的遗传差异。人类大家庭之间当然是比和黑猩猩之间更为接近。

可以这么说，人类对自己已有不少的了解。首先，大约 700 万年前祖先们与黑猩猩分家而成就了人类的物种。我们也已经合理地建立出从那一点开始的族谱，其中包括现代人类，也包括已故的亲戚（虽然还未找到所有的亲戚）。其次，对于现代人类而言所知更为详细，他们 20 万年前来自非洲，都是少数几个曾曾……祖母的万代子孙。

这些答案是怎么得到的

追求这些答案的过程最早始于 19 世纪 50 年代前后。从那时起，学术界经历了两个不同研究方法的时期。在最初的 100 年中，传统的古人类学家根据人类化石的研究编织了多种不尽相同的人类族谱。因为那时对 DNA 一无所知，所以可以说那个时代是化石研究时代。自 20 世纪 60 年代以来的 60 多年，是分子遗传学和传统人类学结合在一起的分子人类学时代。这 60 多年来的研究对人类演化加入很多新的了解，并陆续解决了许多更微妙和复杂的人类演化过程的问题。

这两个时期分别着眼于演化的两个观点。一方面，化石研究时代带来了人类从 700 万年前开始祖传世系的概况。分子人类学时代带来了比人体特征更深一层的演化。它涉及现代人类微观上复杂的遗传因素与宏观改变的相互关系。另一方面，分子人类学更成功地揭露了我们古老亲戚的来龙去脉，这些来源甚至可以追溯到远至当初物种形成的过程。

化石研究：确定了人类的演化

化石研究时代的好奇心主要是由人类化石的发现引起的。自从 19 世纪中期发现尼安德特人化石以来，人们已经累积了由成千上万的化石碎片组成的 6000 个早期人类遗骸。学者可以了解早期人类如何及何时适应直立行走，如何生活在炎热和寒冷的栖息地，以及早期人类的孩子成长之类的事情。但最重要的是，人们发现人类是一个庞大而多元性的家庭。经过近年来人类化石不断被发现，人类现在的族谱比几十年前所知的有更深的根源和分支。自 1974 年发现著名的“露西”化石骨骼以来，人类族谱的分支数目几乎增加了一倍。

虽然没有人质疑人类演化族谱不断地变大而且变繁复，但化石研究人员仍在争论其真正的大小和形状。化石记录到底只能提供对古代人类的零碎观察，它也只能粗略地代表不同属和种的分支以及它们之间的关系。争论涉及了进一步的演化细节，尤其是各个属和种之间的相互关系，而这些都是化石研究不容易解决的。

这段时间对人类的祖先和族谱的所知局限于化石所能带来的信息。有时，不同演化理论之间的争论还来自于对相同化石的不同解释。甚至多次当有名的学者强调他们已经获得了关于化石的最合理演化理论，然而这些理论却经常被下一次所谓的“重要”化石新发现颠覆。

化石研究到分子人类学研究的过渡

DNA 的发现改变了我们在 20 世纪 60 年代对化石的依赖。这也使得分子生物学和分子遗传学有了长足的进步。在 20 世纪 70 年代前后，一些有远见的学者已看到了分子遗传学和人类学之间的紧密关系与重要性。DNA 知识和遗传研究的蓬勃发展导致了一项开创性的研究成果，该成果的摘要就是我们前面已说过的："当今所有在世人类都是 20 万年前生活在撒哈拉以南非洲的一些祖先的后代"。

负责这一突破性研究的团队是 20 世纪 80 年代中期加州大学伯克利分校的学者们，包括丽贝卡·坎恩、马克·斯通金和艾伦·威尔逊（下面简称为坎恩等）。他们的突破不仅仅是结论而已，他们对人类学所采用的严谨的科学方法与逻辑推论引领着分子人类学时代。他们的论文《线粒体 DNA（mtDNA）与人类演化》为这些少数女性祖先赢得了"线粒体夏娃"的美誉。如今俗称的"线粒体夏娃"已是众所周知的现代人最早的曾曾曾祖母。

从化石研究时代到分子人类学时代的全面转变是迂回和多彩的。坎恩等的论文发表后，立即引起各方响应，反映了当时（20 世纪 80 年代中期）人类演化理论的状况。这些争论持续了很长的一段时间，再度证明了改变根深蒂固的误解有多不容易。这就有点像在 16 世纪中叶改变地球是平坦的谬论有多么困难一般。

我们在下文中详谈四个当时的争论。第一个是新旧学术团体之间的争执。其余三个争论分别是现代人的血统是单支还是多支，现代人的年龄，以及现代人 MRCA 的祖居。

新旧学术团体之间的争执

第一个争执，与其说是争论，不如说是双方的对立。旧学术团体指的是传统古生物学家和人类学家，他们的研究大都以化石的研究为主导。而新学术团体是分子生物学家和遗传学家。两者激烈的对立始于 20 世纪 60 年代中期，终于 90

年代中期。几十年的争执有的是客观的学术性争论或良性竞争，但是也有的沦为对个人或学派的相互攻击。

说到学派攻击，旧阵营对新阵营一直持有怀疑态度。传统的古生物学家和人类学家阵营认为，他们经过上百年不懈的努力为我们建立了一个人类族谱起点。但那批新阵营的科学家从没在酷热而干旱的土地筛检成堆的岩石以寻找人类化石，还吹嘘可以从精确和科学的DNA研究中找出新数据来解释人类的演化。此外，旧阵营的资深学者以为新阵营看不起他们，认为他们是一群老傻瓜（用他们自己的话说："bumbling old fools"）。新阵营却认为老一辈的研究结果充其量是推论而没有确凿的证据。

传统的人类学家对这批新科学家的不满不止一点。他们认为新阵营的人从来没有在野外寻找化石的经验，成天躲在舒适的空调实验室里从事人类学的工作，然后突然在他们的研究报道中声称一举解决了现代人起源的大问题，这简直不可思议。而且更令他们懊恼的是，他们居然来自美国的加州，而非来自有着学术传统的州。

现代人类的单一祖传世系

在20世纪70年代中期，学术界普遍相信，现代人类的各个族群都是从这些族群的居住地独立演化出来的。例如，中国人的祖先是北京人，尼安德特人则衍生出了所有欧洲人。久负盛名的理查德·利基（Richard Leakey）也在1977年宣称"没有哪个中心可以衍生所有的现代人"来支持这一理论。这个概念被称作多区域祖传世系。相反的，相信现代人类的各个族群都起源于一处而扩散到全球的主张叫作单一祖传世系。

多区域祖传世系乍看之下颇有道理，但它有一个逻辑上的谬误。如果说多区域祖传世系正确的话，那么化石证据则指向现代人类各个族群应有不同的演化程度，这却与事实相互矛盾。因为我们知道人类族群几乎同时繁荣起来（在第9章会有详论）。这个谬误是因为那时人类学家大大地低估了人类迁徙的习性与能力。现在却都知道，人类早在大约200多万年前就已经有长途迁徙的记录了。只要了解到这一点，多区域祖传世系的主张就没有强而有力的理由来反对现代人类的单一祖传世系理论了。事实上，现代人类的DNA研究和发现所推演的单一祖传世系理论不仅没有和任何化石证据相矛盾，反而有助于弥合化石记录中的问题。这个简短逻辑上的推论应该澄清了长久以来的争论。

现代人类的年龄

另一个争论点是这个新研究结果对现代人类年龄的估计；它只有短短的20万年。20世纪80年代前后对现代人类年龄的共识是：假如现代人类年龄和我们的化石一样，现代人类应该有数百万年的历史。传统阵营之所以不能接受这个年轻的现代人类年龄的主要原因是当时对“现代人类”一词缺乏清晰的理解。

在1987年前后，人们都认为尼安德特人大约在10万年前就出现在如今的中东，而他们则是几百万年前的人类的直接后代。假设尼安德特人是现代人类的祖先，那么现代人类的起源应该在几百万年前。这些聪明的现代人类出现在欧洲的各个地方，并在4万年前以高度的文化与智慧能力在洞穴中创作了许多壁画。

但是，这个演化过程在时间上存在一个很明显的漏洞。

按照以上的推论，我们应在中东能够找到10万年前至4万年前尼安德特人与现代人类之间的过渡人类化石，可是这些过渡化石并不存在。坎恩等的理论却能以一个新的现代人类的存在来弥合这一时间的漏洞，同时也不需要迁就过渡化石不存在的事实，反而对过渡化石的不存在有了一个更合理的解释。

现代人类最早的家园在何处

关于现代人类最早的祖居在哪里有许多争论，甚至两个遗传分子学小组之间也有不同的看法。尽管两者都独自算出了现代人类的年龄均是20万年，并且他们来自一个地方。不同的是，一个小组认为此地在非洲，另外一组认为在东南亚。此后所有后续研究都证实了非洲是我们最早的家园，双方虽然有所歧义，但并没有带来学术上长期的对立。

分子人类学时代的到来

自20世纪80年代之后的30多年间，举世科学和技术都有显著的进展。在分子生物学、医学和遗传学领域也都取得了重大突破。我们看到聚合酶链反应（PCR）被广泛用于DNA研究，现在只需要用到微量的DNA（如我们的一口唾沫）就可能将我们的DNA完全解码。我们已经在1992年前后看到了快速DNA解码技术的发明，从而可能快速得到人类的完整基因组（genomes）的结构。国际知名的人类基因组计划始于1990年，而其成果的初稿于2001年公布，于2003年宣告完成。2005年CRISPR（clustered regularly interspaced short palindromic repeats）的发明，让学者有可能通过编辑染色体来治愈大多数相关的遗传疾病。2020年诺贝尔化学奖就是颁发给这项成果的发明人。

在过去的 30 年中，科技基础也有长足的进步。不断缩小的纳米级集成电路增强了现代计算机的硬件能力。经过了这个硬件能力与人工智能基本原理的融合，现在能够厘清微观的基因组是如何反映宏观的人类形体、人类演化甚至日常生活。

30 年前的传统人类学者和分子遗传学者之间似乎无休止的争执已经烟消云散。取而代之的是，每项可信的演化研究都已结合了传统的古人类学和最先进的分子人类学而成为现代分子人类学。我相信，现代分子人类学将继续使人类演化史更加趋于完善和丰富，而且我们会对人类自己有更透彻和详尽的了解。

继续对这个问题刨根问底

学者们对现代人类的起源已有了相当合理的了解。已知的是现代人类 20 万年来的一个概况，而且对扩大的智人族谱（包括像尼安德特人这样的古老亲戚）也有一个粗略的认识。但是当再进一步问到比尼安德特人更早的祖宗时，人类的来历却不是那么清楚了。所以这个问题还有待继续追问下去。

分子人类学的持续进步，也不断加深对现代人类的了解。即使这样，学者对人类家族的了解仍未有全面的掌握，部分原因是没有足够多的这些已故亲戚的 DNA 标本。尽管大量现代人类的 DNA 随时可提供使用，但早期人类的 DNA 却是另一回事。生物死亡后，它们的 DNA 只能在短时间之内保持原状。如果暴露于热天和湿气中，就会被分解成小片段。尽管如此，分子人类学者却已重建了生活在 4 万年前的尼安德特人的完整基因组。经过这些古老的基因组的研究，他们的起源和现代人类的关系已经变得较为清楚。但是要了解比他们更早的祖先和亲戚，则需要重建数百万年前完整的人类基因组。要完成这个工作似乎是一项十分艰巨的挑战。

这个挑战似乎有点令人生畏，但并非没有希望。当代分子人类学者发现古人类的 DNA 分子在极少数情况下可以成片段地保存很长时间，他们也能把这些片段整合起来，甚至可还原到数十万年前 DNA 的原状。那么现在就可能从微观角度来追溯一些早期人类之间的家庭关系，而把现代人类和一些早期人类放在一个家族的族谱里。分子人类学者甚至从一些古人类的 DNA 里找到以前从未为人知的早期人类物种。例如，学者们发现了一个现代人类失散已久的亲戚——丹尼索瓦人（Denisovans）。尽管我们从来没找到过这种人类的化石（直至最近），却可知他们的存在。只是他们也像尼安德特人一般在数万年前消失了。

在演化背后

追求人类演化的知识与方法一直都着重于现象的层面。这个传统一贯的做法是叙述演化现象的事实与证据。但是，作为一个物理学家，我对比演化现象层面还深远的背景更为好奇。百余年来对现代人类研究得到的大量信息可以简明扼要地用一句话简洁概括，即这代表人类演化背后有着一个隐藏的秩序或原理。这一现代人类的结论（当今所有在世人类都是 20 万年前生活在撒哈拉以南非洲的一些祖先的后代）则是这个秩序的体现。尽管我们能不完全知道发生在我们身上的所有变化，但这现象背后的推动原理对于理解人类演化有着同样的重要性。

物理学家讲究的是逻辑。他们认为，因果论是一个颠簸不灭的真理。它一直统治着世界中的一切，在逻辑学的地位牢不可破。因此，任何事与物的发生都有其原因，而“我们来自何处”的答案一定需要有两个部分：因与果。在人类的演化里，所有演化活动与现象都是“果”。而它们背后的推动力就是“因”。这两者之间的因果关系对我来说比演化活动本身更令我着迷。而寻求能够统括所有演化活动背后的原理，则是我在过去 4 年中探讨人类演化的最大原动力。

双管齐下的学习

为了能透彻了解人类的演化，我在 2014 年初定下了一个双管齐下的方法。第一，我得跟上人类演化的现代知识。我是一个完全的新手，所以必须先强化我对生物学、人类学和相关学科的一般背景的学习。回到学校有系统地学习基本知识应该是个好开始。第二，我原想从学校找到并整理出人类演化背后的基本原理。但是事实证明，学校和课程学习并不能满足第二个要求。我意识到我必须利用物理和数学的背景来寻求演化的原理与动力。这个原动力在演化中应有相当于万有引力无所不在的主宰着宇宙中所有物体的运动般的普遍性。

回到学校，重做学生

第一要务是要追上现阶段对人类演化的一般了解，在诸多的课程里我挑了生物人类学。另外，我旁听了一些需要用到批判性思维的科目。我认为这些课程可以让我合理地比较早期学者与 21 世纪学术观点的看法。

在上生物人类学课程的三个月中，我觉得这个科目非常有意思，以至于我还怀疑如果当年选人类学作为我的主修科目，我现在有可能是生物学家或人类学家，而不是物理学家。可是现在要变成一个人类学家为时已晚。

正如所预期的一般，课程和教科书并未涉及演化的核心原理。于是我向人类学教授表达了追求基本原理的想法。这位教授是加州大学伯克利校区的一位杰出而开明的高级研究生，她正在攻读人类学博士学位，她的论文专题是有关自闭症患者的大脑活动与基因的关系。她认为我可以以坎恩等的研究结果（见第 9 章）为核心，在课堂上呈现一个关于分子人类学的专题口头报告。选择该主题至少有两个原因：首先，该主题对已过时的教科书是个很好的补充，对学生来说大有裨益；其次，它给了我能掌握分子遗传学一般知识的机会，同时也是一个让我能开始摸索基本原理的机会。这位教授要我从 21 世纪人类学的角度来介绍这项研究的原始前提、数据分析，以及得出的现代人类起源的结论。同时介绍坎恩等的研究方法及其如何彻底改变了人类学的研究。另外我还介绍了另一个有着争议性却合理的研究结果，即从一个微观分子人类学的角度来解答关于人类如何成为一个物种的问题（见第 11 章）。

准备这个专题对我有如参加速成班一样，因为我不得不在截止日期之前将这个主题编成一组完整图片来介绍坎恩等的研究结果，同时还需用我所了解的演化原理来圆满地解释他们的研究。时间上的压力，有点像“破釜沉舟”、别无退路的感觉。但是准备这个专题让我不得不以局外人的眼光来思考、厘清、建立一个理论，我的演化原理的新想法就是这段时间萌芽的。而这次演讲也是我把这个原理第一次公开。经过与教授几次讨论之后，她和我都觉得我走上了正确的道路，她甚至鼓励我将这个想法提交给专业期刊。对于新手来说，这无疑是我能开始了解演化的一剂强心针。演化原理的初貌开始由那时的雏形而渐趋成熟。

20 世纪 80 年代后期，传统的古人类学家和分子遗传学家仍然不断地争执。根本原因是由于他们都缺乏对彼此科学和观点的了解。作为物理学家，我比较倾向于分子遗传学家的论点。但是为了确保我不会沦入任何一方的偏差，我打算多花一点时间在古人类学与化石上。因为学校没有专门的古人类学课程，但有人类考古学，所以我去旁听了人类考古学的课。

我发现考古学要用到不少以物理学为基础的技术。技术之一是须可靠地确定化石的年龄。现代对化石年龄的确定似乎很简单，你只要将化石样本送到放射性碳测年实验室，几天后你就会得到正确答案。但这项技术是基于放射性衰变的随机过程，而这个过程涉及宇宙中四个自然基本力之一——弱力（见第 3 章）。这里重要的关键在于“完全随机”，它不仅代表了时间的方向性，同时也可用最简单的数学来计算化石年龄。同样的，“随机性”也是发光测年技术的基本原理，尽管它所涉及的过程不完全相同，但随机过程仍然是对样品进行年龄鉴定的基本机制。

另一个关键的专长是比较解剖学。这是一门组合了对各种生物的分类和解剖的科学。如果不是有比较解剖学科学家的多年工作，那么我们可能根本无法建立我们的族谱。考古人类学也经常用到人体比较解剖学知识。

上考古课十分有趣，尤其是当教授分享了很多他个人的野外工作经验。这些经验有点像印第安纳·琼斯的生活，充满了冒险和刺激，他所缺的只是那条随身携带的牛鞭。他讲课时让我仿佛看到一个活生生的印第安纳·琼斯教授，不同的是，没有学生在眼皮上写着“Love You”。通过生动的叙述、照片和视频的展示，他使学员们几乎亲身经历了过去六七百万年人类演化的旅程。另外我对他讲的许多考古遗址也特别感兴趣。其中有好几个我想去并且去过的地方。甚至还有一次，我本人在考古遗址附近不经意地参与了北美洲的考古研究。

我也在考古课中对坎恩等的开拓性工作做了类似的演说。由于那时我对这个主题已有更深入的了解，因此在考古课堂上我也比较深入地陈述了数据采集和分析，然后从逻辑上导出了它们对现代人类演化的结论。我还把一项新近的分子人类学研究加入了演讲内容，该研究让我们知道了人类什么时候开始披上兽皮。

史前史、历史与哲学

这些课虽与演化没有直接的关系，但它们与现代人类产生的任何物与事都有关。我是希望这些课能够让我根据 21 世纪历史和哲学的崭新观点为人类演化提供一个更为客观的视角。

自 7 万年前现代人类离开非洲以来，随着狩猎和采集及农业文化与时代的蜕变，现代人类身体上的演化似乎已经到达了最终的目的地（这并非完全正确，有很多证据显示了我们至今仍在不断演化）。但是从整个物种的角度来看，这段时间发生了一个很大的演化事件：人口的急速膨胀。人口统计学家估计，大约 4 万年前，世界人口不足 100 万；到大约 1 万年前，则有近 1000 万；而在城邦文明初期（大约 5000 年前），则有近 1 亿人口。据预测，到 2050 年，世界人口将达到 100 亿之巨。

人口爆炸带来了一些全球的大趋势变化。它对我们的世界产生了远超于人体演化带来的深远影响。人口爆炸扩大了人类的人才库，带动了文化、发明、社会、法律、国家、科学、艺术和技术的空前进步，并为人类带来了前所未有的繁荣。但是与此同时，它也为人类带来了空前的破坏和悲剧。

历史是对任何发生过的事情的记录，这些记录有的十分忠实，更多的是带有偏见的。但是近百年来的历史确切地告诉我们，伴随人口爆炸而来的是政治家和经济学家对永续的经济成长的预期，导致了处于人口急剧增长与经济繁荣之间的激烈冲突。这令人不禁想到：人类如何能以地球上的有限资源来支持这种永续的几何级数（指数）增长。

人类物种的个体数量上成功的繁衍（78 亿人口，而且还在持续增加）有其负面的影响。在人口激增时，为了避免人与人之间的相互冲突，我们必须利用人类的智慧建立起规则与组织。但是在大多数情况下，变大的组织总是借了公众利益的名义煽动并掀起战争，使人类的历史充满了无止境派系间的对抗。历史上处处都有英勇荣耀的事迹，但这些大都起源于战争。尽管历史上也有一些光辉的时刻值得我们去珍惜，如 18 世纪的启蒙运动，但这个世界似乎总是太轻易去找战争的借口，却十分吝于寻找解决纷争的途径。

通读历史不禁怀疑，经过数百万年来演化出来的人类本性究竟是趋于善还是恶？有时我们不禁以为人类是同时有着善与恶本性的双重性。人口爆炸及其所引起的问题是否加剧了人类的善恶双重性？在我重读历史时，除了史实之外，我想到的是人类有迫切的需要来找出应该如何设定演化途径，让它以人类的福祉为导向。我相信以人类现有的智慧加上演化赋予的本能，人类的确有影响人类演化与掌控历史的能力。

哲学直接影响人类与周遭环境的关系。一部分它着重于将人类的认知和智慧组成逻辑、科学，从而嘉惠于我们的身体乃至精神上的福祉。另一部分则着眼于人类存在的意义：人类的演化、周围环境，以及人类与宇宙的相对关系。换句话说，人类的生存必定对自己和所处的宇宙有着某种意义。它关系到人类及其演化、家园和宇宙之间的最终关系。

通过这种批判性的思维，或许人类可以解决现有的悖论：一方面，希望在演化的驱动下继续维持物种的永存，同时又要平衡物种的善与恶；另一方面，要在生存中找到生命的意义。

最后，我认为对哲学、历史、存在论据、推理、认识论、经验论甚至著名哲学家的理解都不是最重要的。相反的，从身体和心理演化的观点出发，现在应该利用批判性思维的精力专注于人生意义的哲学。

建立演化原理

说到人类演化背后的原理，我希望它非常简单扼要，而且用最简单的句子就可以描述清楚。但它也应该具有最大的普遍性与包容性，以使任何演化的活动都可以囊括在这个简单的原理之下。我也希望这一演化原理有类似于重力理论能控制宇宙中的所有运动一般的普遍。我可以用图 2–1 来对比这一演化原理与万有引力间的相似处。

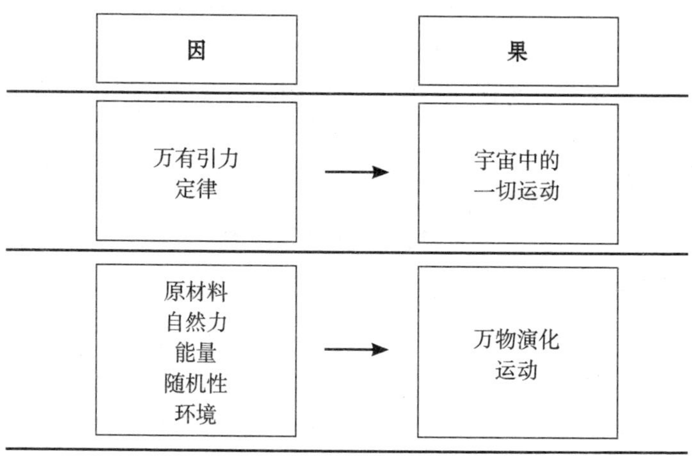

图 2–1　万有引力的因和果

图 2–1 的上半部分表示了万有引力的“因”和“果”。中间部分左边是牛顿（Isaac Newton）的万有引力定律，可以视为主宰物体运动的“因”，而右边的“果”则代表观察到的所有物体的运动。图的下半部分则表示了演化活动的“因”和“果”之间的关系。这个因果论的原因框架最让我着迷，我花费了一大部分精力来建立这个演化原理。

一些资深的演化论者可能在演化原理上也有相似的简单和普遍性的概念，但并未简洁地描绘出来。恩斯特·麦尔（Ernst Mayr）有句话：“演化论正确地被推崇为生物学上最伟大的统一理论。”这句话表示着演化背后有一个普遍性的驱动原理。同时，理查德·道金斯（Richard Dawkins）也说过：“突变是随机的，自然选择则与随机突变正好相反”。这两句话同样重要，但道金斯把麦尔所说的更加具体化。背后的演化理论已经呼之欲出了。

我是一向比较容易从视觉来处理事物的人，而且经常以流程图来代表我的逻辑与思考。图中我将演化与重力做比较。重力的“因”是万有引力定律，重力的“果”则是所有我们肉眼能观察到的物体的运动。演化的“因”的框架里包含五项相互影响的元素：原材料、自然力、能量、随机性和环境。这些相互作用的“果”则是演化的生物体和演化的一切活动。演化出来的生物体将回到“因”框架中，重新加入下一步的演化循环中。在第 3 章中将对此原理作一简介，然后以它作为贯穿本书每个主题的基本概念。

我在寻求人类演化的过程上花了 4 年时间，汇集了五大本笔记，还有许多草图。其中也有许多将各项演化功能以不同的顺序排列的流程图。这些安排就好像我在改建客厅时不断搬动家具一样，我花了不少时间才把整个摆设安排到满意为止。这些笔记和草图让我能够回顾过去 4 年苦乐参半的经历。同时我相信我对演化本源的追求创出了一个崭新的视角，这也是值得以某种形式保持下来的。

图书与研究

翻翻我做的大量笔记和许多信笔涂鸦的草稿，我相信我在 4 年内几乎完成了一个人类学高等学位的过程。我曾想到如何进一步正式参加一些信誉卓著的研究团队，专注于一两项可以阐明人类演化的研究项目。我认为遗传演化与语言起源的关系应该是一个重要的大课题，它应该可以在诸如伯德研究所（Broad Institute）或马克斯·普朗克研究所（Max Planck

Institute）的研究机构里引起科学家的兴趣。但是，我从来没有与分子人类学界里的人士交往过，闯入这个圈子可能对我目前的状况来说不是那么容易。

我曾在同行评审的专业期刊上发表了不少科学和工程论文。我以为，只要保持求真求实的做法，应该不须花费太多额外的精力就可以将这些笔记编成一本书，而且可与对这个主题感兴趣的人分享。另外我写人类演化的书有一项特别的优势，因为我从未正式受过人类学或生物学传统的训练，所以我的写作绝不会太学术化，也不需要读者先有任何先修课程。我衷心地希望那些不熟悉人类学术语及理论的人可以轻轻松松地读完本书，以了解整个人类演化的全局及重要的细节。我目前的方向是将所有记录编辑成这样的一本书，而暂时把深入研究的想法放在一旁。

人类故事的开端：700 万年前

人类演化的故事应该从哪里开始最为恰当呢？最合理的开始应是当地球上刚刚出现有点像人类动物的时候，那也是早期的黑猩猩和早期的人类从共同祖先分家的时候。这个观点预设了沿着人类的血统进行自然和突变演化到如今的过程。至于人类如何到达大约 700 万年前的起点，只能说它是经过达尔文优胜劣汰的过程演化而来的，但此题目已远超人类的演化了。

为什么 700 万年前是个合理的分界点？从解剖学的角度来看，一个原因是 700 万年是具有人类特征的第一个化石标本的年龄。另一个原因是多项分子遗传学研究的结果证实了这个 700 万年前的里程碑。这个时间节点，很显然是我们开始存在的关键，两三句简短的陈述当然过于简化了这个分家的过程。本书将专门为此关键时间安排了第 11 章以供讨论。

第3章 人类演化的原始动力

Behind Human Evolution

如上章所述，20世纪有名的演化生物学家恩斯特·麦尔说过：“演化论正确地被推崇为生物学上最伟大的统一理论。”的确，演化是今天地球上每个有机生物体存在的唯一原因。它具有如此深远与广大的影响，相信大多数的人都会想了解演化及其背后的基本原理。在一个物理学家看来，一个基本演化原理，应是包罗万象却可简单解释所有演化的现象与活动的总体原则。本章尝试奠定此原理的基础并用其来贯穿全书，同时阐释它如何带动了演化而造就了现代人类。

我原以为通过重返学校、上课、熟读课本，对基本原理至少会有所认识。可是学校教育着重传播信息或知识而没有去追问现象背后的原委，对基本原理的探索则付诸阙如。事实上我对这个传统的教育模式并不感到惊讶，因此自己在记笔记和阅读之余，从众多演化论与现象中积极地探索原理的存在与功能。我在这样的过程中摸索了大约一年后，该原理开始慢慢形成，并成为本章和本书的主干。

一个基本原理是演化的随机性，它在引发任何演化过程中起着至关重要的作用。另一位演化论的巨擘理查德·道金斯也说过："突变是随机的，自然选择则与随机突变正好相反"，这句话隐约地将迈尔所说的统一理论与随机性放在同一框架中。但是，截至目前还没有专家在这方面有深入的着墨。本章将介绍一个定量分析结果，指出遗传现象和微观过程随机性的密切关联。

人类最原始的起点

让我们先简要地看一下人类最早的起源。宇宙始于137亿年前的大规模爆炸，接下来快速地冷却，形成了标准模型（standard model）中的各个基本粒子：夸克、轻子和玻色子。接着，这些基本粒子凝聚在一起变成我们熟悉的简单的原子核，甚至原子，它们是太阳的主要成分。进一步的冷却和相互作用，产生了众所周知的化学元素。不同的元素依化学性质逐渐形成多种分子。这些元素和分子是太阳系行星的主要成分，这时就到了大约50亿年前。

在大约40亿年前时，地球表面与大气层的环境适合不同元素结合成各种比较小的有机分子。在几何的角度，大多数分子往往不是完全对称的，它们的形状或电荷可能都有小量偏重一边的特点。虽然这些不对称性十分微小，但是相同类型的分子往往会因这种不对称而聚在一起。较小的分子（如脂质）可能会排列成线状、片状，还可形成膜片，把其他相似过程合成的大分子（如氨基酸和可自我复制的DNA）包裹起来成为细胞。这些细胞有重新创建更多类似细胞的倾向，于是开始了复制的过程。

在某些适当的情况下，复杂的复制变成了繁殖，于是在近 40 亿年前繁殖产生了微生物。尔后这些生物的存亡则取决于它们的本质是否会与周围环境发生冲突。那些不适于生存的就会消失或作为其他生物的原材料回到下一个生物链中。周围环境起了一个过滤的作用，它选择了那些最适合在环境中继续繁殖的生物。此过程周而复始，每经历一次循环，这些生物则与周围环境更加磨合。众多生物为环境提供了演化的原材料，而在早期海水中形成了多种不同的生物。它们中有些可以四处移动，并慢慢脱离海水上了陆地，长出了肺、腿和翅膀，最终演化成为陆地和空中的各个物种。

然而，一般说来地球对生物并不很友好。由于地球本身的不稳定加上外部因素造成的屡次灾难，为生物界带来了至少五次的大灭绝。在每次大灭绝之后又涌现出一大批与灭绝前不同的新生物。但是也有一些幸存者经过了屡次严峻的环境挑战，继续生存了上亿年之久。

最近一次灭绝，即 6600 万年前，也像前几次一样导致我们的生态系统发生重大变化，这使灵长类动物有机会从灭绝后的瓦砾中崛起并得以繁衍。他们继续演化，并产生了好几个猿猴种类，其中就有一种猿类变成了人们的祖先。当时间来到 700 万年前，我们的祖先分成了黑猩猩和人类。从那时起，人类就一步步地迈向我们目前的形态和形式。到此，我们已是地球上最先进、最好奇的动物。而这种动物一直不停地为我们来自哪里寻找答案，并还在弄清楚演化到底是如何发生的。

演化历程的“因”与“果”

这漫长而艰巨的演化历程除了向着更大数量和多样性、多元性迈进外，似乎毫无目的地徘徊着，也没有任何特定的方向。我不禁想知道所有这些活动背后神奇的潜在驱动力是什么。对我来说，任何的现象都是有其目的的，因为据我所知，因果律是一个最基本的公理。因果关系的本质是，如果一种现象是果，带动此现象的背后则是因。在演化的领域里，“果”是所有演化现象和活动，“因”则是带动这些现象和活动的原动力。

如果上面简短的演化总览是“果”，那么“因”必须从近40亿年前微生物开始在地球上生存与繁衍开始算起。这个因果关系应该一样可以适用于人类演化。在我逐渐熟悉人类学以后，我也逐渐了解这个带领着演化的基本因果原理。本章着重于建立演化背后的隐藏的原理，即“因”。在本书的其余部分则用到本章所述的原理来诠释演化的活动和现象，即所谓的“果”。

建立演化的基本结构

上一章提到了重力与演化并列的因果关系（图2–1）。对于重力，我们先要感谢物理天才牛顿把重力如此归纳成无远弗届的包容性；在重力“因”的框架中万有引力定律十分简单，却对宇宙所有物体都具有同样的影响，而且可以用一个十分简单的方程式归纳起来。从演化的因果来看，当前的要务是弄清演化原因框架中的内容以及它们之间的相互作用。它应该具有像重力理论一样的简单和普遍性，而且能应用于任何演化的现象。

我一直都找不到满意的演化基本原理的论述，所以我几乎得从头开始。我认为最合理的出发点是找到演化不可或缺的要素放在这个原因的框架中。什么是不可或缺的呢？演化如果缺了一项要素就完全不会发生，那么这项要素就是必不可少的。

我归纳出在原因框架中应包含的五个要素：原材料（在此可代表原子、分子甚至生物）、自然力、能量、随机性，最后则是环境。没有原材料，就无法创造任何东西，空中楼阁总是虚幻的（在这个原理中我假设物质和能量是不可互换的）。当原材料聚集在一起时，它们必须遵循特定的规则变成比原材料更复杂而有用的东西，这个规则即是自然力。在自然力发挥作用之前，各种原材料还需要彼此有足够见面的机会；那就要靠能量了。原材料首先必须能动，动得越多才越有机会遇到其他原材料，然后让自然力发挥它的影响力。但是，由能量导致的能动性并不能为原材料提供路线图，让它找到相互作用的伙伴。原材料之间的接触是随机的，它也不断地生产出新的东西或生物。所创造的新生物此时并没有任何目标而毫无拘束地游荡着，直到它们碰到了周围的环境才感觉到被约束了。这些约束就像过滤器一般，将无法与周围环境完美磨合的作品剔除掉。这一循环的产物将成为下一个循环的原材料。这个过程周而复始，带动了各种生物物种的形成。这就是整个演化的基础。

原材料

原材料就像农庄里家禽家畜的饲料，没有它，就没有生产资料。严格来说，我们生存的原材料是基本粒子根据标准模型的规则在137亿年前聚集在一起的原子。我们将跳过宇宙形成初期的前87亿年，而从地球近50亿年前形成时的原子和分子说起。通过“因”框架中的其他要素交互反应及演化过程，这些分子变得越来越复杂与庞大，就像我们的DNA和染色体一样。在演化过程中历经原材料的阶段，结果可能会成为下一个演化循环的原材料。

自然力：游戏的规则

原子和分子不会随意地结合在一起而成为有机分子。它们的活动是受一些规则管制的，而这个规则就是宇宙中的自然力。在自然界的四种基本力中，强力规则控制着原子核的融合和分裂。它形成了地球上所有的元素，并通过分裂和融合产生核能。它在演化层面上与我们无关，因为强力不涉及原子和分子之间的相互作用。

弱力会引起β衰变。例如，放射性^{14}C同位素原子将通过衰变变成^{14}N原子。它与演化无直接的关联，但是我们利用它来确定人类化石或大多数地质活动的年龄。它的作用范围在原子核的短距离之内，也没有涉及原子和分子之间的相互作用。

重力太弱，无法直接作用于原子和分子上。因此，它无法参与原材料、自然力和能量三者之间的互动。但是，它是环境的一部分，是地球上最普遍的环境过滤器。例如，重力决定了所有动物在地球上的所有运动。最简单的例子，即我们的两足运动就是重力影响最明显的结果。

第四种自然力是电磁力。它具有适当的强度和范围让原子和分子可以感觉到相互的存在，并引发化学反应而形成更为复杂的分子。如果没有它，这些原材料相互忽略，即使它们彼此非常接近也不会发生任何事情。电磁力可以透过真空、空气、液体或水，使地球的各处产生各种复杂的有机原材料。当然，这种力量也同样主宰着基因重组，以此决定下一代有机体的各种特征。在某些情况下电磁力也会变得很强，电子就会从原子和分子中分离出来，形成带高电荷的离子。离子之间及其周围环境会导致各种不同的反应与功能。例如，钙离子有助于生物体细胞的生理和生化作用。它们在肌肉细胞收缩放松的信号传导通路中有着至关重要的作用。

能量：动能

如果我们生活在一个完全静止的世界中，也就是在绝对零温度时，一切原材料也都是静止的。原子和分子几乎没有机会碰到彼此或感觉到其他原子和分子的存在。是什么导致它们彼此靠近而感觉到邻近分子的存在呢？简单地说，就是能量。能量使原子和分子能动，大大增加了碰到其他原材料的机会，这时电磁力开始接管它们的下一步。能量或温度越高，材料之间的碰撞就会越频繁且碰撞得越有力。

根据自然力的规则，当原材料在较高温度下相撞，触发形成不同物质的可能性也较高。能量是原材料彼此接近并创造新材料的动能。至于像人类般的有机体，如果他们年轻而充满活力，他们就有更多机会参加社交活动并找到伴侣，参与基因重组与演化的活动。换言之，任何生物终会经电磁力的作用在微观的分子活动中达到演化的目的。

随机性：演化的背景

能量使原子和分子或生物能够活跃并与伙伴相遇。但是它却没有给这些原子和分子一个清楚的指令，要它们怎么去找它们的伙伴。当它们有动能并四处游荡时，这些原子和分子就像一群无头的苍蝇一样没有预定的速度和方向到处乱窜。这种性质就是空间随机性的定义。

完全的随机是同时在空间和时间上的随机。空间随机最好的例子是我们从高中物理中学到的布朗运动。在中学实验室课中，我们将少量粉笔屑放入室温显微镜载玻片上。当显微镜下聚焦于一粒粉笔屑时，我们会看到它似乎完全没有方向性不停地动。当载玻片温度提高时，粉笔屑的运动就变得快些。这样毫无控制的乱动叫作布朗运动。分子就像粉笔屑一般，它随时都会被其他的分子撞得四处乱走。在这个过程中所有分子的运动根本没有任何的脚本。只有当某些分子刚好以一定的角度或速度随机相逢时，它们就有可能结合成新的分子。

此外，随机性还有时间的随机，或可称为随机过程。随机过程是指当一种类型事件不断地发生时，目前的事件与先前或将来的事件毫无关联。这是对单一事件随机过程的定义。同时，随机过程可能是几种不同类型的随机事件同时发生的组合。在本章处理突变过程时，我们将对这一随机过程做进一步的说明。

随机性最微妙和最基本的特性之一，是它始终只能走向更大的随机性（我们将会讨论如何把随机性数量化）。试想一下，你先从一杯黑咖啡开始，想要加入牛奶。最初，咖啡是咖啡，牛奶是牛奶；但将牛奶慢慢倒入咖啡时，你会发现牛奶开始像一串串绳索般在咖啡中扩散，然后成一团团继续扩散。这就是随机化过程的开始。当你搅拌充分后形成均匀的褐色液体，这就是咖啡和牛奶随机性最大的时候。

随机性的特征是：已经随机化的任何事物是无法反其道而行，即进行非随机化的。那么你是不可能把咖啡牛奶混合物分成咖啡和牛奶。因此，我们得出结论，随机化具有方向性。随着时间的流动，它只会变得更加随机，就像时间只有往前走的方向性一样。分开咖啡牛奶混合物与“时间”倒退一样是不可能实现的。

为什么这在人类演化中很重要？如果在演化的任何部分都涉及随机性，就不可能反演化，就像“时间”不会倒退一样。另外，人们可以使用相同的原材料并精确地重建相同的环境来证明或反驳演化理论，但是我们却无法预测或保证这个演化的结局会一模一样。这就是为什么在每次大灭绝后，新的生物与灾难事件之前的生物都大不相同。我们能走到现在的确是非常幸运的。

环境：主审裁判

上述四种元素的相互作用创造出具有各种独特性的新生物。然后它们会不由自主地被放到周遭的环境中任由浮沉。这时环境充当一个棒球主审裁判，判定好球还是坏球；任何不能与周围环境良好配合的生物都会消失，而不再有机会参与下一步的复制或繁殖过程。由于经过随机背景诞生的生物会遇上不同环境，因此存活下来的生物就有不同的形式，也就是不同的物种。这样，具有多元性的物种便是经过积极反馈过程的自然产物。

生物所遇见的环境不仅变化多端，而且这些环境也有自己的随机性。随机化产生的生物必须与这些环境磨合来决定它们的存亡。前述大规模灭绝是生物对全球环境变化反应的例子。

建立演化原理

在第 2 章图 2–1 中，“因”的框架中包含了五个不可缺少的要素。在本章里对五个要素也做了简短的说明，到此演化原理已经逐渐浮出台面了。建立这一原理的任务是将这五个元素放到它们最合乎逻辑的位置，使它们之间的相互作用引导出演化的“果”。图 3–1 是我经过与人类学教授长时间的反复讨论、辩证和思考所得出的基本原理。我认为它既简单而又有包容性。至于它是否像万有引力理论一样优雅，那就另当别论了。

基本操作单元

图 3–1 左边的框中包括了四个要素（原材料、自然力、能量和随机性）。每个演化过程都由此开始，可算是一个演化的基本单元，它需要这四个要素一起发动相互的作用才得以启动。在前面介绍的这四个要素中，基本运作的微观性质是显而易见的。尤其是这些原材料总是牵涉到原子和分子的互动，能量是给了原子和分子之间的见面机会；随机性则赋予原子和分子之间最大见面的可能性，最后互动出来的是怎样的新材料则是根据电磁力的法则来决定。这四个元素事实上是同时运行，并且没有任何前后顺序，没有开始也没有结束。在图 3–1 中，左边用虚线框起来的部分统称为基本操作单元（basic operation unit，BOU）。它无止无休地运作，启动和参与所有的演化过程。

最早演化的原材料包括碳、氧、氮和氢等元素。经过这个基本操作单元的运作，这些原子会聚在一起形成最基本的有机分子（如氨基酸）。基本操作单元不停地吸收新原材料继

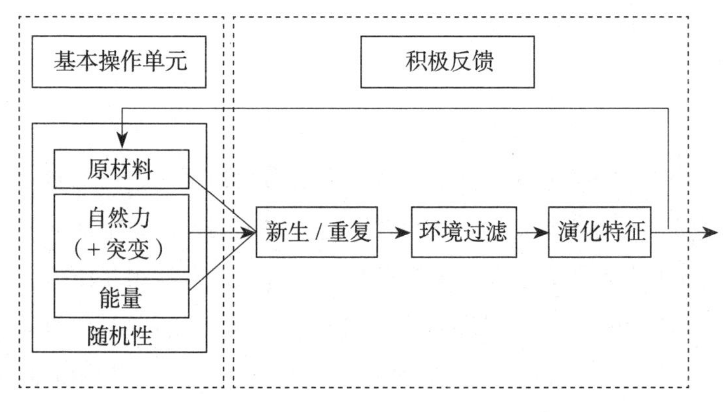

图 3–1　基本操作单元（BOU）和积极反馈

续运作，直到最早生命形式的 DNA 出现。

一旦任何生命或生物离开了基本操作单元，它们就不再受随机性过程的影响了，取而代之的则是环境对这些生命或生物的影响。

积极反馈和物种形成

在图 3–1 的右边是一个积极反馈的框，它又包含了三个较小的框。从基本操作单元出来的新生物马上面对它们出生的环境。环境会对它们进行各种成败的测试，以查看它们是否可以生存。如果有机体无法生存，它们将返回到基本操作单元作为下一循环的原材料。如果可以的话，它们也可以返回到基本操作单元，作为此生物的修订版本，然后再次进入下一个环境过滤的循环。假设环境没有显著变化，则此过滤过程将一直持续进行，直到演化中的生物足够稳定并可以区分出一个物种为止。这种以持续不断的循环来挑选物种的生存就是众所周知的“自然选择”。

此过滤过程就好像电子工程中具有放大作用的积极反馈

电路一样。最好的例子是电视信号接收器。它的用法是从空中接收多个电视频道，然后过滤挑选出一个要观看的频道。这就相当于基本操作单元产生的众多生物，经环境从众多生物中选出一个比较能适应的生物。但是环境的影响有可能过于微弱，而不能只经一次的过滤就准确地找到最能适应的生物。积极反馈电路的设计是取出部分滤过后的信号，放回接收器里再度不断过滤放大，使得需要的频道更加清晰，这个程序就是积极反馈。环境的作用就像这积极反馈一般；经一次过滤后的生物再度经过基本操作单元被随机性生产出来，然后让环境继续过滤。每经一次的环境过滤就再一次让生物更适合生存。经过不停的过滤，这些生物适应环境的特征就变得更加明显。

一个精心设计的电视接收器可以更有效地滤除不要的频道，同时完全消除相邻频道的残影。演化的环境过滤过程就相当于这种更清晰的过滤效果。如果环境对生物进行了十分严格的成败测试，那么正在演化中的生物（其实完全演化完成的物种并不存在，人类仍在演化中）或现阶段的物种将愈加专门化，从而更能适应环境。

在电视接收器中，如果滤过器可以提供充足的电源，则滤过后的频道信号将被放大，以便有足够的能量让更多电视机可以被观看。滤过器和放大器是积极反馈一词的原始定义。同样，如果将大量的原材料投入基本操作单元中，然后经过积极反馈，则将产生一个成功的物种，就像滤过与放大后的视频通道可以让众多的电视被观看一样。

道金斯所说的“自然选择与随机性正好相反”则反映了演化的积极反馈机制。在下文中，我们将以数学知识来量化“随机”，并以此来确定突变是否真正的“随机”。

生物多元化

图 3–1 将基本操作单元和环境结合在一起，形成了一系列事件和一个积极的演化反馈回路，并在因果逻辑中导出了部分演化原理。这一系列事件的程序产生了一个物种。如图 3–2 所示，环境过滤的作用不是用在单一的用途而已。由于基本操作单元中的随机性，它生产出许多种新生物，并且彼此都不相同。同时，环境是多种条件的组合，可能会有好几个生物都适宜生存。因此，该积极反馈同时发生了许多平行线。

在电视接收器的比喻中，空中的许多频道就像众多生物。这个图好似一个多频道的电视接收器，它可以同时调到这几个不同的频道。如果你有好几个电视，你就可以同时观看这几个频道。生物多元化是图 3–2 中相同原理的自然结果，只是你需要多画几条平行线，每条线对应一个物种。动物界的多元化产生了至少 780 万个物种，我们人类物种就是其中之一。另外还有我们赖以生存、为数 25 万的植物界物种，当然这也是多元化的滥觞。

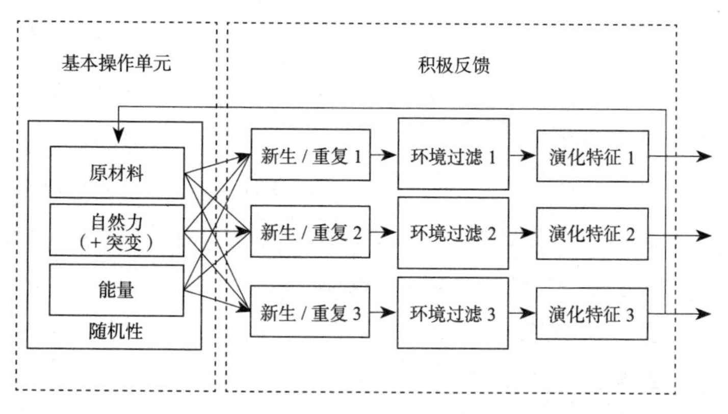

图 3–2　进化原理因果框架中的生物多元化

突变

生物有两种演化的方式。在第 9 章中，我们将用突变和自然选择来区分这两种演化。在目前只要知道突变与繁殖不同但互不排斥。突变可能发生在基因组的不同部分，有的只限于这一代，也有的会遗传给下一代。

突变在我们刚刚建立的演化原理里属于哪部分呢？它应在“因”框中，自然力额外地加了一项变数。突变并不需要有机体之间微观层次上的相互作用，而是随机性改变了有机体中分子的结构。如果突变也是受随机背景约束的基本操作单元的一部分（图 3–1），则应得出结论：突变与原材料之间的偶然互动是有随机性的。所不同的地方是突变的随机是时间上的随机。正因如此，突变的随机性是可以被量化以及被具体表现出来的。

演化中随机性的验证

由于随机性是演化的基石，能够验证演化的确是随机性的则至关重要。下文从严格的数学和物理的角度来验证突变演化确实是随机过程。原则上，相同的验证方法也可以应用于每个自然选择事件，但是在数学上必须包括较为复杂的计算，但原理则没有太多不同。

微观的随机过程

演化生物学的核心宗旨之一是演化是盲目的（至少在基本操作单元的层次上），换句话说，它没有远见或目标，同时也隐喻了随机性。此看法与道金斯的声明“自然选择与随机性正好相反”之间并没有矛盾。两者的陈述皆表明，盲目随机与非随机性，只是生物演化的两个表象。在宏观表象上，演化似乎是由环境决定的，并被推向一些特定的方向，落实了“与随机性正好相反”的陈述。在微观表象上，由微观分子重新排列引起有机体的特征变化是随机的，这些重新排列对环境加在有机体的影响是完全无知的，因此这部分的演化是没有远见或目标的，也是随机的。

例如，长颈鹿的颈部长度是经过许多世代而拉长的，是积极反馈过程产生的宏观变化。小长颈鹿一出生就已注定要被环境筛选：长长的颈部可以让它们吃到更多的树叶，所以自然界已经对颈部长的小长颈鹿有偏爱。但随机的分子过程对较长的或较短的颈部的发生概率是相等的。假如没有环境的约束或过滤，分子的随机性只会造成下一代长颈鹿颈部细微的或长或短，却并没有企图把几百个世代后的颈部拉长。

在研究繁殖的内部运作时可能涉及须同时改变 DNA 中的许多分子参数，这项工作相当繁复。研究突变却不同，它不一定需要最先进的科学技术。首先，突变比较容易量化，因为有些突变不经过性繁殖中的基因重组。其次，发生突变的次数要少得多，而繁殖中的染色体重组每一世代就发生一次。再次，由于它们很少出现，因此只要对少数几个参数追踪即可。最后，突变数量远低于其他类型的遗传变化。由于这四个因素，突变的追踪已被广泛用于人类演化、迁徙和种族的研究中。因此，突变也是随机性研究的最佳工具。

到目前为止，已经有许多使用突变来决定生物群体的年龄、迁徙以及医学使用方面的研究。这些研究已将突变的随机性视为当然的公理。但我还没见到学术界对这个主题有足够的研究，我还不能完全相信随机性是当然的公理。作为一个物理学家，我一向都是在处理可以量化的问题。我们不禁要问，有没有一种方法可以量化地把突变和随机性联系起来？要达到这个目标我们需要两个要件来进行可靠的验证：突变的数据和随机性的量化特征。

量化随机过程

从最根本的意义来说，时间的随机性是同样事件连续发生的一种方式。随机过程则是无法准确预测事件发生的时间。如果我们在“完全相同”的条件下观察随机过程的整个时间序列，那么观察到的结果则不会完全相同，而是有一个统计的特性。这样的解释不是那么清楚，下面则用一个比较实用的例子来说明。

随机过程，有点像城市公交车的乘车程序，这个程序有其实际的商业应用价值。像旧金山的公交车为了有效地安排发车频率，就需要对乘车率做详细的调查。假设用每小时 100 名乘客来表示平均乘车率，在实际计算每一小时的乘车人数时，这个数字却多半不会刚刚好是 100。在有些小时内有不到 100 人乘车，在其他小时内却多于 100 人，但是这些数字都在 100 左右。如果将这些每小时乘车人数制成表格，便形成了分布的概念。当你将分布转换为图形时，它就成为一个直方图。图中 100 人是最有可能的，少于或多于 100 人的可能性则相对少了一些。到了乘车率是 50 人或 150 人时那就不太可能了。这个乘车过程就是一个典型的随机过程。每一个乘客都完全由自己决定何时乘车，这样的随机过程被数学家取了一个很学术化的名词——“无记忆程序”。“无记忆程序”的随机过程的直方图可用一个简单的数学式子来表示，叫作泊松

（Poisson）分布。我们可以比较理论上的泊松分布与实际算出来的分布有多接近来判断公交车上车过程的随机性。如果理论与实际越接近，则乘车过程越为随机。

乘车程序的泊松分布可以用下面的公式 3–1 来计算。式子中的 P 代表了这条公交车路线在每小时有 k 个乘车人的概率。x 是平均乘车率 100。x^k 是 x 乘上自己 k 次。exp（$-x$）是自然指数函数，代表了自然常数 e 被自己除上 x 次。$k!$ 表示 k 的阶乘，等于 $k\times$（k-1）$\times$（k-2）$\times\cdots\cdots\times 1$。$P$ 在 100 时达到尖峰，而在高于或低于这个平均数字方向递减。当然，P 的数值在 0 与 1 之间，那是因为它是一个概率（百分比）。

$$P(k|x)=\frac{x^k \exp(-x)}{k!}$$（公式 3–1）

假设旧金山市有 30 条公交车路线（和真实情况相差不远），而且每一条路线的乘车都是随机性的，乘车程序的综合概率就可以用看来十分复杂的公式 3–2 来计算。P 是整个旧金山市公交车网路在一小时内有 k 个人乘车的概率。d 在这个方程式里表示公交车路线的数目，也就是 30。每一条路线也有自己的平均乘车率 x_i，而 x 则是整个旧金山市公交车网路的总平均乘车率，很有可能是所有 x_i 的总和。公式 3–2 看起来复杂，但是主要的概念在于处理单一公交车线路或众多公交车路线是同一原理。公式 3–1 其实是公式 3–2 最简单的形式。

$$P(k|x)=exp\left(-\sum_{i=0}^{d}x_i\right)\left(\prod_{i=1}^{d}\frac{x_i^{k_i}}{k_i!}\right)\times\sum_{z=0}^{min\,k_i}\left[\prod_{i=1}^{d}\binom{k_i}{z}\right]z!\left(\frac{x_0}{\prod_{i=1}^{d}x_i}\right)^z$$

（公式 3–2）

单纯的人类基因突变则与上面所说的乘车程序极其类似。这一次的突变发生以后（一个乘客上车后），下一次的突变（下一个乘客上车）在何时发生是无法确知的。但在已知的突变频率（平均乘车率）下，发生突变次数的概率可以用公式 3–1 来代表。如果有多项突变发生时，公式 3–2 则可派上用场。

但是更令人赞叹的是，这两个式子虽然看起来完全属于数学的范畴，与人类演化风马牛不相及，但可以用来描述和解释人类突变发生的过程。

随机过程的理论化和数学化很早就证明了它的实用价值。1898 年普鲁士军队需要了解军马踢死军士的发生频率，来决定补充人员及财源，这是我所知道的泊松分布历史上第一次被用于实用经济。

人类突变数据

作为一名刚开始学一般人类学的业余学者来说，即使我知道怎么设计实验来寻找突变过程的数据，但我没有实验室、专业团队和财务资源来收集数据。幸运的是，这种数据已经存在了。它来自 1987 年 1 月加州大学伯克利分校的科学家发表的论文中的一部分。该小组是分子人类学研究的先驱，他们的论文得出了现代人类有 20 万年历史的结论。

图 3–3 上图用来分析并确定这些年来人类线粒体 DNA 中累积的突变的数量。此图的蓝色曲线是我从该论文直接复制的数据。它是任何两个人之间 mtDNA 突变距离的图解。该研究的样本数为 147 人。对于这 147 个人，成对的数据是有 147×（147–1）/ 2=10 731 个数据点。突变距离分布的加权平均值为 9.47，而在 8 个突变距离处的分布峰值为 1241 次。该图显示的是概率的比例而不是次数，因为全部概率的总和一定是 100%。

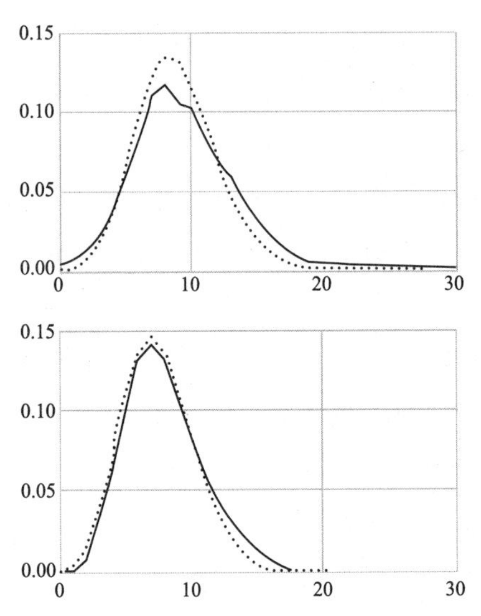

图 3-3　上图是基于 147 个个体的 mtDNA、10 731 个成对数据点（实线）和计算出的泊松分布（点线），平均值为 8.8。下图是基于 994 个个体 mtDNA、493 521 个成对数据点（实线）和计算出的泊松分布（点线），平均值为 7.5

如果当突变随机（无记忆程序，如每一个乘客都完全与其他乘客毫无关系）但以一定的速率（如 1 小时内有 100 个人乘车，或每一万年发生 1.25 次突变）发生时，突变过程应该是随机的。所以突变距离的分布应如泊松分布一样。

随机理论与数据的比较

图 3–3 上图中蓝色（数据）曲线的加权平均值为 9.47，表示在 147 个人中任何两个人之间的 mtDNA 突变距离平均为 9.47 个突变。图中对此数字的分布表明了突变距离不是正好为 9.47，而是有一些不确定性，在统计学里可以说是正常的。单单看到该图曲线具有少许的偏斜度就已经显出了它有可能是泊松分布，而不是熟悉的正态分布。幸运的是，加权平均

值只有 9.47。因为如果平均值更高，如 20 或 30，则泊松分布就和正态分布就没有什么区别了。数据随机性的特质就会很容易地被忽略了。

红色曲线是泊松分布的理论曲线。如果我们在泊松分布计算中使用平均数 8.8，则第一个明显的现象是它与蓝色数据曲线十分显著地类似。除了表面上的相似外，还有两个主要观察结果。首先，这个如此简单的泊松分布居然可以解释生物上的突变。其次，突变的随机性必定在演化中有重要的意义。因为数学与随机性不仅仅可用在突变而已，它必定是在演化中有着无所不在的地位。大约 4 年前，当我第一次意识到数学与突变有如此奇妙的关联时，我差点从椅子上滑了下来。那时我第一次知道自己正走到正确的方向上了。

我对找到一个案例中的数据和理论之间的一致性并不完全满意，我一直想找到第二个案例来确定这不是偶然的巧合。几年后，在世界的另一个地方——德国，出现了一组用于类似演化研究的不同数据，相似的突变研究也得出了相似的结论。该研究积累了 994 个人的 mtDNA。数据的数量要多得多，总共有 994 ×（994–1）/2=493 521 个数据点。同样的，图 3–3 下图显示了所计算的泊松分布（红色）与数据（蓝色）的紧密谋合，这更令我雀跃万分。

到此可以得出一个结论，至少在突变部分的演化可以大致认定为是随机性的。如果我不是物理学家和完美主义者，我会说上面这两个例子都达到了定性和定量的验证。但是这些定性和定量的突变验证还有以下的一点瑕疵。

突变还有待详论

比较细心的读者会注意到数据与理论的泊松分布之间存

在一些细微的差异。尤其数据曲线在平均突变距离（9.47）前后比理论值要大一点。这些差异虽然不甚明显但却有重要意义，我们将在第 9 章中讲述伯克利小组的研究细节时，做更深入的探讨。

演化的步伐，取决于物种的数量

决定生物演化快慢背后隐藏的驱动力是什么呢？生物不断变化是不断适应环境的结果。要经过好几个世代的调整才能使这些生物逐渐适应环境。此后，在比较稳定的状况下经过随机的基因重组使每一项特征都呈正态分布，反映出该物种经演化的洗礼后特征的典型数值。在此我要重申演化没有开始也没有完成，只有快慢，也就是目前的议题。

例如，大多数的大象鼻子的典型长度应是一个正态分布的平均。过长和过短发生的机会相对较低。大象的数目越多，长度的分布图看起来越像正态和钟形曲线。在一个较小的大象群里，非常长和非常短的象鼻出现的机会就减少很多。因此，较大的种群在钟形曲线的末端自然地提供了更多不同的象鼻长度。这些比较少见的大象的出现是小的群体中看不到的。这种多元性让生物适应不断变化的环境提供了更多选择。简而言之，物种个体数量越大，演化越快，这是达尔文已经认识到的事实。

但是，演化原理却和种群的大小无关。数量多的种群给基本操作单元带来了多种不同的初始（或边界）条件。它就像一个带有大型储能器的积极反馈机器，可以提供更高的增益并更快地达到最佳功能。因此，越大的种群导致越快速的环境适应。虽然演化步调的快慢只跟种群的数字有关，却都逃不出演化原理的范畴。

本章总结

我们现在可以将所有演化活动和现象归为“果”，而基本操作单元和反馈机制则为“因”。这个演化因果关系可能不像重力这样简单有力。但是演化也没有引力那么单纯。演化是混乱且复杂的，因为它涉及原材料、主导分子之间的电磁自然力、与环境相互作用的生物以及积极反馈。此原理虽然不简单，但都包容了所有演化的过程。看来这里介绍的演化原理可能不如牛顿的万有引力定律那样优雅，我不得不承认我毕竟不是牛顿，但我很高兴“露西”的发现者唐纳德·约翰逊在 2019 年说过：“演化是事实。这是从观测上归纳出必然的结论。这是一种像万有定律一样有力的理论。”我也衷心欢迎经过深思与有建设性的建议和批评来进一步改善此处介绍的演化原理。

虽然在专业期刊里我也看到一些针对突变的随机性发表的研究，但没有一个是直接着重于验证的。我相信本章的尝试及部分成功的验证是分子人类学里第一次触及此题目。我下一步应该继续探索的是如何将这种验证带到演化的其他部分，从而希望能证实任何演化都是在相同的随机性影响下发生的。

突变固然是分子演化的一部分，有性繁殖引起的自然选择也是演化的一部分。我认为，如果可以一代接一代的追踪染色体的改变，则可以像量化突变一样来量化这个自然选择的变化。我们应可以执行多元随机性分析（如用到第二方程式）来检验哪个部分是随机的，哪个部分不是随机的。从这个角度来看，我们可用现代的人工智能来更普遍地验证随机过程，而不只局限于突变的过程。

最近的一项研究声称可以解开有性繁殖中的染色体交换。这意味着尽管跟踪世世代代染色体的变化并不容易，但学者已经开始能够跟踪一个世代染色体的变化。探索突变的随机性，仅仅是因为它比较容易验证该过程是否符合理想的随机过程。将这种验证继续发展下去，将来应该能够验证染色体交叉的随机性。

我非常希望学术界未来会在微观层面验证演化的随机性有更进一步的研究。因为任何最基本的演化都始自这个不可或缺的随机性。

注释

1. For a similar naturalist view on the origin of life, see, for example, "The Big Picture: On the Origins of Life, Meaning, and the Universe Itself," Sean Carroll, Dutton Publisher, 2016.
2. "Time Dependency of Molecular Rate Estimates and Systematic Overestimation of Recent Divergence Times," Simon YW Ho, Matthew J. Phillips, Alan Cooper, Alexei J. Drummond, Molecular Biology and Evolution, 22, 1561–1568 (2005).
3. "Biological Diversification and Its Causes," Joel Cracraft, Annals of the Missouri Botanical Garden, 72, 794–822 (1985).
4. In 1953, Miller and Urey attempted to recreate the conditions of primordial Earth. They combined ammonia, hydrogen, methane, water vapor, and added electrical sparks (Miller 1953). They found that new molecules formed naturally, and they identified these molecules as eleven standard amino acids.
5. "How Did It All Begin? The Self-Assembly of Organic Molecules and the Origin of Cellular Life," David W. Deamer, Paleontological Society Special Publication, 9, 221–240 (1999).
6. "Mitochondrial DNA and human evolution," Rebecca L. Cann, Mark Stoneking, Allan C. Wilson, Nature, 325, 31–36, (1987).
7. "Neandertal DNA Sequences and the Origin of Modern Humans," Mattias

Krings, Ann Stone, Ralf W. Schmitz, Heike Krainitzki, Mark Stoneking and Svante Pääbo, Cell, 90, 19–30, (1997).

8. "A Tutorial of the Poisson Random Field Model in Population Genetics," Praveen Sethupathy and Sridhar Hannenhalli, Advances in Bioinformatics, Article ID 257864, (2008).
9. "New technique delivers complete DNA sequences of chromosomes inherited from mother and father," Loyd Low, Science Daily, Mar 7, 2020.

第4章
“我们”到底是什么动物
What Are We?

我认为当前对“我们来自何处”的问题已有了一个粗略的解答，只是所有错综复杂的详细内容还须进一步了解。可是，这个问题里的“我们”到底指的是谁呢？在大部分时间里用到“我们”时是泛指人类。而人类一词就代表了所有活着的人类，有时把现代人类之前的人类也包括在内，即包括了各种原始人。还有其他一些经常用到但仍然令人困惑的名字，如智人或解剖学上的现代人类。“我们”到底是什么动物呢？在进一步深谈人类演化之前，明确地定义“我们”是很重要的，所谓正本清源也。本章阐述了一些正式的对人类自己的称呼，这个说明不仅澄清了人类的定义，也同时建立了一个通用语言，让读者很容易了解学术界对人类的研究与进展。

人类最简单的定义

物理学家很重视有非凡成就的物理学家的观点。例如，斯蒂芬·霍金（Stephen Hawking）对人类就有一个简洁有力的定义："我们只是在一颗非常普通的恒星的小行星上的高等猴子。而我们最特别的地方是可以了解自己生活中的宇宙。"霍金是一位杰出的理论物理学家，也被广泛认为是最敏锐和有远见的哲学家。他是第一个提出基于相对论和量子力学相结合的宇宙论的人，这些理论在当今仍然备受推崇。他是量子力学众多世界理论的有力支持者。他的概念已多次用于科幻小说中。凭着这些名誉，他对人类的定义是可以作为一个参考的。

这句话以认真又轻松的方式给人类下了一个定义。简短的这句话中包含了三则信息。首先，我们是先进的猴子，而且可能是最先进的猴子。其次，在这个大到不可思议的宇宙中，我们住的地方是非常普通且微不足道的一颗尘埃而已。最后，也是最深奥的一点，就是人类的存在与宇宙的存在之间的关系，通过认知和智力将我们的实体存在与我们所居住的浩瀚宇宙联系起来。我们虽然在宇宙中占据了微小时间和空间，但我们却能理解整个宇宙的涵义。人类与宇宙的大小与久暂的对比不得不让我们在宇宙面前感到敬畏和谦卑。

这一句看起来十分简单的话，却是霍金对人类的从属与来处最深思熟虑的描述。对讨论"我们"的定义来说应该是一个很好的开端。

我们是猿类

正确来说，我们不是猴子，而是猿类。猴子和猿类来自同一个祖先，它们在大约 2500 万年前分开。猴子与猿类有哪些区别？尾巴的有无是它们最主要的不同。猿类没有尾巴，而猴子有。猴子的尾巴可以平衡它们的树栖活动，并在需要时可以用来当一个额外的肢体，有时还可以像四肢一般灵巧。猿类通常比猴子聪明，大多数猿类动物会使用简单的工具。虽然猴子和猿类都可以用声音和手势进行交流，但猿类的交流能力更为复杂且更具内涵。

这些差异在它们分开的初期可能并不十分明显，但随着积极反馈的演化过程，它们之间的分歧与差异变得愈加明显。从外表看来，人类和现在的猿类比跟猴子看来相像得多。因此，人类应更接近猿类并且有可能是猿类的后代。今天的猿类包括人类、黑猩猩、倭黑猩猩、长臂猿、红毛猩猩、大猩猩和一些较小的物种。在这些猿类中，人类和黑猩猩最为相似，在 700 万年前分开成为不同的物种。

一种会思考、有感情、会组织的特殊猿类

有许多特征可以区别人类和其他猿类，以下是一些比较明显的例子。人类以两足动物的方式直立行走，大脚趾与其他四个脚趾对齐并指向前方。其他猿类的大脚趾与其他四个脚趾分开，因此除了可以作为四足动物的脚之外，还可以抓住树枝进行树栖。我们有较长而灵巧的拇指，其他手指和拇指可以一起来做错综复杂的手工，而其他猿类则无法有效地操纵它们的手指。另外还有个特质是人类脱落了体毛，而得了“裸猿”的绰号，其他猿类仍然被体毛覆盖着。人类的鼻孔朝下，而其他猿类的鼻孔朝前。我们的语音器官、喉和咽部会演变成不同的形状和位置，从而与舌头、喉咙、嘴巴结构和嘴唇结合起发出各种声音，并创造出其他猿类无法做到

的语言。在霍金看来，在这些体质上的比较，人类当然比猿类高级了许多。

除了有形的身体特征之外，还有其他无形的特征可以把人类与猿类区分开来。其中则以人类可以思考和拥有认知这一特质最为明显，这一特质使我们能用思考来了解宇宙本身和人类与宇宙的关系。思考的最早起源来自人类对充满挑战的生存环境的好奇心。到了人类能建立自己的生存立足点而无须成天忧虑生计的时候，思考就变成了一种和饮食与求偶的欲望一样的本能。随之而来的文化、科学、技术、政治和艺术的后续发展证明了这种能力是其他任何猿类都没有的。

人类与猿类之间还有一个行为的差异。人类和猿类都是社交动物，个体彼此之间有着本能的同理心。对于黑猩猩来说，它们经常很巧妙地用它来维持资源的需求与族群生存凝聚力之间的平衡。但是，对人类而言，本能的同理心进一步发展为包括对同胞行为的是非判断、同情心、伦理和道德感，可以让我们运用认知来组织日益增大与复杂的人群。这个组织能力的获得与过程是人类行为的自觉思考而学得的技能。在猿类中，它们就没有在大型组织中运作的能力。

人类的官方名称

我们可以不断地列举人类和其他动物之间的不同来定义自己。这样定义的方式虽然十分有效，却失之于太过冗长。事实上，人类的地位已经有了一个以科学为基础的方法，这个方法将所有生物归类划分为多个有层次的位置。生物归类在结构上和层次上是有互相关联的，而人类在这个结构中占有了一个自己应有的位置。

分类法已将人类归类好了

为了把人类自己放到分层结构中最适当的地方，我们必须先能为自己贴个正确的标签。事实上对于所有的生物来说，已有一个数百年来分门别类的原则和既有传统。在本章里介绍传统的基本用法是人类学者 300 年来相互沟通的语言，让我们可以从这些年积累的智慧与知识中学习。

该分类与命名法是由瑞典植物学家卡尔·林奈（Carolus Linnaeus）建立的，他被认为是系统生物学之父（系统生物学是根据生物相似程度将它们分为环环相扣的诸多群体的科学方法）。他的原意是使用他的系统将包括人类在内的所有生物组成一个相互关联的结构。他对生物的分类与我们对日常生活中的事物分类的方法几乎是一样的，最主要的做法是根据视觉观察把显而易见的外观和解剖结构的异同来分类。越为相像的则越能归为一类。他的分类将这些异同都脉络可循地把所有生物关联起来。

分类学科学为现有的生物建立了一个静态的画面，它原来并没有考虑到生物与此画面会随着时间变迁。分类法还赋予了每个生物唯一的身份与名称。这个分类学科学也是命名学的一项分支。这门早期的科学是当今生物分类学的基础。

我们是动物之一

林奈的分类体系将生物分为 7 个等级，即界、门、纲、目、科、属、种。这 7 个等级有着节节相套的关系。每一等级就像一系列嵌套的伞。最高最大的伞是动物界，涵盖了地球上所有的动物。每下一个等级都是上一个伞下较小的伞。相关生物之间在每下一个等级中区别也越来越小。直到排在最底层构成了生物中最自然的单位。所有其他较高的等级都是分类学家研究相关物种可能的演化过程的一种方式。

下文以人类为主轴的分类表中（表 4–1），我将使用人类、黑猩猩和乌龟来说明分类体系的层次结构。表 4–1 列了两个密切相关的动物和一个没有密切关联的动物。

表 4–1　林奈生物分类法

生物分级	人　类	人的属性	黑猩猩	乌　龟
界	动物界	能够自行移动的有机体	动物界	动物界
门	脊索动物门	有脊骨的动物	脊索动物门	脊索动物门
纲	哺乳纲	有皮毛或毛发的脊椎动物，有乳腺	哺乳纲	爬行纲
目	灵长目	有锁骨和抓指的哺乳动物	灵长目	龟鳖目
科	类人科	具有相对平坦的面部和三维视觉的灵长类动物	类人科（巨猿科）	龟科
属	人属	直立姿势和大脑袋的人科动物	猿属	凹甲陆龟属
种	智人	具有高额头和薄头骨的人属成员	黑猩猩	靴脚陆龟

据林奈的分类法，生物分级最高的是界（Kingdom），其中包括两个有生命的界：植物界和动物界（Animalia）。动物界由可以自主行动的所有生物组成。表中这三种动物在动物界中共同属于脊椎动物的门（*Phylum*），这意味着它们具有

一个脊椎骨干支撑着身体。人类和黑猩猩更同属哺乳动物的纲（Class），而乌龟则分支到另一个爬行动物的纲，从此乌龟与人类越走越远。而人类和黑猩猩属于哺乳动物下分出来的灵长类的等级，此等级则是灵长类目（Order）。下一个等级又将人类和黑猩猩分为不同的科（Family），人类属于类人科（Hominidae），而黑猩猩属猩猩科或称为巨猿科（Pongidae），巨猿科包括倭黑猩猩、大猩猩、红毛猩猩。还有另一种常见的分类法把巨猿科也归入类人科，黑猩猩和倭黑猩猩则构成类人科下一层的猿属（*Genus*），而在猿属下则分为黑猩猩和倭黑猩猩两个物种（*Species*）。人类是类人科下同一个等级的成员，这个等级叫作人属。最后，人类是人属再下一个等级的动物，这个等级叫作物种。现代人类则是人属中有智慧的一支，所以人类也被称为智人。有意思的是，现代人类在同一个人属和人物种的两个等级中是唯一活下来的物种。

我们是智人

林奈于 1758 年首次创造了智人这个名称。智人的出现是人类演化的最后一步。就物种而言，现代人类是人类物种的最后幸存者，同样，我们的 DNA 也是人类原 DNA 的最后一个幸存者。

表中除了最后一行外，所有等级都有一个单词的名称。最后一行的物种特定身份却由两个单词来代表。对于这种最自然的物种单位，其身份名称采用二项式命名法。第一项是一个物种的属名，第二项则是该物种的名称。第二项通常是拉丁化的名词而且用斜体来写，但斜体字部分并不是十分严格的规定。本书根据林奈的说法，我们正式的名称是人属（*Homo*）下的智人物种（*Sapien*）。

林奈的分类法将所有动物置于一个动物界之下，虽然不是动态的，它却隐含了演化步骤。但因为早期分类时专注于当时可见的动物而遗漏了已灭绝的物种。如表 4–1 所示，我们知道早期分类法中并没有包含绝种的人类亲属，所以这个层次系统需要不少的修改。在下一章介绍人类族谱时，我们会将他们的属和物种包括进来。

现在我们面临从各种媒体中获得越来越多有关人类的知识，因此我们也经常见到一些定义不太明确的名词。下面对这些名词做进一步的澄清。

人类的其他常用名称

所有现代人都是智人，但不是所有智人都是现代人

当我们在不需要正式谈论人类的场合，应该怎么称呼自己呢？到目前为止，本书中习惯性地将自己称为“人类”。根据《大英百科全书》的定义，人类是“归类于同属的有文化的灵长类，特别是智人物种”。它进一步阐明，人类还具有高度发达的大脑，并具有表达清晰的言语和抽象推理的能力。

我们可不可以直接说人类就是智人？据我们所知，由于分类学是根据解剖学上的相似性来分类的，除了现代人类以外没有其他动物在解剖学上跟我们一样。目前活着的人类，即 78 亿人口中的每一个，都属于同一物种，即智人。因此，现代人类都是智人。

可是智人的定义，并不如我们想象的那么清楚，我们就无法在上面的分类法中找到跟我们很相似的尼安德特人。可

是过去接近有100万年的时间里，他们确实存在，并在广阔的欧亚大陆居住繁衍。之所以没有为尼安德特人在这个层次系统中找到一个恰当的格间的部分原因是，分类学虽然暗示了各种生物(包括人类)的演化，但它没有包括已灭绝的生物。那么根据《大英百科全书》中对人类定义，就应将尼安德特人归属于智人。所以一个必然的结论则是：现代人类是智人，可是智人并不全是现代人类。

另外，如果我们将尼安德特人摒除在现代人类的范畴之外，我们必须得更加具体地说明他们的归属。到目前为止，最合理的现代人类定义可以说是直接来自20万年前的MRCA的智人。所以，现在可以将现代人类等同于《大英百科全书》所定义的人类。但是智人包含了许多现代人类之前的智人类，尼安德特人则属于如此定义的智人。

解剖学上的现代人类

把现代人类加上“解剖学上”的附加描述有些含糊，但会常常看到以这个名字来代表“我们”。也有些说法认为，克罗马农人（Cro-Magnon）才是真正的第一个解剖学上的现代人类，这个说法也不完全对。经过区域性的适应和累积的突变，现代人类之间总是有某种程度形象上的差异（见第12章）。我们是否真有创造另一类解剖学上的现代人类的需要呢?

其实，解剖学上的现代性根本不精确。例如，我们的智齿正在逐渐消失，有高达35%的人甚至在他们的一生中根本没有长出来。人类似乎现在仍处于大约12 000年前开始的淘汰智齿的过程中。其他细微的变化包括正在逐渐降低的体温和变轻的骨骼密度。从这层意义上说，现代这个词只是相对程度的问题。21 世纪的人体理所当然地与 12 000 年前的解剖学上的现代人类有所不同。解剖学上的现代人类（克罗马农人），应该和现代人类是同义词。他们之间的微小差异并不构成不同物种的区别。

有趣的是，我们是唯一知道自己仍然在不断演化的动物，而且目睹了这种变化。演化是一个永远不会完成的程序。相反的，现代人类的演化正在加速中。

智慧的智人亚种：更深一层的分类

尽管智人的物种名称是大致正确的，林奈的分类法还不能 100% 确定我们单单只是智人的身份。你可能听说过有人称我们为“智慧的智人”。也许这是现代人类的傲慢和自恋意识的作祟，要表示不仅是聪明而且是非常聪明的特殊地位。这个更细的分类有必要吗？在许多情况下，智慧的智人为分类法加上了一个另外的等级。这是林奈在 18 世纪 70 年代中期已意识到物种不得不加上一个亚种的需要。对于人类更细分类的部分原因是有一些其他古老的人类也有资格成为智人，但却与现代人又有所不同。尼安德特人是最好的例子。

目前，智慧智人亚种是智人物种等级以下的公认惯例。从名称来讲，智慧智人同时是人类、现代人类和解剖学上的现代人类。

我们不是古老智人

我们偶尔也会看到“古老智人”这个名词。它并不是标准化的，但是对早于现代人类的智人来说是一个有用的名称，因此尼安德特人是古老智人。但他们不是唯一的古老智人，因为我们已知至少还有两个其他的古老智人，在第 10 章中会做进一步的说明。尼安德特人也有时被定义为“智慧尼安德特人”亚种（*Homo Sapien Neanderthalensis*），这是用来表示他们与现代人类的亚种有所区别。

稍后我们将提到，在78亿现代人类中，有很多人的DNA里有尼安德特人的基因。现代人类无疑与尼安德特人交往过。有些分类法将现代人类和尼安德特人分为不同的物种是错误的。在命名学里，如果智慧智人是合理的亚种，则智慧尼安德特人的亚种也应合理，但是现代人类却一定不是古老智人。

人类素与早期人类

从分类表可以看出，在类人科家族下有人属，也包括了许多其他人类属的人类物种。在某些有针对性的讨论中，也见到以人类素（hominin）将早期人类和现代人类合在一起的总称。从人类与黑猩猩分裂后，人类素构成了该分支后的所有人类成员。实际上，人类素这个名字包括了至少三个属和其他人类物种的等级。它指的是现代人类和所有绝种人类的统称。它包括同系人属、南猿属（*Australopithecus*）和古猿属（*Ardipithecus*）。这些名称将在下一章的人类族谱中做进一步的说明。学者们还偶尔用“早期人类”来代表除了现代人类以外的所有人类素。

分类法、族谱、系统发育树

分类法是用来对现有动物的分类，并没有提供在何时发生的各个演化步骤。但是，各个等级之间的关系意味着演化时生物形态上渐趋分歧。当我们在分类法中加入了演化步骤和里程碑时间时，它便成为该物种的族谱，或被更恰当地命名为“系统发育树”。

族谱提供了每个家庭成员的详细信息以及成员之间的关系。要看把族谱从多久以前开始算了，它的时间范围可以从数百年到数千年。对我个人来说，一个短期的族谱可以追溯到近 200 年前，我的曾祖父（1835 年生）就是这个族谱最早的祖宗。曾祖父住的房子还在，只是沧海桑田，200 年后归属于谁已不可考，我仅可以看看外观而无法进入了。但是从我的姓名和家乡的大族谱来考证，我可以将我的过去追溯到公元前 1050 年的祖先，那时的族长是 800 年王朝的开国王室与元勋之一。其实我从一介平民突然变得贵为王室贵族并不奇怪，因为当今的大多数活着的人都是一个或多个王室或贵族成员的后代。2019 年美国的一个智力综艺电视游戏节目 *Jeopardy* 的参与者之一安德鲁·孔（Andrew Kung）是孔子的 74 代直系后裔，他的祖先（孔子）可有根有据地追溯到公元前 550 年的贵族。有一点是确定的：我们的传统族谱将不会包括非智慧智人的任何成员。

由于系统发育树是物种的族谱，因此人类系统发育树应从我们与黑猩猩分开的时间开始。下一章的讨论把这一段人类演化里程用系统演化树剖析出来。在这本书中，“人类族谱”和“系统发育树”将是同义词，并根据重点和上下文来互换使用。

物种的简单定义

人们不禁会质疑在林奈的分类体系下如何定义“物种”。其实物种一词本身就是最令人困惑的术语之一。为了便于讨论，我们现在将用传统的方式作为起点，在第11章中，我们将从一个比较详细的“物种”的角度，对人类和黑猩猩以各自不同的演化以及分子演化的过程做一个比较深入的探讨。

一般来说，如果哺乳动物之间能够成功地繁殖并产生后代，那么它们就是同一物种。这里的一个关键词是“成功地”，表示其后代还可以继续成功地繁殖下去。一匹公马（拥有32对染色体）和一头母驴（31对染色体）交配生出的叫作骡子。如此说来，马和驴应属于同一物种了吗？自公元前3000年古埃及开始，人们就有目的地养骡子，因为它们能吃苦耐劳，可以帮人类做很多苦工；现在世界上许多地方仍在这样做。可是数千年的经验告诉我们，骡子是不育的，因此不能“成功”地继续繁殖它们的血统。目前还不清楚为什么公马和母驴会生下一个不育的动物。从分子遗传学层次来说，有不同染色体数目的父母的后代可能很难决定将什么样的染色体传给下一代。这个不“成功”的繁殖似乎是因为骡子的父母是具有不同染色体数量的不同物种。因此，马和驴不是同一物种。

这样的物种定义很简单，可是却又没那么简单。前面曾提到人类和黑猩猩是从共同的祖先那里分出来的，但是现在的人类有23对染色体，而黑猩猩有24对染色体。在这段分家的过渡时间内发生了什么？人类和黑猩猩都可以成功地自我繁殖，并且使他们成为自己的物种。那么我们的共同祖先有几对染色体？这个问题可不是那么容易找到答案了。实际上，成为智人物种的过程相当复杂。因为“物种形成”是人类起源和演化最早的一部分，本书在第11章中讨论这个包括步骤的机制和时间的人类学课题。对于任何动物而言，物种形成过程都绝非易事。

演化时间的计量单位

在人类演化的过程中如何来衡量时间？在分类表中，每个总括类别都带入了下一个层次，代表着主要的分类和演化步骤。

我们可以从头开始算。首先是有证据表明单细胞生命出现于 40 亿年前。其次是 15 亿年前的多细胞生命，7 亿年前的最早动物，5 亿 4000 万年前演进到动物门，2 亿 4000 万年前的恐龙，2 亿年前的哺乳类动物，5000 万年前的灵长类，最后是 700 万年前的早期人类。所有这些重大事件都发生在数百万年前的人类起点之前。这些事件的年代少说是用百万年甚至亿年来计时。

另外，一般的族谱最多可长达数百到数千年。我个人就有 3000 年前的王室血统，跨越了 140 个世代。世界有文字文化的时代始于大约 7000 年前或大约 300 个世代以前。在 2015 年我参观 Gobekli Tepe 时，我看到了可追溯到 12 000 年前的石雕。如果这些人都有族谱可循，就有可能会追踪到大约有 500 个世代后的子孙。

一个完整的全人类族谱将覆盖 700 万年来的变化和成员，跨越了 30 万个世代。难怪自人类诞生以来，分子人类学家几乎无法追踪 30 万次的基因重组和遗传变化。但不管这有多么困难，人们仍然可以看到分子人类学家继续不懈地尝试着解决这一问题。

如果可以身临其境地经历数千年、数万年、数十万年甚至数十万代的繁衍，这个长远的猿类到现代人类的演化历程，会令我们不由肃然。

注释

1. For a detailed discussion on taxonomy, see, for example, "Biological anthropology, The natural history of humankind," third edition, Craig Stanford, John S. Allen, Susan Anton, third edition, Pearson Education, Inc. Publisher, 2012.

第5章 人类的族谱

The Human Family Tree

人类族谱和演化有现阶段的知识与了解得感谢尼安德特人，感谢他们催生了对人类演化的研究。尼安德特人化石最早于19世纪中叶在德国尼安德山谷被发现，因此得名。早期的发现很快引起了不小的轰动，因为这些骨骼化石既像是人类，却又不是人类，大半科学家们都不知道如何处理。接下来较大规模且有计划的挖掘是在比利时的恩吉斯，从此之后连绵不断地发现了许多尼安德特人化石。它们遍布中东、西班牙、法国、德国、意大利、罗马尼亚、格鲁吉亚和多瑙河走廊的广阔地域，并一直延伸到西伯利亚南部的阿尔泰山脉。

这些人类的化石继续不断出现，颠覆了当时人类学界的既有观念。人们认为，自然赋予了人类与生俱来的生存权利，是世界上最优越的生物。我们不属于动物，与任何其他动物完全不同，更不属于任何分类或演化的一部分。然而，尽管马塞兰·布尔（Marcellin Boule）早期对这些像人类的人们错误的描绘，尼安德特人其实与我们十分相似，相似到无法不承认他们是我们人类的近亲。如果我们将尼安德特人纳入分类法而成为动物之一，那么现代人类也应该属于分类法中动物的一员。

我们和尼安德特人之间有多密切的关系呢？在最初发现之后的几年中，人们很快了解到尼安德特人的身体大小几乎与我们相同，不同的是他们比我们更为结实壮硕。他们的大脑容量与我们的也几乎一样，有些标本比我们的脑容量还大。他们的文物留下了复杂思维和灵巧手艺的证据。他们具有类似人类的抽象能力，并早在现代人类之前就已经创造了艺术品。他们甚至具有可能发出类似我们的声音或语言交流的喉咙和语言器官的解剖结构。在过去的 20 年间，我们找到我们与尼安德特人互换基因并留在现代人类的 DNA 中的证据。毫无疑问，与尼安德特人一样，我们人类是演化的一部分。接下来最具逻辑的问题是我们人类在分类学中占了一个什么地位，也就是如何建立人类的系统发育树的全貌，或者更简单来说就是人类族谱。

在过去的 150 年来，我们一直也为尼安德特人着迷。在现代科学确定其特定的遗传属性之前，他们的存在激发了我们丰富的想象力。因为我们知道他们在我们的过去必定有极大却讳莫如深也无从得知的影响。这些猜测在幻想和科幻小说中表现无遗。我们经常幻想着我们遇到其他聪明的人类物种时是如何相互交流的。最近基因的研究已证实现代人类与尼安德特人的确曾聚集在一起，这些聚会有可能是欢聚，也有可能是由于战乱。但无论如何，尼安德特人已经在我们的基因中留下了曾经在一起的证据。

我们可从一本科幻小说的故事中看出人类对尼安德特人

的幻想，以及我们与他们的关系。你会看到，这些想象颇有创造性而出人意料，而且还引领着科学界寻找真相的方向。

尼安德特人激发了丰富的想象力

大约 20 年前我在向西横越大西洋的飞行中读过一本 1996 年出版的科幻小说《尼安德特人小说》。这一程直飞要五六个小时，正好让我从头到尾看完这本书。我在机场书店买这本书是因为它的封面用大字写着“即将成为斯蒂芬·斯皮尔伯格的电影”。“尼安德特人”和“斯皮尔伯格”对我有着非买来看不可的吸引力。据说斯皮尔伯格的梦工厂 SKG 制片公司以 100 万美元的低价购买了这部书的电影版权。电影制片厂如果拍出像《侏罗纪公园》一样畅销的电影，票房将可赚到数亿美元。花 100 万美元购买原著实在是太便宜了。可是，不知为何那部电影却根本未曾开拍。

这些年来，这本书的细节我已经不太清楚了，我只记得这本小说有着幻想文学不可或缺的幽默感、幻想力、伪科学和人性之间的诡计。作者的想象力是如此生动和现实，以至于一些重要的人类问题，无论是心理学还是人类学，至今仍然还是学术界的主流。它的一些假设性的问题仍在考验着我们的脑力。

故事的背景是现代人类和尼安德特人从数万年前就不停地在进行战争，而战争仍在持续中。这些战争使尼安德特人的人口急剧减少，但尚未完全灭绝。他们之间的敌对与战争是否真的发生我们现在不得而知，但是现代人类和尼安德特人确实占据了至少数千年的同一空间。现在可以肯定的是，没有一个尼安德特人能幸存下来。

在故事中，除与现代人类争战外，尼安德特人中两个派系之间也经常发生内斗。一派个性温驯，满足于仅够生存的资源，生活在和平相处的社会中。另一派是冒险和有侵略性的积极分子，他们不断地追求更好的生计和丰富的资源。我并不完全明白作者试图传达什么样的象征性信息，但是，它隐约地表现出人类生来同时具有的善良与邪恶的两面，也是人类内部冲突的特征。它使我想起了哲学家霍布斯（Hobbes）的“野蛮人”与卢梭（Rousseau）的“高贵的野蛮人”之间的辩论。人类的双面性，在科幻小说中表露无遗。

有趣的是，作者假设这些尼安德特人的住处位于当今塔吉克斯坦共和国的帕米尔高原。这些尼安德特人积极分子所住的洞穴，与现在法国南部的肖维（Chauvet）岩石洞穴没有太大不同，洞穴作为族群每晚聚集的地方，也是族群在洞穴墙壁上发挥他们艺术天赋的地方。这个亚洲中部地区本来又冷又干燥，正是长期保存人类 DNA 的理想条件。我相信这本科幻小说的作者一定很高兴知道，真正的尼安德特人在大约 4 万年前就已居住在离该假想地点不远的地方，并将他们 DNA 痕迹留在了远古以前的骨骼中。科学家还在那附近发现了那时（1996 年该书出版时）未知的古老人种丹尼索瓦人。像尼安德特人一样，他们也是现代人类古老的近亲之一。

还有一部分故事情节是：这些活在今天的尼安德特人没有正确的发声器官，无法用口头语言表达他们的思想。但是，他们却用超感知觉（ESP）能力与族人沟通。不止如此，他们还借着超感知觉和现代人之间进行交流，尽管与现代人类的交流必须在迷幻蘑菇的帮助下完成。作者一定已了解到尼安德特人的脑容量至少与人类相近，否则就算有迷幻蘑菇的帮助也无法与人类沟通（理查德·利基曾对这些蘑菇引起的幻觉作了叙述）。事实上，2014 年，科学家从距今 6 万年前的尼安德特人化石中发现了他们有说话能力的证据。另外还有一些佐证显示人类开始说话的时间比 6 万年前还要早得多。

书中男女主人公之间的一些无伤大雅的打情骂俏都起源于人类学两方的对立，男主角站在传统的古人类学的立场，女主角则站在分子人类学的立场。这些争执反映出学术界在坎恩等的研究发表（基本上解决了现代人类的起源的困惑）以后的十多年来，仍存在着相当程度的分歧。这个小说故事并不是唯一利用尼安德特人来赚钱的书。但是此书触及了一些发人深省和有争议的人类问题。

另外一本更早有关尼安德特人的科幻小说《继承者》（*The Inheritors*）也利用到尼安德特人，但其中现代人类与尼安德特人的争执是一个尼安德特人以第一人称来讲述的一个故事。《继承者》写得比较早（1955 年），主题比较严肃，文字也比较生涩。同时，那时对尼安德特人的认知尚处于颇为原始的阶段。

当然还有简·奥尔（Jean Auel）的《大地的后代》系列 6 卷也是经典小说。其中的第一本《熊洞族人》已被拍成电影，只是不算叫座。我却很喜欢那部电影，因为它早在 20 世纪 80 年代中期就幻想出有现代人类和尼安德特人混血的后代。虽然这两套书的作者都十分有名，但我却认为这本出版于 1996 年的新科幻更能发人深省。尼安德特人占据了本书很重要的一部分，因为他们的存在与现代人类在时间和地点上有数千年的重叠，以至于吸引着我们的想象力并对现代人的生活与生命都具有很多实际的意义。毕竟，他们是人类数万年来最重要也是最后的物种伙伴。

系统发育树：浓缩的人类族谱

人类族谱的主题应该需要详尽的讨论，以具体的证据归纳出现阶段全面的了解。但是完整的答案也还要靠着一些有根据的猜测来填补演化上证据不足的现实。所以必须意识到再详尽的人类族谱都不会达到 100% 的正确，除非我们能确定无误地找到所有从猩猩到人类之间的过渡物种的化石。

根据人口参考局（PRB；专门收集和提供针对环境、健康和人口结构的研究和学术所需统计数字的智库机构）的统计，自从人类素与黑猩猩分家到目前为止，总共有 1080 亿个人类在这个星球上生活过，其中包括现有的 78 亿人口。至少目前从我们所知不可能把所有从黑猩猩和人类素分家后的人种全部包括在一个族谱里。不过，有一点是可以肯定的，自从和黑猩猩分离后，在这 1080 亿个人类中一定有一支人种，是我们直接的老祖先。人类的族谱就必须把这一支从头贯穿到现代人类。

本章的这个族谱是把我们所知的知识简略地浓缩了，以便全面了解 700 万年的人类演化过程。这个族谱概述了人类从黑猩猩到现代人类之间的主要里程碑。这个族谱有如一株大树，根部是人与黑猩猩的共同祖先，主干从开始贯穿着现代人类的直系祖先，也包括了几个大的支干。事实上，完整的族谱看起来不太像一株支干分明的大树，它更像纵横交错的灌木丛，但我们不会深入探讨祖先各个分支之间错综复杂的关系。当我们须解开有些比较重要同时也是最近的族谱时，我也会简略说明各个宗族交叉连接的关系。

本章将用以现代人类为中心建立的简单族谱表作为全书的参考。化石记录和人类遗传学均用于构建该族谱。

读图指南

图 5–1 显示这一人类系统发育树，或简称人类族谱，图下方从左到右为时间轴，从 700 万年前为起点，一直到最右边的棕线代表了现代。为了方便起见，时间轴并没有按比例画成，以便包含最近百万年的细节。最左边的时间代表人类的起点或类人科（大猿科）分裂 1 成人类和黑猩猩。粗黑线代表了我们直系的祖先线。沿线的箭头表示每个生物的最终时间。如果这些箭头没有拉到现在，那么它代表的人类物种已经灭种。

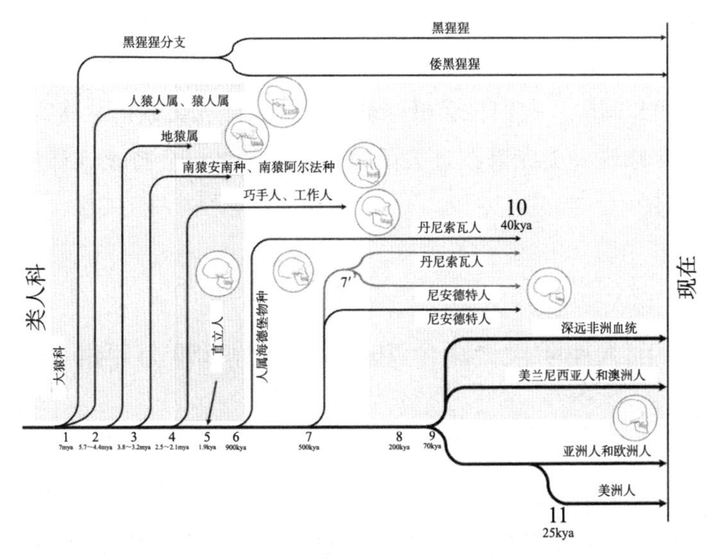

图 5–1　以现代人类为中心的族谱（人类系统发育树），时间从 700 万年前直到现在。mya. 百万年前；kya. 千年前

四个阶段和 11 个里程碑

在图 5–1 上看到 700 万年的演化可分为四个阶段，分别以不同的颜色代表。其中的分界代表我们演化线上的过渡期，

根据形态、智力、行为和认知的变化来划分。第一个阶段（灰色）从几个人种属的开始到人属的出现，可称为前人属阶段。第二阶段（绿色）带入了最早智人物种的出现，可称为人属阶段。第三阶段（黄色）包括古老和较年轻的智人，可称为古老智人阶段。直到第四阶段（米色），现代人类从智人中脱颖而出，是现代人类阶段。

图上另有数字标示着里程碑，表示了时间主轴线的划分点。我们认为自己是“主要”的人类，所以把最后仅存的现代人类放在主轴上。这些里程碑之间的长短差距并不意味着逐步的或间歇的发展。人类学还在不断地进步，每当出现新的、客观的和可验证的证据时，或多或少都会影响里程碑的时间和间隔，我们也会根据证据来修改此人类族谱。其实，经常修改人类族谱在过去是常态，在将来也会持续这样的常态。

前人属阶段：距今 700 万年前到 250 万年前

此阶段始于 700 万年前。这个起点是基于化石记录和分子遗传学研究的估计。在我们对物种形成的细节有更清晰的了解后，才知道物种形成的过程必定是漫长而复杂的，它从开始到结束时可能经过冗长的数百万年。黑猩猩和人类最有可能是在非洲撒哈拉沙漠以南居住，人口不断增加，造成演化压力（见第 3 章），蓄势待发，从而摧动了演化的下一阶段。下一阶段是这些灵长类动物受到持续不断的积极反馈过程的影响而分别成就了人类与黑猩猩。可能是由于当时种群数量终究仍然有限，人类和黑猩猩的物种形成前后历经四五百万年的时间才宣告完成。

里程碑 1：大猿科分为三支

和黑猩猩分家

左边起点前的粗线代表了黑猩猩和人类的共同祖先种群，这是类人科的一些大猿。虽然人类素和该“大猿”种群之间最初分开可能早在 1300 万年前开始，但杂交物种形成过程可能一直持续到最近的 540 万年前。从考古和遗传学证据加上普遍被接受的基因突变率以及种群数量的假设看来，黑猩猩和人类素之间的分家最终可能在 540 万年前后。我们暂时用一个为大多数人接受的 700 万年前作为第一个里程碑。事实上研究结果指出人类和黑猩猩历经数百万年的时间才能完全分家。第 11 章对此复杂的过程进行了更详尽的介绍。如果你比较性急，可以翻阅到该章先睹为快。

黑猩猩走向自己的独木桥

黑猩猩与人类的分家之后，在过去的 700 万年中一定也经历了它们自己的演化路程，变成了它们现在的形态。很显然，人类演化得非常快速，以至于在接下来的 700 万年中逐渐地统治了这片土地。但黑猩猩或其他大猿类也变得比较聪明了，当然它们的演化速度远远落在人类之后。根据最近的一项研究，现代黑猩猩甚至比我们在第三里程碑时的人类祖先（如南猿阿尔法种）更为聪明。说不定再给它们几百万年时间，它们也可能会演化到像我们一样聪明。

黑猩猩的详细演化途径尚未熟知，但它们在 700 万年之间也演化出了四五个黑猩猩亚种。黑猩猩和倭黑猩猩是两个数目最多的亚种，它们生存于现在的热带非洲。

两种黑猩猩的故事

根据遗传学研究，黑猩猩这一分支大约在150万年前分为两种动物：黑猩猩和倭黑猩猩。这个时间是通过分子时钟技术的遗传分析来确定的（该方法也用于确定我们现代人类的年龄）。同一物种的两个种群之间长期的地理隔离可能是造成它们物种形成的原因。

如今，倭黑猩猩主要生活在刚果盆地的刚果河南岸，这个刚果盆地分属非洲西部的几个大国。黑猩猩则生活在北侧。刚果河是非洲第五长的河流，直到大约150万年前，刚果河才流入现在的河床，现在的地貌与150万年前相差甚远。这两件事：黑猩猩和倭黑猩猩的分家，刚果河床的改道，发生的时间和地理位置如此接近，看来并非偶然，还可能有不可分的关联。黑猩猩和倭黑猩猩之间物种形成可能会在以下情况发生。它们原为同一物种，很可能两者有共同的祖先。大约在150万年前刚果河流入目前的河道形成天然屏障，将刚果盆地分割成两个隔离的地带。据我们所知，黑猩猩和倭黑猩猩都不会游泳，也没有冒险与好奇的天性来学游泳，从此它们的祖先从150万年前就被隔离了。

经过150万年的分开演化之路，两者在许些方面已有不同。倭黑猩猩是雌性主导的社会，雌性通过同性的紧密联系来主导对雄性的控制，从而限制了雄性的侵略性。在现代对灵长类的研究，还没有观察到它们合作狩猎、使用工具或表现出致命的侵略性。这种社会行为使我想到科幻小说《尼安德特人》中比较温驯的尼安德特人族群。相反的，黑猩猩是雄性主导，具有强烈的侵略性，在不同群体的争执中可能致命。黑猩猩使用工具，会合作狩猎猴子，甚至会吃掉其他黑猩猩群体的幼崽。它们有点像那部科幻小说中激进的尼安德特人族群。从形态上来说，倭黑猩猩是细长的身材，明亮的粉红色嘴唇、黑脸。而黑猩猩则是健壮的身材，随着年龄的增长脸部颜色会改变，嘴唇会变黑。

黑猩猩和倭黑猩猩是同一物种吗

林奈分类法将黑猩猩命名为 *Pan troglodyte*，将倭黑猩猩命名为 *Pan Paniscus*。显然此分类已将它们视为不同的两个物种。但是尽管它们的形态和行为颇有差异，它们却可以成功地杂交，虽然是经过人工干预才能在豢养中看到它们成功地繁殖下一代，在自然野外环境里则没有看到它们杂交的迹象。引人注意的是，时间隔离了 100 多万年并未完全使它们变成两个完全不同的物种。根据“成功繁殖”的物种定义，黑猩猩和倭黑猩猩应属同一物种。

这 100 多万年分离尚能杂交的事实至关重要，因为正如我们将在第 10 章中读到，尽管我们在演化路程上分开了 40 万至 50 万年，现代人类还是与古老的智人成功繁殖了部分我们的祖先。当面对外型差异而使繁殖受挫时，大自然总能找到办法来克服困难。它还提供了一个更重要的信息，那就是缓慢而复杂的物种形成过程是常态，而不是例外。

猿类与人类之间：人猿人属（Sahelanthropus *tchadensis*）

黑猩猩和人类素之间分开的第一个可靠证据是最早有人类特征的一片人类化石，即人猿人属的化石。2002 年前后在目前的非洲乍得共和国（Chad）发现的化石大约有 700 万年。发掘到的化石包括一个小颅骨、五个颌骨碎片和一些牙齿。整体来说，这个人类是由衍生特征和原始特征组成。

尽管化石不完整，但比较解剖学家将它们组装成有意义的身体部位。颅骨很小，类似现在的黑猩猩一般，比人类的颅骨要小得多。牙床的拱廊趋向于 U 形，与人类的 V 形不同。厚重的眉嵴和面部结构与人类也有着明显的不同。这些特征通常也都属于黑猩猩比较原始的特征。

但是，经过对颅骨的分析，连接脊髓和颅底大孔的位置，在解剖学上能够证明化石的主人是两足行走的。这一项演化是与黑猩猩不同的特征，虽然这个人猿人在两足行走时可能仍会蹲着或弯着腰、佝着背，但这是黑猩猩无法做到的。颅底大孔位置的前移是一个开始经常站立的证据，这也使拉丁语词根“*-thropus*”（与人有关）成为人猿人的学名的一部分，也表示了它们与人类科同样的站立。虽然我们不知道当时的黑猩猩是什么样子，但人猿人与今天的黑猩猩本质上相差不远。

2020 年 11 月，有一份研究报告指出：在人猿人化石附近发现和猿类十分相像的小腿骨。说不定人猿人的化石被错认为人类的祖先。但颅底大孔的位置无疑带着向人类演化的特质，这个新发现仍待进一步的认证。

雅典附近也曾发现过距今 720 万年前猿类的下腭化石，学名为希腊人猿（Graecopithecus *freybergi*），是在 1944 年德国军方兴建掩体工程时发现的。最早曾被德国人弗雷堡（Freyberg）误认为是猴子下腭，后来才被证实属于接近人类的一支。这一发现让我们想到，除了黑猩猩的一支血统之外，希腊人猿也有可能是人类最古老的直接祖先，或者是人类和黑猩猩的最后共同祖先。目前还不清楚它们属于哪一支祖先，是人类素或是类人科中人类素的祖先。但是这个化石源自巴尔干半岛（而不是非洲），而且证据单薄，我暂时没有放入族谱里。

未完成的人：猿人属（Orrorin *tungenensis*）

沿着与人猿人相同的世系往前走，约在距今 610 万至 570 万年前出现了猿人属。我可以为该属订立一个里程碑，但是化石记录太少，证据也很薄弱，因此没有必要。从形态学上讲，它们可能是也可能不是人猿人属（Salelanthropus）的直接后代。它的化石是在肯尼亚发现的，包括下颌骨的下半部分，一些牙齿、大腿、臂骨、部分手指和拇指尖。

比较解剖学对这个物种属的解释有些混乱。猿人属与黑猩猩颇为不同：牙齿较小，且牙釉质较厚，类似于现代人类。根据解剖学对大腿骨的研究，它们是常态两足动物。它们的拇指具有某种程度的折叠，也有和其他手指协作抓东西的能力，很可能是同时适于爬树、抓东西和制作工具。所有这些迹象表明，它们是在黑猩猩向着人类演化脚步的一部分。它们似乎很快就绝了种，因为在 600 万年前之后就没有出现同类的化石，而且也找不到跟人类进一步的联系了。这些稀少的化石并没有留给传统人类学家太多的信息，以至于无法更深入地研究它们的血统。但重要的是，它们是向人类方向演化而遗留下来的痕迹。

里程碑 2：地猿属（Ardipithecus genus）

人类演化缓慢，但亦步亦趋地不断前进着，到了第二里程碑时分出了地猿属。读者将会经常看到“*-pithecus*”的字尾，因为它在希腊语中是猿类，大多数发现的人类化石都多少与我们从猿类演化而来有关，所以它在早期命名时都附于字尾。“Ardi”是 Afar 语言，有“地面、根源”意思，而 Afar 是非洲埃塞俄比亚的一个地区。这个“Afar”的名字已经成为我们另一个可能祖先的部分命名：那就是有着标志性（iconic）意义的露西，她曾引起公众的广泛关注并在 20 世纪 70 年代成为我们流行文化的一部分。

地猿属的化石由 20 世纪 30 年代至 2010 年发现的头骨、下颌骨、骨盆、牙齿、手臂、脚的碎片组成。人们普遍接受的计时测年，确知地猿属活在 570 万至 440 万年前。从解剖学推断的一些关键事实包括：突出的下颌骨和上颌骨保留了黑猩猩的原始特征，仍然是较小的脑容量，也像黑猩猩。它们虽有分开的大脚趾，可以在两足行走时并起，但在需要时，分开的大脚趾也利于四足攀爬。因此，它们有时是直立的和两足的，但它们还保留了树栖和四足动物的特征。

它们还有一犬剪复合体的牙齿结构。上牙床的犬齿和下牙床的第一磨牙形成像剪刀似的结构，以方便不停地相互摩擦来保持犬齿的尖锐，此特征则与黑猩猩相似。看起来地猿属是一种介于人类和黑猩猩之间的过渡体。后来的演化把人类推向完全的两足行走，同时让双手得以专门用来制造工具。

由于两足运动是黑猩猩和人类之间的重要区分，因此有必要提到为什么有些人类有逐渐直立行走的必要性。长期以来，我们都认为两足运动的起源是因为 530 万年前地球开始经历了冷却与干燥的气候，热带草原不断扩大，大量缩减了树栖动物的家园。但是，从进一步地质记录与人猿人属、猿人属和地猿属居住的地点和时间来看，这个推论并不完全合理。其实，东非从葱郁变为荒芜的地质变化，可能更能解释人类为何更趋向运用双足行走的原因。

里程碑 3：南猿属（Australopithecus genus）的崛起

在地猿属出现之后的 200 万年中，在非洲东部、南部和中北部地区出现了许多相近的另一种原始人类，我们将它们统称为南猿属，据1925年由澳大利亚解剖学家雷蒙德·达特（Raymond Dart）在南非发现的标本而命名。该命名是南方和猿类的组合，亦即南猿属。该属的出现时间应在400万到320万年前。在另一种分类中，南猿家族的“亚部落”包括地猿属和南猿属。虽然地猿属比大部分的南猿属在结构上更原始，但他们几乎属于同一时代的人类，地猿属最多只比南猿属早了约20万年，并且在地理上很接近。至于各个南猿属物种之间虽然有一些明显的不同，他们的物种命名则以化石发现的地名来代表。这个命名方式符合生物学二项系统命名的惯例：只要看到第二项物种名称就可知道此物种发现的地理位置。

第三里程碑大约可追溯到距今380万至320万年前。最早的南猿是南猿安南种（Australopithecus *anamensis*）。安南一词在图尔卡纳语中的意思是湖泊，因为化石标本是在肯尼亚北部的西图卡纳湖地区发现的。化石标本包括肱骨（臂骨）、上下颌骨、颅骨碎片、胫骨和股骨。

比较解剖学从化石中归纳出南猿的一些共同特征。它们通常是两足动物，但仍然保留了黑猩猩上肢的一些原始特征，这表明它们还经常爬树。这种树栖的特性是早期原始人继续保留它们祖先特质的证据。直到约250万年前时第一个人属出现时，这些树栖的特性才完全消失。

在化石记录中稍晚出现的是南猿阿尔法种（A. *afarensis*），它与南猿安南种有许多相同的性状。这个物种是寿命最长、最为著名的早期人类物种之一。古人类学家发现了300多个此人种的化石。385万至295万年前该物种活在东部非洲（埃塞俄比亚、肯尼亚，坦桑尼亚）。它们总共存活了超过90万年，是我们现代人类存在时间的 4 倍。

南猿阿尔法种包括了埃塞俄比亚的“露西”“第一家庭”“第一个孩子”，以及在坦桑尼亚的莱脱利（Laetoli）湖边发现的最古老的两足动物足迹标本。所有这些地方都在阿尔法三角洲地带。此地带因海拔低也称为阿尔法洼地，这是古人类学研究的最关键区域之一。

阿尔法三角洲位于东非，属于东非大裂谷的一部分。该区域位于三个大陆板块交汇处的顶端，称为三裂谷交汇处。因地壳还在不断扩大，这个裂谷也在不断地裂开。裂谷由将近 200 米厚的地层或沉积物组成，地层跨越了相当长的沉积地质时间。沉积物中含有丰富的化石，经常可找到动物的部分骨骼。研究人员从这个地区找到保存完好且更完整的化石的机会很大。此外，该地区还有诸多长石和火山玻璃，这对于计时测年很有用。

天空中的露西与钻石

露西是在这 300 多名南猿化石中最为有名的，她的命名由甲壳虫乐队的歌曲“*Lucy In The Sky With Diamonds*”而来。露西的标本是迄今发现的最完整的人类骨骼，她的发现则归功于唐纳德·约翰逊（Donald Johanson）。露西的测年约为 320 万年前。标本的骨骼属于一个 12 岁的女孩，有一个类似于猿类的小头骨。从她的大脚趾已经与其余脚趾合并来看，她已经完全适应了直立行走，且脚底呈弓形、结构厚实，就像我们现代人类的脚一样。露西和她的族人已不是亦树亦地面栖息的物种了，他们已是直立行走的双足动物了，直立行走已是常态。除了头骨外，露西的身体结构很接近人类。这种小头骨与人类身体的结合，支持了人类在身体的两足运动演化远早于大脑容量增长的人类演化观点。

除了发现露西这件事本身在人类学的重要性之外，露西还引起了公众的广泛关注，并在 1970 年获得了她标志性的地位。她之所以被如此关注与甲壳虫摇滚乐团的这首歌曲有关。开挖队在发现了露西的那晚，整个晚上营地中反复大声地播放着这首歌。露西的发现大大地提高了公众对我们人类经历的复杂演化过程的兴趣。

发现露西之后，也就是在 20 世纪 70 年代后期，古人类学家的新旧世代之间产生了几乎敌对的争执。随着露西的名噪一时，这种竞争甚至浮现到公众场合来。尤其是老一辈学派对新一辈学派的藐视显得十分幼稚。有一次由沃尔特·康凯特（Walter Cronkite，是美国哥伦比亚电视台在 20 世纪六七十年代的新闻主播，广受观众爱戴）主持的新老学派同台的电视专访，原来被定为是友好讨论，却很快沦为当众的侮辱和嘲讽，人类学界的威权风气表现无遗。我以为我在物理学界中看到的一些分歧已算十分激烈，但是当事双方之间表现出的这种鄙视是我目睹学术权威风气最糟糕的情况。物理学家常说没有人可以成为物理学界的独裁者，他们也不能对物理投票。那时少数人类学者借着学术来建立权威手法犹如选美比赛一般，徒使研究封闭，影响了人类演化学术的客观并阻碍人类演化学术的进步。

第一个家庭

“第一个家庭”是首次发现好几个原始人在一起的小团体，这个小团体极有可能属于同一个家庭或社会群体。这表明了南猿阿尔法种数量定然不少，而且是一个非常成功的物种。这个第一家庭是 1975 年由唐纳德·约翰逊的团队在埃塞俄比亚发现的，这一家庭大约出现在 320 万年前。后来在这附近还发现了 216 个人的化石，证实了该物种的数量多、繁殖能力强和活跃的社会结构。

莱脱利足迹：脱缰的想象力

南猿阿尔法人种的另一个有趣发现是一条长达 75 英尺（25 米）的几行足迹，据信这是由三个人行走在湿火山灰上留下的。这项发现是由利基家族的玛丽·利基（Mary Leakey）于 1976 年发现的。从足迹看到，由于地面没有任何手指关节的印迹，证明此人种已经习惯性地直立行走。此外，脚印也没有显现出像猿类一样分开的大脚趾。同时他们也具有现代人典型的拱形脚底。这些脚印让我们相信这些人与现代人类有相似的步伐体态。尽管这些足迹可能是南猿属的足迹，但我们不确定究竟是哪一个南猿属下的物种。

化石记录需要合理的想象力和扎实的比较解剖学知识，才能推断出古代人类的形态与行动。也许有时候丰富的创造力和想象力可以为古人类学家单调的挖掘工作注入些许乐趣。一些分析家在对这些足迹的解释中指出，由于足迹有明显的两性不同，留下一组比较大的脚印是男性的，另一组比较小的是女性的。这个女性走路时看来有很重的负担，而且有点前后失衡，所以这个女性可能在身边抱着个婴孩。这种故事编织得有声有色，可是单单用脚印完成一个故事就有点像科幻小说了。

到这里我们可以对南猿阿尔法种做一个简短的总结。他们同时有猿类和人类的特征：面部有猿类的比例、鼻子扁平、强烈突出的下腭和小脑颅（大脑大约是现代人脑的 1/3），弯曲的手指，加上长而结实的手臂仍然适合攀爬树木。他们还像其他所有早期人类一样，有小的犬齿、双足站立，并长期直立行走。随着气候和环境的变化，他们已经十分适应地面生活，树栖已只是偶尔为之。这样的适应，使他们得以在地面上生存了将近100万年。

同时存在的其他南猿属物种

因地区和年代的不同，众多的南猿化石有许多形态与解剖上的变化。表5-1总结了这些南猿属同时代的物种及其大约存在的时间。显而易见的是他们占据了大半个非洲的辽阔草原，甚至还有证据显示有一个南猿可能已远赴东亚。综合表中的南猿物种，我们可以看到至少十余个不同的物种。

表5-1　可能同时生存的南猿

年龄（百万年前）	西　非	东　非	南　非
7.0—7.5	人猿人随赫勒人	人猿土根草人	
3.9		南猿阿法人、南猿安南人	
3.5	南猿巴赫勒加扎利人	南猿阿法人、南猿肯亚人、南猿鸭嘴人	南猿非洲人
2.5		南猿加里人、南猿伊索比亚人	南猿非洲人
2.5—2		南猿波赛人、南猿加里人	南猿非洲人、南猿硕壮人
2—1.5		南猿波赛人	南猿硕壮人、南猿色迪巴人

人属阶段：250 万年前至 90 万年前

由于有许多南猿物种同时存在，这些物种一定有大量种群。那时非洲的森林和草原上一定充满了各种人类和活动，我愿意付出任何代价乘坐一台时光机回到 300 万年前，观察他们生活的种种甚至物种间的相互沟通。这些众多的人类与频繁的活动有如在满满水坝后面积蓄的能量，随时有可能引发一个积极反馈过程而产生一些前所未有的新生物种。

里程碑 4：聪明的人属（Homo Genus）

南猿属和人属之间区分的一个准则是以大脑容量为分界线。脑容量大于 600 立方厘米的属于人属。另外一个区分的准则是人属有制造工具的能力，这是南猿属物种没有表现出来的特性（但在 1990 年发现 340 万年前的工具，则对这一准则产生了一些怀疑）。这两个准则实际上是合二为一的。尽管人类的聪明与工具制造之间没有一对一的对应关系，但制造工具确实需要更高的脑力或智力。区分这两个属的标准还有它们的行走方式。根据足部解剖学，他们同属两足动物，但南猿属仍是兼具树栖的体态。是以南猿属仍以猿（*-pithecus*）为属名。

早期巧手人（Early Homo *habilis*）

自南猿属出现以后过了大约 100 万年，来到大约 210 万年前的第四个里程碑。2013 年发现的腭骨碎片化石有 280 万年的历史，腭骨形状介于南猿属和后来的巧手人之间，被认为是来自第一个早期巧手原人。他们是第一个有使用石材工具证据的物种。他们开发了以奥杜威（Olduvai）峡谷命名的奥杜韦（Oldowan）石器工业。奥杜威峡谷也是第一个人属居住的地方。这些化石也许是迄今为止已知的人属的最早证据。

之所以称他们为巧手人，是因为工具的制作需要一定程度的眼手协调，并且还需有从周遭的环境中找到石材原料的专才，进而琢磨和制造。“Habilis”一词是指能够运用手熟练地进行手上活动，所以称他们为人属巧手物种或巧手人。人属巧手物种的名字也遵循了林奈命名的规则。

南方猿属巧手人

比较明确的巧手猿人化石是有名的利基家族成员，在1960年于奥杜威峡谷被发现。他们的测年大约在175万年前。从外观和形态来看，巧手人是介于南猿属和后来的直立人之间的人类。与现代人类相比，巧手原人个子矮小，而且有不成比例的长臂。但他们的上颌骨没有祖先南猿属的上颌骨那么突出。他们的颅骨略小于现代人的一半，但比南猿属有明显的增大。尽管他们的身体有类似猿类的形态，但巧手人化石常和原始石器一起被发现（如坦桑尼亚的奥杜威峡谷和肯尼亚的图卡纳湖）。将其归类为第一个人属物种的主要论据是他们能使用片状石材工具。但是，在20世纪90年代发现了339万年前的南猿属成员开始使用工具的证据。这一发现将巧手的人类时代往回推了100万年。但是直至目前还不知应不应该把这新发现的物种叫作南猿属巧手物种。

里程碑5：直立人与工作人

到了190万年前一些早期的过渡人类已经演化为非洲的一种新的完全人类的物种。大多数古人类学家称他们为人属直立人物种，字面上的意思是“直立的人”。也有一些研究人员将它们分为两种，即“工作的”直立人和工作人。直立人在非洲、亚洲和欧洲都有发现。事实上，根据形态、使用工具的能力以及开始使用火源的特质，直立人和工作人都是直立人。

非洲早期的直立人化石，被称为工作人，有与现代人类相似人体比例的手臂和腿。相对于躯干的大小，其腿部相对细长，臂较短。这些特征被认为是对生活在地面上的适应，表明他们已完全失去了较早对树栖的习性，而获得行走和长距离跑步的能力。与早期的人类化石相比，他们的颅骨较脸部更有所扩大。另有化石证据指出该物种有照顾老弱的倾向。

19 世纪 90 年代的“爪哇人”、20 世纪 20 年代中国的“北京人”和黑海边的格鲁吉亚“乔治人”都是该物种的经典例子。直立人一般被认为是最早扩展到非洲以外的人属物种。直立人是变化多端而复杂的物种，他们遍布欧亚大陆，并且可能是生存时间最长的早期人类物种。存在时间约为 200 万年，是现代人类生存的 10 倍，时间跨越了好几个人类的演化阶段。尤其值得一提的是，他们既是现代人类最早的祖先，又都有许多共同的生态。

顺带一提，自 200 万年前至 110 万年前以来，所有证据均指向巧手人比直立原人来得早。这表明人类首先是有巧手的能力，然后才完全抛弃了树栖的生活方式，接着有了直立行走的习性。脑也演化成我们现在的容量大小，因此脑容量的演化是我们走向现代人类的最后一步。回顾一下我们演化的历程，尽管演化并不完美又相当缓慢，而且完全是随机的，但是结果却是有迹可循且合乎因果定律的。

古老智人阶段：90 万年前至 4 万年前

里程碑 6：人属海德堡物种（Homo *heidelbergensis*）

古老的智人的大脑容量平均为 1200～1400 立方厘米，与现代人类十分接近。他们与现代人类的形体稍有不同。他们头骨较厚，眼眶上的眉嵴较突出也比较结实，没有尖锐的下巴。更重要的是，尽管大脑的容量已经超过了其他同时代人属物种的脑容量，但他们的额头向后倾斜，后脑突出，与现代人类的区别最为明显。

到了 90 万年前有一种稍与众不同的直立人，从诸多的直立人中脱颖而出。最初发现的地方是在 1908 年德国海德堡附近，所以这个物种被命名为人属海德堡物种。自 1908 年后，尽管他们的名称只表明了第一次发现的地理位置，但在整个旧世界中陆续发现了更多他们的化石（“旧世界”一词在西方常用于包括非洲、亚洲和欧洲的总称）。有证据表明，事实上海德堡人最先在 90 万年前出现于非洲，然后扩散到亚洲和欧洲。

与更早期人类物种相比，海德堡人虽仍然有很大的眉嵴，但有较大的脑部和平坦的脸。他们是最早能在较冷的气候中生活的人类物种，他们短且宽的上身可能是为了适应在寒冷的气候中保存热量。他们生活于有火的文化中，并使用了木制的矛。他们也是最早的将捕猎大型动物变成日常生活一部分的人类物种。

这些早期的海德堡人另外还开始了一种前所未见的习性。他们是第一个建造庇护所的物种，能用木材和岩石建造简单的房屋。他们也最早使用锐利的手斧，如典型阿舍利

（Acheulean）的人属工具，来屠宰猎物。这些遍布于广大旧世界的古老智人有着一些因区域性差异而演化导致了身体外观上的些许分别。

在分子人类学尚未成熟之前，科学家们普遍认为海德堡人是在旧世界的辽阔地区崛起的所有现代人类的直接祖先。但是现代人类均匀而少变的基因是多区域演化理论最有利的反证据。特别明显的是，这些晚期直立人（或新的人属智人，或古老智人）体形的多元性与现代人类的体形的一致性相互矛盾。

在命名海德堡物种时，科学家习惯将与直立人和现代人类相似的早期人类通称为“古老的”智人，而不只是单单的“智人”。当说到现代人类时，我们其实和海德堡人十分相像，但是他们比我们早了近百万年。对海德堡人而言，“古老”智人的形容词似乎是恰当的。

里程碑 7 和 7′：尼安德特人的崛起

接下来的里程碑是最著名的，也是我们已灭绝的亲属尼安德特人的出现。从 mtDNA 分子遗传研究来看，他们是 700 万年前开始的主轴线的直接后代，此主轴线最终导致了现代人的诞生。与主线分开的黑线（里程碑 7）表明尼安德特人的崛起在五六十万年前。但是经完整的基因组分析，尼安德特人也有可能在稍晚些时候以里程碑 7' 所示的红线从直立人或海德堡人中分出来。第 10 章将进一步澄清这两个可能性的细节。

学者们已对尼安德特人做过充分的研究，包括其形态、人口稠密的地区、技术、文化、灭绝、基因和基因组，以及他们与现代人类时空重叠中所发生的一切。约 50 万年前他们可能生活于欧亚交界处，尔后继续在欧亚大陆长期居住，生存时间为 50 万年前至 4 万年前。到目前为止，欧洲尼安德特人最早的化石的测年为 45 万年前至 43 万年前。尼安德特人扩展到西南亚和中亚，远至现在南西伯利亚的阿尔泰山山脉（Altai）。

与现代人类相比，尼安德特人比较结实、壮硕。他们的腿相对比较短而上身比较大，这很可能是适应在寒冷的气候下须保持热量的演化表征。他们的颅骨平均容量和现代人类的不相上下；但有一些样本的脑容量比现代人类的还大。他们身体的大致尺寸也与现代人类相似。但与现代人相比，尼安德特人比较适合爆发性的运动，如短跑或跳跃，可以适应他们偏爱的森林和林地。

他们多才多艺，各方面都很老练。他们会制作石器、射击、说话、创作艺术，并且是高效率的猎人。对尼安德特人的舌骨化石（呈马蹄形的结构）进行的分析表明，他们也会说话，因此导致了高水平的文化。这种发声能力导致了语言与抽象性思维，乃至用符号来代表思想甚至抽象艺术。其中一例是在西班牙发现的 11 万年前的贝壳艺术创作。有关尼安德特人的语言能力将在后面详细介绍。

由于目前还不清楚尼安德特人如何和何时灭绝而被新物种取代，因此我们沿着系统发育树绘制尼安德特人的终点还有一些不确定。但是他们的化石记录丰富，配合了准确的测年，发现尼安德特人的灭绝是在 4 万年前以后。在最偏远与隔离的区域，尼安德特人可能还活在 37 000 年前。不管他们在 4 万年前或 37 000 年前灭绝，他们在时间和空间上都与人类有相当的重叠。他们甚至曾与现代人类比邻而居，稍后我们将看到他们有时不仅仅只是邻居串串门子罢了。

被遗传学解开的谜团：丹尼索瓦人

在人类族谱第七里程碑之前的阶段里，人类学家对古人类的了解多来自于对化石的理解。他们通过准确的测年和比较解剖学编纂了物种的出现和灭亡的故事。所以似乎要进一步了解族谱，最好我们有自 700 万年前来所有人类的化石。当然这是人类学家们的奢望，大概不容易实现。

然而，丹尼索瓦人的发现源于一个完全不同的出发点。此点虽来自在寒冷和干燥条件下保存了 5 万年的人类骨头碎片，但真正的发现还是从实验室里开始的。在对尼安德特人基因组进行完整解码的过程中，研究小组原以为这一碎片是属于尼安德特人，却发现基因组并非属于尼安德特人，而是与安德特人共同存在的另一物种。通过对该基因组和尼安德特人的基因组比较，科学家认为该物种的遗传组成与尼安德特人的相似，但又有足够的差异，后将其另外命名为“丹尼索瓦人”。丹尼索瓦命名是因为此骨头碎片来自南西伯利亚丹尼索瓦洞穴中。这个丹尼索瓦人确是古老的智人，他们也是一个智人亚种。

除了居住在南西伯利亚以外，还有证据表明丹尼索瓦人 16 万年前曾在中亚和中国西藏高山地区漫游。他们究竟该在人类族谱中占着一个什么地位呢？丹尼索瓦人通过两种可能进入人类系统发育树。根据 mtDNA 分子计时研究，他们很可能是海德堡人的直接后代。但是，基于完整的基因组分析，它们与尼安德特人反而比较亲近。在约 50 万年前的里程碑 7'的红色分支线表示了这个可能性。这两个可能性将在第 10 章会做更进一步的说明。

现代人类阶段：20 万年前至今

里程碑 8：现代人类（Homo *sapien sapien*）的崛起

据坎恩等的分子人类学的研究结果，第八里程碑可以锁定在约 20 万年前，也就是现代人类脱胎于直立人的时候。也有另一说法是现代人类是海德堡人的后人。由于分子时钟的精确校准有 30% 的不确定性，20 万年前的数字也同样有 30% 的不确定性。如果现代人类的化石最早出现在希腊的 26 万年前就不足为奇了。现代人在希腊的存在，表示现代人类很早就已离开非洲。但是离开非洲的早期移民潮不是非常成功，因为现代人类在中东的下一个存在的证据已经是在约 11 万年前了。

里程碑 9：出走非洲

早期的现代人类并不安于只逗留在非洲。他们从非洲迁徙到其他地方，主要是逐水草和跟随猎物。就像他们的直立人祖先一样，他们几次通过各个通道从非洲发展到非洲以外的地方。有些旅程成功了，有些却失败了。留在非洲的人口继续向东非、西非和南非扩散。我们统称他们为深远的非洲血统。

对于比较喜欢冒险的现代人，有两条走出非洲的主要路线。第一组沿着南部路线，从东非出发，沿着南亚海岸，在六七万年前到达美兰尼西亚和澳大利亚。第二组首先经过东非和中东，然后进一步向东行至亚洲，第二组的一部分转向西北行，辗转到达欧洲。这第二个群体成为当今亚洲人和欧洲大陆人的共同祖先。我们将在第 13 章中详细介绍人类长久以来从非洲迁移到地球的每一个角落的故事。

里程碑 10：硕果仅存的孤独人类，现代人类

4 万年前的第十个里程碑标志着尼安德特人和丹尼索瓦人（丹尼索瓦人的灭绝稍晚于尼安德特人）从地球表面上消失的大致时间，至少从我们所知道的人群中消失了。一些偏远的地方可能还有一些证据表明他们在 4 万年前还未完全消失，只是非常孤立的少数族群了。从这一里程碑开始，我们现代人类成为硕果仅存而孤独的人类，同时也是带着人类 DNA 的唯一物种。

里程碑 11：来到美洲

住在亚洲的现代人类的一个分支继续跋涉到中亚和北亚，最后来到美洲。他们的探险路径是大约在 25 000 年前徒步穿越亚洲和美洲之间的白令海陆桥；此陆桥的存在是因为当时海平面远低于今天的海平面。这里对“徒步”的说法并没有排除其他的可能性。有部分人推测那时的现代人类有航海的能力而沿着太平洋的北缘海岸向东到达北美。对此猜测仍在争论中。同样，这些细节将是第 13 章的一部分。

本章总结

此章的人类系统发育树或族谱，是众多更为详尽的描述的浓缩版本，它省略了很多较小的分支。由于化石和遗传分子学的新发现持续不断，为我们的故事提供新的观点，因此对人类系统发育树、族谱进行不断的修改应该视为常态。

本章涉及两个明显的主题。首先是我们用化石的发现与

人类解剖学来决定各种人类物种出现的先后，为人类族谱打下基础。其次是我们经常指出这些阶段和里程碑的年代。显然，化石在我们了解自己的演化里有至关重要的作用。接下来的两章将重点介绍我们如何开始研究化石，以及如何建立起这一系统发育树。在后续的几章将深入介绍分子人类学，其可帮助我们填补一些系统发育树现有的空白。

注释

1. “Cerebral blood flow rates in recent great apes ae greater than in Australopithecus species that had equal or larger brains,” Rogcr S. Seymour, Vanya Bosiocic, Edward P. Snelling, Prince C. Chikezie, Qiaohui Hu, Thomas J. Nelson, Bernhard Zipfel and Case V. Miller, Proceedings of the Royal Society B: Biological Sciences. Nov. 2019.

第 6 章
人类化石诉说的故事
Human Fossils

人类族谱的编纂很大程度上依赖于对人类化石的研究与了解。化石通常具有年代和地理位置的属性，它们不仅是进化研究的起点，而且蕴含着丰富的人类知识宝藏。学者们对化石的研究已有 150 多年，从中获得许多关于人类祖先和自己的知识。

首先，化石的外观或形状使我们对它们的所有者有了初步的了解。它们可以告诉我们祖先的外貌：身高、宽度、健壮与否等。它们还告诉我们祖先如何移动：步行或者爬行。它们的颅骨大小可以告诉我们远古的祖宗或亲戚有多聪明。它们甚至可以告诉我们古代人类是习惯使用左手还是右手。通过比较解剖学的详细研究，这些化石的主人找到了他们在人类族谱里的恰当地位。

其次，化石不仅保留了人们的形体，而且还留下了与其生存有关的有机物质。有些化石中还保留了人们活着时候残缺不全的DNA。但是借助现代科学技术，某些古代人的完整基因组可以从化石中发现的残留DNA重新组装出来。与现代人类基因组相比，可以填补一些我们人类族谱的空缺。例如，如果没有这些化石中保留了的人们残余的DNA，我们就不会发现丹尼索瓦人。

还有，人类牙齿化石保留的资料也非常丰富。它们不仅可以揭示比DNA更为古老的遗传历史，而且还可以通过牙齿的磨损来推断古代人的生计。例如，磨牙上的撕裂痕迹可显示出一个人的饮食或他们的惯用手法。

当然，最重要的信息之一就是化石的年代。它可以告诉我们这些人类是在多久以前活在这个世界里。这个年代的信息隐藏在化石中等待着被破解。有的化石还有残余的DNA可用来作为时间的指标。

本章将从两方面介绍人类化石。首先，了解我们是如何通过化石来研究进化是非常有趣的，这一历史性的旅程本身就是化石的一部分。其次，我们将简单地描述几种常用的测年技术原理。化石的测年结合了解剖学与形态学，这就是我们最初建立人类族谱的基本。

熟悉人类化石

我对化石的早期兴趣源于恐龙化石。小时候我对各种恐龙的名称知道得滚瓜烂熟，却从未思考过它们何时出现在地球上，当然也从未想过1亿8000万年后它们是如何消失的。从第3章已经知道，所有恐龙的出现、生存、演化和灭绝都遵循着相同积极反馈过程的原理。造成多元变化的恐龙家族也脱不开同样的演化原理。即使是 6600 万年前“杀手陨石”撞击地球所造成的灾难，也仅仅是在整个积极反馈回路中改变了环境过滤的条件。

当我开始认真研读人类演化时，最有效的捷径就是去上古人类学课，向专家学习。由于古人类学的范畴并没有大到可成为一门独立的课程，因此我选了我认为最为接近的课程，那就是考古学。上完了考古学以后，回顾所学，其实远不止古代的人类化石而已。

考古学经验

在 2014 年上完生物人类学课后，我于 2015 年开始上考古学课。我记得在上生物人类学课时，我不得不在被填鸭了大量的纯粹信息外，自己还得多花了不少时间去摸索才能初窥人类演化原理。我原以为考古学也要我从古板和教条式的教法外自己去摸索，却是十分意外的发现考古学是如此迷人，加上多彩多姿的考古学教授，以至于轻轻松松地就学到了不少东西。

罗伯特·卡地亚:《夺宝奇兵》人物原型

本课程最吸引我之一是考古学教授罗伯特·卡地亚（Robert Cartier）的经历和与他的互动。首先，全世界得先谢谢他对电影业的贡献。卡地亚教授在他 20 世纪 70 年代早期职业生涯中曾去过尼泊尔从事实地考古工作。当地人曾提醒他，在高海拔地区工作需要良好的遮阳服饰来防止强烈的紫外线辐射。他当然从善如流，在进入尼泊尔之前，匆匆忙忙地从中国西藏一个边境小村庄的街头小贩那里买了一顶最便宜的软呢帽。他另外还加了一件耐用的皮夹克，来应付野外工作的磨损。

他在随后的野外考古工作时一直都戴着那一顶软呢帽。有一次他在洛杉矶地区进行考古和文化资源管理（archaeological resource management，ARM；一种与印第安纳·琼斯不同的实用考古行业）工作，与他一同工作的还有一位加州大学洛杉矶分校的考古学家。这位考古学家同时兼任好莱坞知名电影导演斯蒂芬·斯皮尔伯格（Steven Spielberg）的顾问。导演委托顾问塑造一个典型的考古学家的装束，来给他的电影《夺宝奇兵》的主角穿。当顾问看到卡地亚教授身穿皮夹克，头戴软呢帽，觉得卡地亚教授十分帅气。于是顾问把卡地亚教授的软呢帽推荐给导演。从此以后，这顶软呢帽就和印第安纳·琼斯分不开了。卡地亚教授还说，由于这顶软呢帽变成印第安纳·琼斯的商标，他自己却从此不能戴这顶帽子了。我知道这可能是版权的运作方式，但是如何划定版权应归何人所有？我倒认为那个中国西藏边界的小贩和卡地亚教授都应该分享一些电影的票房收入。

美国原住民考古发现

除了为电影业做出贡献外，卡地亚教授还是美国原住民历史的支持者和备受推崇的考古学家，并且至今仍继续默默为原住民历史贡献着。位于黄石国家公园附近，有一片属于他邻居的土地。这个邻居对后院的一些岩石形成的排列十分好奇，请卡地亚教授调查一下。他很快意识到这是一些古老文化遗留下来的巨型地理图画。尽管起初看起来并不明显，但该地理图画是一个具有矩形头、细长身体和蹲着的短腿人形图。它十分巨大，从头到脚底约 1300 英尺（约 396 米）长。

卡地亚教授正确地认定那是阿凡莱（埃文利省）文化的

一部分，以有效但残酷的野牛狩猎方式而闻名，这种狩猎一直持续到公元 750 年。阿凡莱人是从加拿大南迁至怀俄明州 / 明尼苏达州 / 爱达荷州地区的早期原住民部落。

图 6–1 显示的是此地理图画的详细手绘文档和空中照片。要不是卡地亚教授凭一双锐利的眼睛和丰富的经验认出了北美原住民留下的遗物，这幅地理图画可能就永远地消失了。

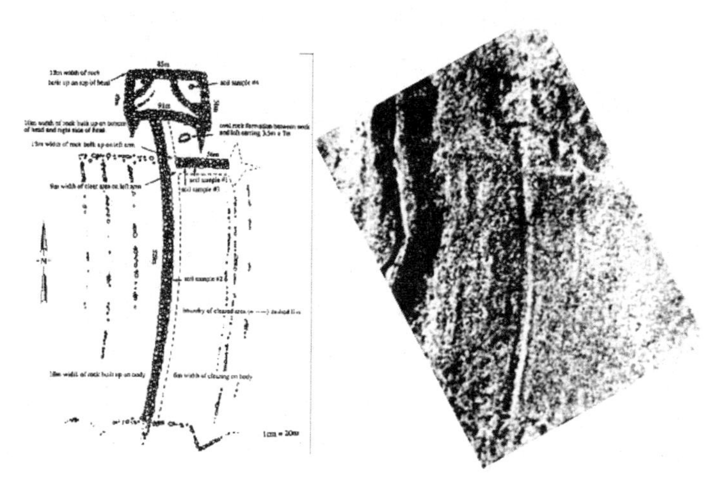

图 6–1　地理图画的详细手绘文档和空中照片

这些阿凡莱人的野牛狩猎也有一个长远的历史。从卡地亚教授的一张幻灯片（他在 2015 年还用着老古董的幻灯机）中可看到一条通往高高悬崖的大路。大路两边每隔大约 30 米就有一个与人齐高的石堆。据推测，这是阿凡莱人群猎野牛的遗迹。狩猎时有的阿凡莱人用吼叫从后面赶着野牛，在大路两旁石堆后面的两侧还有其他阿凡莱人用吼声将野牛集中到大路上。这条大路的尽头是一个悬崖，这一群被吓到的野牛于是都从悬崖上掉下去。这场大狩猎的游戏以大悲剧收场。而在 10 米高的悬崖下面发现了上千头野牛的残骸。这种狩猎方式至少从 11 700 多年前就已经在北美洲开始，这种狩猎的遗迹是由福尔森人（Folsom）在美国得克萨斯州南部的篝火岩洞（bonfire shelter）留下的。这样的狩猎确实非常有效，但这实在是一个不必要的过度杀戮。因为这么多的野牛肉足以养活比埃文利省多到数十倍的人口。为此，我不禁感触：第一，人类狩猎的伎俩实在残酷而有效；第二，人类的狩猎只是为了食物，还是为了狩猎的刺激和满足？

800 英里外，600 年后

2016 年我去美国犹他州鲍威尔湖旅行时，在一家纪念品商店里见到了一件标价 3000 美元的手工编织艺术品，看起来是一张很漂亮的地毯或者挂毯。上面有四个人像，这些人的头部呈矩形，细长身体、短腿。在我正要和老板谈价钱时，我的一位同行旅客已经把它买了下来。老板也已经开始包装起来打算托运回这位旅客在新泽西州的家。我和这旅客谈判看看我能不能和她交换其他纪念品，却徒劳无功。我只拍了一张手机照片（图 6–2）。

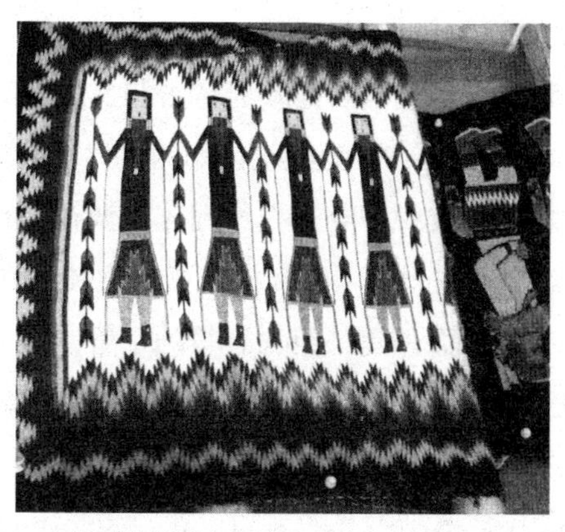

图 6–2　由美国犹他州南部纳瓦霍族人编织的手工装饰艺术品照片。人类的漫画与图 6–1 中的地理象形文字相似

我在看到那张地毯时，马上意识到这些人形与黄石公园附近的地理图画很相似。商店老板告诉我这是当地的纳瓦霍族人（Navajo）根据他们古老相传的人体抽象化符号创作的。我没有时间去拜访原创作者询问这些形象符号的来源，但是我相信一定与在800英里（1英里≈1.61千米）远的黄石公园附近的地理图画有关。

后来经过进一步的研究，发现纳瓦霍族人和阿帕奇族人（Apache）的语言和阿凡莱人的语言都具有来自加拿大阿萨巴斯坎（Athabaskan）语言系统的共通之处。事实上，纳瓦霍人最初并不居住在美国西南部。他们在公元1400年前后从明尼苏达州地区迁到美国西南部。经过这个艺术品与地理图画，我可能在纳瓦霍族人和阿凡莱人之间找到了另外一项佐证。我觉得我已不再只是考古学的旁观者了！

关于阿凡莱人与加拿大阿萨巴斯坎语言系统之间的关系，仍然存有争议。但我还是为我的发现感到高兴。旅行回来后我和卡地亚教授提到这一发现，他也感到非常兴奋。美国原住民部落的这种小规模迁徙是更大的人类迁徙故事的一部分，这也是第13章的重点。

卡地亚教授也是美国当地政府考古与文化资源管理工作（ARM）的常务顾问。在大型建筑计划的兴建有可能牵涉古老民居的地方之前，政府都会委托顾问先行调查是否会影响到先民的遗迹。有一次，美国加利福尼亚州政府在1980年前后要为圣何塞市供水而兴建一组大容量的水管，原计划将穿过城市以南的农村地区。州政府请卡地亚教授在此做考古与地质调查。他在原计划地点发现了一个奥隆尼族人（Ohlone；美国西部原住民部落）古老的家园，有许多低矮的石墙圈子，这些墙原本是古代小屋的地基。这些较小的圆圈环绕着一个大圆圈的圆周。它们在一起被称为圆圈中的圆圈。经放射性碳测年验证了这些古迹有 5000 年的历史。后来州政府重新规划水管工程，虽然绕道而行增加了不少的成本和延迟了不少时间，但卡地亚教授再度为北美原住民的考古做出了贡献。

卡地亚教授还是一位经验丰富的职业潜水员，他在北加利福尼亚州的家后院篱笆上悬挂着许多他潜水收获的鲍鱼壳。卡地亚教授似乎过着富有意义的生活。除了他没有那一根牛鞭和在马歇尔学院教学外，他简直就是活生生的印第安纳·琼斯本人。

考古学课演讲

生物人类学与考古学有着密切的关系，我把在生物人类学课程中的演讲搬到考古学课中又讲了两次。这两场演讲的主干是关于在第 5 章中构建的人类系统树。后来又加入了包括第 9 章中关于现代人类起源的工作以及第 3 章介绍的演化原理。我另外还介绍了一项用 mtDNA 的突变来确定人类开始穿毛皮和皮革的时间（约于 17 万年前）的研究。

大概是因为我与卡地亚教授多次的交流，他在这些演讲中把我介绍成凯利教授。我确实曾在一知名大学教授过一些研究院所的电信课程，但是那些课程都是属于我专业经验的范畴，教授之称理所当然。我被介绍为人类学教授的意义就非常不同了，我非常意外与高兴，因为我当时在人类学中充其量只不过是一个新手而已。

对考古专业人员的尊重

当然，考古学课程中的很大一部分是古人类学，它涉及古代人类化石以及他们的加工制品。考古学为人类演化研究填补了很多空白。这些发现和研究的背后则是众多的专业人员，他们对人体解剖学和人类学背景有着深入的了解。他们在炎热的阳光下，在尘土飞扬、干燥的土地上寻找可能的化石遗址。最令人有深刻印象的是，他们能够对庞大、分散却混杂在一起的线索进行分析，一次又一次地找到零碎残缺的破片，并把它们拼成完整的图片。你会不由自主从心底尊重这些考古人类学家，尤其是对他们的奉献精神和专业精神及持续这一传统由衷敬佩。

克服人类化石的重重障碍

除了用化石来拼凑我们的族谱所面临明显的学术上的挑战外，还有一些现实的挑战在过去或未来都阻碍着考古人类学家的工作。如今，大多数问题虽已经解决不少，但是我们也已经浪费了大量的时间和精力来克服。

错失的机会

很多的考古研究都是在进行建筑和挖掘地基时开始的。虽然这些发现让我们了解了人类的过去，但是人们必须了解到任何考古或古人类学的发现都把原有的史迹破坏无遗。这些史迹一旦被挖掘出来就永远无法恢复原状，我们唯有从史迹中尽量找出其中含有的信息，来表达对这些古迹与古物的珍惜。在许多先进的国家和地方政府都建立了机构来管理这些文化资产。它规定了对任何大型建筑项目的地质评估都应包括考古评估的部分。当然，这样做的目的是确保人们不会因开发与科学的原因而意外地丢弃了有价值的古老记录，其中可能包含许多有关我们祖先的重要信息。

举一个例子，如果不是达特（Raymond Dart）的解剖学专业和锐利的眼光，那么最早的南猿化石的发现几乎不太可能。我们说不定现在还没找到这一重要人类的分支，甚至还没弄清楚现代人类是否起源于亚洲或非洲以外的其他地方。

另一个例子是北京人的发现。在北京的周口店有一座龙骨山，以易于获取“龙骨”而闻名。龙骨是传统草药中最昂贵的成分，人们不断回到山洞中，去取古代人类和动物的化石，这些化石被磨成粉末作为草药出售。据说龙骨粉是作为治疗焦虑和眩晕的药材的成分。如果不是 20 世纪 20 年代的地质学家和古生物学家的警觉性，这些原是人类化石和演化史的重要组成部分将永远消失。他们同时发现化石附近还有些从很远的地方来的石屑，表示这些人类在几十万年前就已经经常长途旅行。随后的测年确定了这些人类是活在 75 万前到 30 万年前的直立人。

这些都是已知的发现，我相信还有更多像这样的机会都没有被抓住。几乎可以想象到的是，我们不经意丢掉的绝对比找到的化石多得多。

居心叵测的学阀

一些古人类学家也别有用心。发现者经常会把发现到的样品囤积据为己有，甚至拒绝第三方检查来捍卫自己的学术地位。有些情况甚至糟糕到了设定像皮尔当人（Piltdown man）一样的骗局来满足其学术专制的地位。

数字化石与公开性

有些研究人员以维护发现的化石完整性的名义囤积化石

标本，不愿意与同业共享，甚至不愿意将标本复制公开与同业共同研究。这种封闭行为，不利于我们对人类演化的理解。由于现代科学家之间的公开交流已成惯例，这种藏私的情况改善许多。现在，化石的复制品已被数字化的断层扫描所取代；断层扫描技术可深入观察标本的内部结构，同时有了人们可以共享的数字化石，除非我们需要原始标本来进行分子遗传学分析。这些数字化石或虚拟化石现在已成为公开和客观地研究人类化石的一部分。

从化石到人类演化

化石和我们对人类演化的了解从一开始就相连在一起。演化思想植根于古希腊、罗马、中国、中世纪伊斯兰科学的思想。随着 17 世纪后期现代生物分类学的兴起以及启蒙运动的发展，演化的哲学从化石研究变成自然历史的一部分。19 世纪初，法国博物学者拉马克（Jean-Baptiste Lamarck，1744—1829 年）用物种的变化为基础提出了第一个具体演化论思想。以下是从古希腊时代到现在化石与演化论历史的略述。从拉马克直至现在的 200 多年，是人类演化理论具有最重要意义的时代。

希腊的根源

人们以生物留下的化石来了解地球上的生命已有悠久的历史。早在公元前 6 世纪就有一些哲学家、科学家、希腊思想家开始了这些思维。他们从地面发现的类似于现有海洋生物的岩石（如地面上看到的贝壳）中，合理地推测有部分或全部的土地曾经位于海洋中。

从古老的岩石对有机体进行的研究统称为古生物学。由于它与生物学有关，也与地质学有关，因此古生物学是处于生物学和地质学中间的一门学问。它的发展一直与生物的来源和地球的历史息息相关。但是古希腊人对化石与古生物学却没有后续的发展，直至黑暗时代过后，当恐龙化石陆续在 18 世纪后期出现时，西方文化才恢复了对化石的兴趣。

历史上对化石广泛的兴趣

事实上，对化石的好奇心在早期并不仅局限于西方文化。根据英国科学史学家李约瑟（Joseph Needham）的说法：中国宋代的沈括（1031—1095 年）是 11 世纪中国最具影响力的科学家。他在观察到中国北方干燥的生态中保存的竹子石化后，提出了一个渐进而巨大的地理气候变化的假说。在当时，这是一个有革命性的看法。除了这一观点之外，沈括也精通数学，对算术级数与几何级数有其创见，并发明了现代微积分中积分的观念。

欧洲中世纪的黑暗时代，同时期却是伊斯兰的黄金时代。波斯自然学家阿维森纳（Abu Ali Ibn Sina）在《治愈之书》（1027 年）中也讨论到了化石，该书提出了一种化石是动植物经某种地底出现的液体渗入动植物而石化的理论。尽管从我们今天的了解来看，石化流体的理论虽是不正确的，但人们对于化石的生成早在 11 世纪就已经存在着好奇也尝试寻找答案。

古人类学的开始

达尔文于 1859 年发表《物种起源》后，古生物学的大部分重点转移到了追求包括人类在内的演化路径和演化论。古生物学专门关注人类的部分是古人类学。尽管在那时此研究的领域还只限于少数的化石，但古人类学已经形成了一个独立的学术支流。

人类化石的发现史

欧洲发现的第一批人类化石

早在 1823 年，以研究恐龙化石而闻名的古生物学专家威廉·巴克兰（William Buckland）在威尔士发现了被赭土包裹的人体骨骼。尽管他是人体解学的专家且知识渊博，但由于缺乏学术上的客观性，因此错误地判断了其年龄和性别。巴克兰认为此人类的遗骸不可能早于圣经的洪水时代（距今 4300 年），因此大大低估了它的实际年龄。他只将骨骼定时到罗马时代。他认为该骨骼来自于一名女性，主要是因为它被包在赭色的化妆颜料里，同时发现的还有一些装饰物品。这两个项目使巴克兰错误地推测这些遗骸属于罗马时代的妓女或女巫。后来证实化妆颜料是远古时候人类常用的赭土，也是罗马时代的化妆品。甚至到在现代，我们仍将其用于胭脂里。

但是现在知道这些骨骼是来自 4 万年前的人属物种，最有可能是尼安德特人。巴克兰还于 1829 年在比利时恩吉斯（Engis）的一个山洞中发现了更多化石。虽然当时对这些发现不明来源，但后来证实它们是尼安德特人化石，他们的年龄可追溯到 8 万年前至 4 万年前。

这些发现更引发了人们对人类化石的广泛兴趣。人们开始意识到现代人类有可能来自更早期形式的人类。这个想法曾经被拉马克称为胚变，与当时（18 世纪末）宗教正统思想格格不入。但是，这些离经叛道的非正统思想，刚好与当时欧洲寻求扩大民主和自由以推翻贵族阶级制度的启蒙运动时人们的想法颇为契合。演化论于是渐渐开始植根。

演化论对创造论

在 1860 年达尔文演化论的支持者托马斯·赫胥黎（Thomas Huxley）与创造论者威尔伯福斯主教（Bishop Samuel Wilberforce）于牛津大学展开的一场关于演化论的激烈辩论之后，达尔文主义与演化论取得了胜利。但是这场辩论并没有一劳永逸地解决这个争论。这场辩论没有留下书面记录，但据称，威尔伯福斯问赫胥黎："你的祖父还是祖母是猴子？"赫胥黎的回答是："我为自己的祖先是猴子不感到羞耻，却与一个用着很好的演讲技巧来掩盖事实真相的人交往感到羞耻。"当然，这个"有很好的演讲技巧"的人，显然指的是威尔伯福斯主教。但是随后在欧洲发现了更多的尼安德特人化石，进一步巩固了达尔文演化论。这一场辩论当时十分轰动，时过境迁，它已变得无足轻重了，但仍然是有趣的茶余饭后的谈话资料。

谁是欧洲最聪明的人

早期的演化论者，包括达尔文本人在内，都认为尽管所有其他生物的演化都是常态，但由于担心宗教正统思想的反弹，他们对人类的演化仍然没有完全接受。到了 19 世纪末 20 世纪初，人类演化才成为一种更为普遍而能被一般人接受的学说。

但是，这种接受掺杂了帝国主义和殖民主义时代争夺世界优越地位的内在竞争。欧洲主要强权为了巩固都有其奴役其他人种的正当借口，不惜花费大量金钱来支持化石的发掘工作，试图借发现的化石来证实这些强权的人种优越性。这一政治和殖民上的竞争促使人们掀起对人类化石挖掘的热潮。结果，在强权国家直接或间接赞助下，考古发掘方面得到更多的支援。比利时的恩吉斯就是著名的挖掘地点之一，因为它是最早大量发现尼安德特人的地方。

这些狂热固然得到了一些成果，但也引起了主要研究机构之间无休止、毫无意义的争执。这些机构争着要成为发现任何化石的第一人，而且也争相证明谁是最先演化或最聪明的人种。这个优越种族的想法在早期的古人类学中孕育了种族主义，从而鼓励殖民、战争、屠杀等种种暴行。化石的研究造成如此恶果却是始料未及的。单从学术界来说，英国还发生了为提升英国国际地位的人类学骗局，以至于将人类演化研究引向错误的方向，直到 1949 年，当客观准确的测年技术开始被接受后，这场骗局才得以被拆穿。

亚洲联线：爪哇猿人、北京人、丹尼索瓦人

下一个重大发现发生于 19 世纪末的亚洲。尤金・杜布瓦（Eugene Dubois）在印尼挖掘出了人类祖先的化石。杜布瓦是一位荷兰古人类学家和地质学家，受过专业医学训练并且精通比较解剖学。他亲自参与了比利时恩吉斯的尼安德特人的挖掘工作。他认为，人类应是在热带地区演化的，因为人们容易获得生活所需的粮食和资源。他认为我们与猿类应有某种演化上的关联，同时认为人类与长臂猿密切相关，而印尼有很多长臂猿，因此印尼有可能是人类演化的温床。在印度

发现的猿类化石，是他认为亚洲是寻找人类祖先和人类化石的绝佳场所的另一个原因。作为荷兰人，印尼这个荷兰殖民地是他寻找化石最便利的地方。

尽管以前已经发现和研究了人类化石，但杜布瓦还是第一位有目标搜索人类化石的人类学家。他利用他与荷兰西印度公司的关系，探索了印尼的苏门答腊和爪哇等岛屿，并如他所愿找到了人类化石。1891 年，杜布瓦将他发现的化石称为“介于人类和猿类之间的物种”，这个正确的描述得益于他在比较解剖学方面的专业知识。他称其发现为直立的猿人（Pithecanthropus erectus）或爪哇人，化石有 85 万年前的年龄，现在爪哇人被归类为直立人。

亚洲其他一些重要的化石发现包括 1929 年在北京发现的 70 万年人类化石“中国猿人北京种”，即有名的“北京直立人”，为中国考古学者裴文中发现。另一个是人属弗洛里斯人（H. floresiensis），因身材矮小而又被称为托尔金小说中的霍比特人（Hobbit），2003 年在印度尼西亚弗洛里斯岛上被发现，推测他们活在 5 万年前前后，被归类为古老智人。

最近的一个化石是中国甘肃省甘南藏族自治州夏河县甘加镇白石崖溶洞内发现的丹尼索瓦人（化石于 20 世纪 80 年代被发现，但在 2019 年才被鉴定为丹尼索瓦人），化石的年龄在 16 万年前后。这是在中国青藏高原东、北部地区发现的第一个丹尼索瓦人化石。事实上，近年来科学家还在那个洞穴中找到了丹尼索瓦人的 DNA，证实了他们在洞穴中居住了至少 10 万年。

第一批非洲人类化石和雷蒙德·达特（Raymond Dart）

雷蒙德·达特于 1924 年开创了非洲人类化石发掘的先河。

他是一位训练有素的科学家、医学专家，也是专业的人类解剖学家。当他在南非约翰尼斯堡的威特沃特斯兰德大学担任解剖学教授时，他的一个学生拿给他一个狒狒的头骨让他鉴定。凭着他的专业，达特发现，这个头骨的意义远超过仅是一个狒狒的头骨，它是一个早期人类的头骨。这是我们祖先曾经在非洲的第一个证据。从此开始，人们就陆续在非洲有了一系列的发现，包括有名的“南非堂镇（Taung）的儿童头骨”，它的测年为250万年前，并被认定为南猿属。如前所述，达特是把南猿属定名的第一人。他的发现是一个重大事件，因为它是欧洲以外发现的第一个人类化石，否定了早期人类只是从欧洲演化来的固有观念。他的发现最初被欧洲最具权威的学术机构认为是无稽之谈而被忽略，因为达特不属于欧洲科学机构。也是因为他在非洲而不是欧洲或亚洲发现了化石，当时该机构以为人类起源于欧洲。

实际上，达特与欧洲最著名的人类研究组织的亚瑟·基斯（Authur Keith）爵士之间有长达20多年的歧见与敌对而被摒弃于欧洲学术界门外。基斯还是最主要的科学种族主义的推动者。直至1950年前后，在达特发现南猿属人类化石25年以后，终于得到了认可。学术界的学阀与门户观念与毫无科学根据的种族主义实在误人匪浅。

全球人类化石的发现

化石发现的闸门打开以后，在过去的150年中世界各地都有源源不断的重大化石发现。上一章中的人类族谱只包括了现代人类的直系祖先，事实上这些化石为族谱加上了许多的旁支和旁支之间的联线。但是除了直接人类世系有关的化石外，我们不会在本书中讨论较次要的化石。维基百科中有发现的人类演化化石的完整列表，欲知详细内容可参阅它的网站。

人类化石几乎遍布你能想到的任何地方，即使在几乎无法居住的地方也都有人类化石。从西欧开始，化石遗址遍布欧洲、非洲、亚洲（印度、西伯利亚、中国西藏、中国台湾、菲律宾、印度尼西亚、越南）和美洲。就其年代而言，涵盖了从 700 万年前到 5000 年前的岁月。

在过去的 700 万年中，整个地球一直是我们的家园。第 13 章将讨论人类如何从非洲开始，最终接管了整个世界作为他们的居所。

毫无疑问，化石与人类演化研究有着密切的关系。本章下面的内容将简单介绍化石的形成和它们的测年技术。

化石的形成

最常见的化石形成是从动植物在多水的环境中死亡而后埋在淤泥的时间开始，软组织很快地被其他生物分解，留下了生物的膜片、骨头或贝壳。沉积物渐渐堆积在上面，并硬化成为岩石。岩石包裹着的物质随后也都腐烂流失而让矿物质渗入，经称为“石化”的过程矿物质取代了有机材料。或者，黏膜或骨骼都可能会部分或全部腐烂，留下空壳。留下的空隙随后可能被充满矿物质溶液（碳酸钙或二氧化硅）填满，从而使这些矿物质变成了生物体的复制品。这些岩石的颜色、硬度或材料可能与岩石周围环境不同，但它们保留了考古学家和人类学家容易识别的形状。这个过程称为矿物化，这是主要的人类或大多数动物化石形成的一种方式。化石石化的程度，虽取决于掩埋骨头的材料，但如果骨骼埋藏了超过 1 万年，则可被认为骨头是化石。但是有许多超过 1 万年的化石并未全部被矿物质取代，化石里仍然保存了有机生物残余的物质，包括 DNA。

亿万的动物变成化石的机会十分稀少，能被发现的化石更少。动物必须在很潮湿的地方死亡并被埋在泥沙中才有第一个可能性变成化石。由于这种机会相当罕见，大多数陆地生物都没有变成化石的机会。确实，有些陆地动物的物种根本没有化石记录，更不用说被发现了。我们可能永远都不知道我们的世界有多少灭绝的生物物种。同样的论点对人类也是适用的。我们可能永远都不知道我们的族谱会有多少个人类的物种。由于人类化石如此稀有，任何人类化石发现都是十分宝贵的，因为它们都带着丰富的信息。

有机体的遗骸也可以通过其他方式变成化石。例如，当鱼骨头碳化时，单单化学反应就可以把骨骼变成化石。或者，在有些情况下，贝壳有时会经过重新排列分子结构和结晶的过程变成化石。

化石测年

一旦发现的化石被确定是人类时，人们就开始对它们仔细地审查。但是，最重要的是用一种或几种测年技术来确定这些人类化石是什么时候遗留下来的。测年技术分为两类：直接测年和间接测年。直接测年使用化石中的材料来分析年代。间接测年是通过分析化石附近物质（或称为代理标本）的年龄来推断化石的年龄。

直接测年

放射性碳测年

威拉德・弗兰克・利比（Willard Frank Libby）是一位美国物理化学家，以其在 1949 年发明放射性碳测年技术而著称。这项技术彻底改变了考古学和古生物学。由于他对此发明的贡献，利比于 1960 年获得了诺贝尔化学奖。事实上，他的贡献不止于放射性碳测年。同样的观念可被推广到任何与放射・较详细，同样原理也适用于不同的放射性元素与不同的时间范围。

图 6–3 介绍了这项放射性碳测年技术的来源。基本原理是用放射性 ^{14}C 从生物体中流失的数量，来估算自其死亡以来化石的时间。^{14}C 在原子核中有 6 个质子和 8 个中子，它的自然状态并不稳定。它的一个中子会衰变成质子，同时将这个原子从碳变成氮（即 ^{14}N）。由于宇宙射线（宇宙射线强度已被证实是接近一个常数）与大气中的 ^{14}N 相互作用产生 ^{14}C 而达到平稳的常量，因此 ^{14}C 天然存在于大气中，与 ^{12}C 的比例已知。因 ^{14}C 与 ^{12}C 有相同的电磁与化学特性，它们同时被生物吸收。植物在光合作用期间从空气中吸收 ^{14}C 和 ^{12}C。动物从它们吃的植物中摄取 ^{14}C 和 ^{12}C。食肉动物与人类一样，通过摄入植物和草食性动物来吸收 ^{14}C 和 ^{12}C。当这些动物死亡时，它们就不再吸收有机物或 ^{14}C 和 ^{12}C 了。死亡时间将放射性碳时钟设置为零；^{14}C 在生物死亡后以其半衰期的速度损失；^{14}C 的半衰期是 5730 年。通过测量化石中 ^{14}C 经放射性衰变剩下来的数量，就可以计算自该动物死亡以来已经过去了多少个半衰期。那就是化石标本的年龄。

图 6–3　放射性碳测年技术的基本原理

当上层大气中的氮原子捕获热中子并释放一个质子，将 ^{14}N 变成 ^{14}C 时，放射性碳原子就形成了。然后，当动物摄入有机食物时，将 ^{14}C 嵌入动物体内，从而在其活体体内产生已知数量的 ^{14}C。一旦动物停止摄入有机食物或死亡，相对恒定的 ^{14}C 量就开始以固定的速度消散。放射性碳测年法只是测量了 ^{14}C 的损失，然后计算动物死亡的时间，从而计算它们的年龄

在实际的操作中，科学家从大气中的平衡常量确定 ^{14}C 与主要同位素 ^{12}C 的比例开始。$^{14}C/^{12}C$ 这个平衡比率约为一万亿分之一。

由于标本中的 ^{14}C 含量很小，因此很容易在不经意间让大气渗入标本中，污染了标本。被污染的标本中额外的 ^{14}C 会导致 $^{14}C/^{12}C$ 比率比真正的比率高得多的错误读数。这个过高的读数会导致标本被误判过于年轻的错误。在过去 20 年中，放

射性碳测年技术采用加速器质谱技术测量，已大大改进了人类化石测年的精确度。

保持标本与任何可能的污染环境隔离已成为放射性碳测年的通用方法。如今，任何测年技术都采用相同的方法。在重新对尼安德特人标本测年时，标本都经过同样的环境隔离措施来处理从而得到比以往更老的年龄。

重校尼安德特人的灭绝时间

自 2010 年开始，托马斯·海厄姆（Thomas Higham）鉴于过去放射性碳测年都没有留意到环境隔离的措施，他的研究小组利用加速器质谱仪技术测量对大部分尼安德特人的标本、从欧洲到俄罗斯被发现的化石，进行了大规模的重新测年工作。他们将尼安德特人的灭绝时间定为在 4.1 万年前至 3.9 万年前。这个时间，比原来认定的 2.8 万年前早了 1 万多年。

间接测年：代理测年和地层学

当化石标本的年龄超过 5 万年时，放射性碳测年技术就已渐渐失效，因为 $^{14}C/^{12}C$ 的比例就无法精确地被测定。现代技术，譬如加速器质谱仪技术可以进一步推动这一测量的极限，但相对 6 万～7 万年的化石年龄精准度就开始降低。对于这些化石标本，我们则须求助于间接测年。间接测年是通过测年化石标本附近物质（或称为代理标本）的年龄来推断化石的年龄。当然，这些物质就没有放射性碳的特性了。取而代之的是用比放射性碳有更长半衰期的放射性元素或现象来测量标本的年龄。精确的测量需要两个必要条件，第一是用地层学来确定代理标本与化石标本的同时性，第二是对这些地层作精确的测年。

人类化石形成后，继续被后来的沉积物深埋。随着地球表面不断地被沉积物覆盖，沉积物的来源不一：地壳运动、地震、火山活动、降雨、洪水、微生物和生物的残留物、矿物质、岩石，所有这些都产生了沉积物。这些沉积物层层叠叠地堆积在化石上。较早的层依次被较新的层覆盖。各层的特性反映了当时的地质、生态和生物，构成了地层结构，这就是地层学的研究内容。

由这些层次可以知道动物、花卉植物在累积层相对的时间的变化。较古老的动物群处于较低的层次，可能有物种的化石和沉积物存在于同一层次中。如果物种不出现在较新的层中，则它们很可能已灭绝。如果以前从未见过的物种突然出现在较新的层次中，则它们可能从其他地方迁移过来或从当地演化而来。然后，地层的年龄就几乎是化石的年龄。现在剩下的任务是确定地层的年龄了。

使用放射性元素的代理测年

地层的测年可用类似于放射性碳测年的技术，但用的不是碳 / 氮同位素。其他的同位素有可能是铷 / 锶、钍 / 铅、钾 / 氩、氩 / 氩和铀 / 铅。它们的半衰期从 7000 万年到 486 亿年，因此被用于超出了放射性碳测年所能做的范畴的场合。

火山岩测年

火山岩测年是放射性测年的一种变化。火山岩通常含有天然放射性矿物，我们可以使用基于同位素放射性衰变的技术对这些矿物进行测年。同位素数量的测量通常涉及激光和质谱仪，有时甚至利用核反应炉。我们使用衰变速率和同位素测量值来计算年龄。

2013 年，科学家通过对天然放射性矿物长石（火山喷出来的物质）进行测年，发现了我们一个人属化石有 275 万到 280 万年的年龄，是我们人属最古老的化石。人属的出现在第 5 章的系统发育树中被标定为 250 万年的里程碑 4。这个火山岩测年的结果可能会将人属的出现提早了 20 万年。这 20 万年是 8000 个世代的人类演化活动和变化。在我们漫长的 700 万年的演化历史中，它看起来似乎微不足道，但却是我们现代人类在地球上的全部时间了。

发光物质测年

发光测年法是指一组确定矿物质最后一次暴露于阳光之下的时间的方法。这些基本概念仍然依赖于放射性同位素的衰变。所有沉积物和土壤都含有微量的放射性同位素（如钾、铀、钍和铷）。这些元素会随着时间而衰减，它们在衰减产生的电离辐射会被诸如石英等沉积物中的矿物颗粒吸收。辐射使电荷保留在结构不稳定的“电子陷阱”中的晶粒内。被捕获的电荷由衰减过程以一定的速率累积在标本中。通过测量刺激释放的发光量，科学家可以反算石英何时被埋在这些地层中。如果化石和这些石英在同一地理层次，石英的年龄就是化石的年龄。

有几种方法可以诱导标本释放出光。它们包括以下可能性：光学激发发光（OSL）、红外激发发光（IRSL）和热发光（TL）。发光物质测年适用范围为 10 万到 35 万年。

严格的测年和多重测年技术的佐证

随着古人类学在我们对演化的理解中变得越发重要，可靠的测年还须得到来自多种技术测年数据的佐证。在求得测年多方面的佐证时，化石所带来的信息就已不仅仅限于标本的年龄。除了对人类以外，同一时间的代理化石还可以间接证明人类的生活时代和方式。考古学家有时甚至利用附近动植物的化石，来推断我们的生活和当时周围的生态环境。

例如，位于黑海边的格鲁吉亚达马尼西（Dmanisi）考古遗址经过多种严格测年方法定为 180 万年前到 170 万年前。该遗址发现的学术报告提供了 5 种测年方法来支持这一结果，包括玄武岩的钾 – 氩测年、奥度凡地磁与古磁的关系、晚更新世（L ate-Pleistocene）的脊椎动物区、类似于早期非洲工作人的人骨形态和奥杜威石器。科学家们总不希望自己的声誉因研究做得不够透彻、有所瑕疵而受损。

达马尼西失眠

在达马尼西发现人类化石的同时同地还发现了剑齿虎化石，这证明了这些大型的猫科动物是被人类猎杀的。另外，在那附近发现了一个人类头骨化石，头骨背面有两个椭圆形的孔，恰好契合剑齿虎上腭的两只犬牙。我们可以推断出，在 180 万年前一定有各种大型捕食动物在现今的格鲁吉亚土地上漫游。人们猎杀这些大型捕食动物是为了觅食，但他们自己也是大型捕食动物的食物。可见我们的祖先很多时候都生活在相当危险的环境中。

经常面对这种危险所培养出来的机敏警觉性可能已经改变了我们的遗传倾向（当然是经自然的物竞天择达成）。根据我的基因测试结果所知，我有浅睡的倾向。我回想到我一生的睡眠习惯的确是十分警醒。我的祖先分支有可能经常生活在充满大型捕食动物威胁的地区。因此，在数千个世代之后，机敏而浅睡的必要性逐渐融入我的 DNA 中。我们成为总是睡眠不足的一群。

其他代理

除了同时被发现的人类和动物化石外，其他间接化石也可以为正在研究的生物加入很多信息。例如，足迹、洞穴、花粉和粪便化石都可以帮我们把人类演化的历史拼凑得更为完整。尤其是人造的石器，以及用石器制造的制品可以用来推断当时人类的能力和智慧。甚至远古人类在泥土中遗留下来的 DNA 也可以告诉我们这些古老人类的年龄和物种。

当精确测定直接或间接的化石年龄时，它也可以作为遗传分子时钟的基础，因为它可用于校准分子演化和突变的速度。进一步来说，这有助于我们使用分子遗传学建立更好的系统发育树。

一点应用物理

我觉得应该借此主题再谈一谈衰变物理背景与突变的关系。这章里提到的每种测年技术都涉及一个元素的不稳定同位素衰变成为另一比较稳定的元素或同位素的物理过程。尽管我们对用放射性衰变来进行测年都习以为常，但在幕后启动衰变的是自然的四种基本力之一——弱力（见第 3 章）。

量子力学中的弱力场理论支配着衰变的快慢。从量子力学来看，衰变过程是完全随机的。这个随机的过程在第 3 章中已提到，它的分布可用泊松的概率来代表。确实，如果你在单位时间内（一秒钟、一分钟或任何固定的时段）来记录有多少衰变事件的数目，则这些数目将遵循泊松分布，就像

第 3 章提到人类的 mtDNA 突变一样。最让人惊叹的是生物演化和物理的自然衰变是完全不同的两个世界，但它们都遵循着相同的随机概念和相同的数学公式（泊松分布），大自然中有一个原理同时控制着生物演化和弱场量子力学。

连绵不断的形体演化

值得一提的是，即使我们今天虽然已有大量的人类化石，并且这些化石还在不断地累积，但整个人类族谱仍然有很多时间上和人体结构上的空白。当我们找不到化石时，我们就无法填补这些空白。我们的人类族谱将永远会有许多化石的空白。

幸运的是，科学家并没有因此而灰心气馁。他们基于达尔文坚持的渐进原则以及丰富的比较解剖学，加上一些创意性的想象力填补了不少的空白。至少，我们可以弥合时间和体型的差距，并可想象从一个时间化石演化到另一个时间化石的中间应该是前后之间的中和。下一章旨在阐明这个形体上连绵不断的演化过程，并反过来利用这个过程来强化自然界所期望的渐进与连续性的观念。

注释

1. “Revised age of late Neanderthal occupation and the end of the Middle Paleolithic in the northern Caucasus,” Ron Pinhasi, Thomas FG Higham, Liubov V. Golovanova, and Vladimir B. Doronichev, Proceedings of the National Academy of Science of the United States of America, 108, 8611–

8616 (2011).

2. For an exhaustive list of human evolution fossils since 1850 to the present, see, for example, https://en.wikipedia.org/wiki/List_of_human_evolution_fossils.
3. "Denisovan DNA in Late Pleistocene sediments from Baishiya Karst Cave on the Tibetan Plateau", Dongju Zhang, Huan Xia, Fahu Chen, Bo Li, Viviane Slon, Ting Cheng, Ruowei Yang, Zenobia Jacobs, Qingyan Dai, Diyendo Massilani, Xuke Shen, Jian Wang, Xiaotian Feng, Peng Cao, Melinda A. Yang, Juanting Yao, Jishuai Yang, David B. Madsen, Yuanyuan Han, Wanjing Ping, Feng Liu, Charles Perreault, Xiaoshan Chen, Matthias Meyer, Janet Kelso, Svante Pääbo, Qiaomei Fu, Science, 370, 584–587 (2020). DOI: 10.1126/ science.abb 6320.

第 7 章 人类形体上的演化

Our Physical Evolution Through Time

上一章集中在了解化石。现在则反过来看看从人类化石中能得到什么人类演化的信息。本章讲述如何从化石以及无数的碎片，甚至找不到的化石，拼凑出人类形体在过去这 700 万年来是如何改变或演化的。最理想的了解人类形体演化的方法是用电影来描述一个特征从一个时代的样子一步步过渡到另一时代的样子。但是必须有每个物种的每几世代的化石来连接电影的画面。从第 5 章人类族谱（系统发育树）可以明显看出，里程碑之间时间上的差距和形体特征是不连续的。尽管在过去 150 年中人类学家不懈地努力，要使我们形体上呈现出平滑演化的视觉效果似乎是不太可行的，因为就算聚集了所有的化石也不足以覆盖我们 700 万年的整个演化过程。时间和形体上的空档几乎永远都会存在。

我相信这个化石短缺的状况得到改善的机会极其渺茫。尽管如此，通过科学家与人类学家的创造力和逻辑推理，他们弥合了许多不同时代与形体之间的鸿沟，并对鸿沟中间的步骤提供不少有解剖学上和逻辑上有根据的猜测。这些猜测，也可称为“失落的环节”（missing links），有两种涵义：一是它们指明了演化的可能路径，二是给化石人类学家一个可能的勘探的方向或指南。

时间和形体上的差距有大有小，差距大的有时连推测失去的环节都会有困难，使追求失去的环节可能毫无结果。所以必须意识到，长期被接受的达尔文“渐进原则”可能不是普遍皆准的概念。不同于逐步演化的另一种概念似乎应该也列入考虑。此一概念可以解释这些大到连失去的环节都无法找到的状况。这个概念有个名称叫作“阶梯平衡”，用来解释部分像音乐中断奏（staccato）般的演化过程。

要将人类形体上一连串的演化纳入一完整的原理，必须调和渐进原则与阶梯平衡的分歧。渐进原则是自然选择演化的结果，这种演化在一代一代之间不断发生，但这些变化都比较缓和，甚至不注意看都不会注意到。阶梯平衡是由突变引发的基因组变化，它发生频率较低但变化比较剧烈。两者都影响了人类形体上以及非形体上的演化。

渐进原则或阶梯平衡如何实质上造成了演化？演化是经渐进和阶梯平衡这两个过程的相互作用来决定。当然不可少的是两者都经过在第3章详述过的积极反馈来完成演化的过程。

本章首先描述人类学家如何把这些本来就是很稀少、零散和不完整的化石，整理出头绪来，继而概述如何填补这些形体的空档来完成人类演化的动态图像。然后，描述几个人类最显著的形体演化。这些演化包括人类的头部、直立姿势和双足运动、手和手臂，以及喉咙和语音器官的变化。

人类化石还提供了形体以外的信息。它们有的含有古DNA甚至古蛋白质。这些微量的残余物可以把现代人类与其他古人类在我们的族谱上相互连接起来。这些古老DNA和古老蛋白质是过去15年分子人类学的主要研究重点。在接下来的两章中将做进一步的介绍。

整理人类化石

比较解剖学

自19世纪60年代首次发现尼安德特人以来（尽管早在19世纪20年代就出现了尼安德特人的化石，但直到很晚才被人们鉴定为真正的尼安德特人），在整个人类学史上，我们已经收集了至少有6000个各种人类的化石。时间上，它们跨越700万年，地理上范围广大，几乎无所不在，从非洲、欧洲、亚洲、大洋洲和美洲都有他们的足迹。

在成千上万的化石碎片和标本中，大多数无法确定它们是现代的动物或生物的某一部分，甚至无法分辨是不是现代动植物。人类学家的第一要务是知道它们是不是属于远古人类的残骸，更不用说把这些化石拼成整个人类的身体了。化石研究人员是有哪些经验或专业能认出化石的属性，而进一步推测是人类的哪一部分，重建人类的形体，最后还能恰当放入人类族谱里？最基本的要求是解剖学，更具体地来说是比较解剖学，它可以把看起来毫无头绪的化石变成合理的形体。

比较解剖学是研究不同但又有某种关联的物种在解剖

结构上的异同。它与演化生物学密切相关，但它要旨是帮助完成现代物种完整的分类。它试图弥合并联系密切或不密切相关的种、属、科或更高层级之间的形体和解剖上的不连贯性。有时，它还有助于验证，补充或纠正分类法中的错误。

比较解剖学家的专长是能将看似无关的物种在解剖学上与演化联系起来。例如，他们认为人与马是同一个祖先的后代。他们都有四肢而且每一肢上有五个指（趾）头。现代人的手脚仍然保留了五个脚趾头和五个手指头，但和马的四肢截然不同。马匹随着生活在开阔的草原上，它们的结构经过了很不一样的演化方向才能在坚硬的平原上奔驰。马匹的四肢上的五个（趾）指头变成单蹄来带动全身的运动。类似这样的专业知识与训练正是整理化石所需。

渐进概念与阶梯平衡

从人类萌芽到现在经历了 700 万年的浩瀚时间，上千亿总人口的生生灭灭，人类学家却只发现了 6000 个各种人类的化石和 30 个不同人类物种。明显的演化过程中时间和形体的上的空档就不足为奇了。在没有化石的时候，这些众多空档无疑使学者们感到沮丧。但这并没有阻止学者们利用想象力和智慧来弥补这些空档。

如果从最早的祖先到现代人类是一条直接的血统，那么只需要在相邻的里程碑特征之间画条直线就可以填补这些空档。如果两个人类是远亲，例如地猿属和人属巧手人之间的拇指长度相差 50%，则可以合理地推论，介于两者之间，物种的拇指长的将比最短的拇指长25%。这种内插法是达尔文渐进概念的直觉做法。达尔文所说的“渐进”并不是指“完全平滑”，它也可能由许多小步组成。随着一个物种或特征的发展，变化经平滑或小步的累积，直到一个新的物种或特征的诞生。他没有假设变化的速度是恒定的，他也认识到许多物种在很长一段时间内有可能保持相同的形态。

但是，如果演化是循序渐进的，那么在走向新的物种和特征演化的过程中，应该有许多过渡的化石记录。但是在许多情况下，科学家一直无法找到这些过渡中的化石。达尔文本人对这些化石的付诸阙如也感到困惑。他的解释是，化石记录缺少这些过渡阶段，是因为化石记录非常不完整，因此过渡化石尚未被发现。这说法在很多情况下是正确的，因为能够发现每个必经的中间变化的化石机会很小。这个说法合乎逻辑，我倾向于同意达尔文的观点。

1972年演化学家斯蒂芬·杰·古尔德（Stephen Jay Gould）和奈尔斯·阿尔德里奇（Niles Eldridge）对这些化石的不存在提出了另一种解释，他们称之为“阶梯平衡”（punctuated equilibrium）。他们认为物种通常是稳定的，几百万年来变化很小。这种稳定的情况偶尔会因新物种的迅速爆发而被“扰乱”。经过扰乱后，这些新物种又将很快地进入平衡而停滞的状态，直到又经过很长一段时间后的下一个重大扰乱造成的变化。这些突然的变化几乎不会留下化石，因为这些变化发生得很快所以没有多少机会有化石会留下来。这样一来，只有平衡状态的化石才会被我们发现。我认为同样的概念不应只限于物种的形成，它也可以应用在任何物种特征的演化。其实这个以阶梯平衡来解释化石空档是不必要的；它也不能令人满意地解释大多数形体变化多是渐进的趋势。

形体的演化是分子作用的表征。分子演化的本质是由两种不同的机制引起的，一种是缓慢的，另一种是比较突然的。缓慢的变化主要是经由环境影响的自然选择演化。环境对DNA的突变影响很小。无论发生什么变化，根据第3章中的演化原理，物种的特征或物种本身仍需要在环境的严峻考验下幸存，才能延续到下一代。

由于任何重大的特征变化都是许多基因的协同造成的，因此由分子一两个突变引发的变化很少是很剧烈的。但是，它们可能比一两代有性生殖的自然选择所带来的影响来得剧烈得多。即使那样，在新特征或物种最终显现出与以前明显区别之前，仍然会有过渡阶段。所以即使在阶梯平衡的演化情况下，也应采用渐进原则来弥合阶梯间的差距。

现在可以总结渐进演化和阶梯平衡之间的争论。第一，对于渐进演化而言，每当染色体经历哺乳动物有性繁殖的基因重组时，世代之间就会发生缓慢而逐渐累积的变化。当然这种长期的自然选择变化取决于环境的影响。第二，在阶梯平衡过程中，演化发生在由稀有突变事件引发较快速的变化。一旦变化发生过后，物种将经历相同的自然选择演化。第三，这两个理论只是自然演化的两种不同机制，它们之间既不是对立的，也不是互不相容的。

拼凑未知的拼图

从零碎的人类化石中来重建我们的形体，然后弄清楚它们应如何放到人类族谱中最恰当的位置，是一件很不容易的工作。这种挑战性的工作使我想起了我在研究院所的教授约翰·A. 惠勒（John A. Wheeler）带大家玩的一种游戏。他是一位大师级的物理学家，曾是理查德·费曼（Richard Feynman，1965 年诺贝尔物理学奖得主）的导师。惠勒教授在 1967 年创造了“黑洞”这个名词。如今，“黑洞”一词早就成了我们日常语言的一部分，但绝大部分的人却都不知它的起源是惠勒教授。

这个游戏通常由一群游戏者和一个猜谜者一起玩，目的是经猜谜者向每个游戏者提出问题，来猜其他游戏者一同决定的一样东西或事件，这是我们大多数人都熟悉的游戏。惠勒把这个游戏做了一个小小的修改，游戏者并没有一个同意的项目，只是被猜谜者问话时，每个人的回答都不能与在他之前所有答案有任何互相抵触。这样的游戏比正常的玩法有意思，因为所有的参加双方都要动脑筋，而不仅仅是猜谜者在动脑筋。游戏开始是将猜谜者送出房间，并假设游戏与往常一样进行，而猜谜者不需要知道这个关键的修改。我记得我曾经举办过一次圣诞晚会，我与家人和朋友一起玩这个游戏。猜谜者是我的侄女，她很快就感到游戏者的答案越来越慢，而理解到最终并没有一个具体的答案，而猜到这整个游戏和平常不同。猜谜者和游戏者都是游戏的一员，大家都认为这个游戏十分清新。但是这游戏也有一个问题，一旦人们知道了这个新游戏规则就没这么有趣了。

单单用化石来研究人类演化就有点像玩这种游戏。古人类学家面临的挑战是必须拼凑不完整的化石成为一个百万年前的人类形体。还更有挑战的地方是要在没有参考形体下来完成这个拼图。此外，除了他们在没有拼图的游戏规则下，游戏规则还可能会在他们不知道的情况下改变。

研究者或人类学家将是该游戏中的猜测者，他们的研究就是要把新化石放进与累积了数十年的演化论里，不仅要保持原理论的现状，并且要将它改善。如果任何新发现是可以弥补演化不连续性的桥梁，那就已差强人意了。但是我认为，如果猜测者有证据提出革命性的发现和概念，而改变了演化论的现状，那就更加令人兴奋了。大多数的古人类学家在孜孜不倦的工作情况下，碰上有突破性的发现的机会少之又少。你不得不佩服那些杰出的古人类学家所展现出的信念、深邃知识的基础和锲而不舍地追求真理的努力，目的无非是能对人类族谱的全貌有一分贡献。

从猿类演化成为人类，我们形体的重要部位都有很多的变化。最明显的形体变化发生在至少五个部位：头部、直立与行走的姿势、手和手臂、喉咙的语音器官结构、躯干。这样的分门别类仅是为了方便起见，我们不应将任何一项视为独立特征的演化，因为这五个部位中间都是互有关联的。

头部的改变

人体最大的变化就是头部。这些变化不单单只是头部而已。当头部发生变化时，身体其他部位也会发生其他协同性的变化。而头部变化带来的其他协同性变化也同时会被提到。

颅骨的大小

长久以来，颅骨变化的一个总体趋势是随人类祖先演化到现代人类，颅骨变得越来越大。显而易见的是，在所有动物中，现代人类的脑部容量几乎是最大的。头部的变化占了十分重要的地位，如第 5 章所述，我们甚至用脑部的容量来定义南猿属和人属的分界线。那个分界线约在 600 立方厘米。

由于我们的脑容量比早期祖先大得多，因此有理由推论：大的颅骨可以容纳大的脑容量；因此，越大颅骨的主人是越聪明的动物。图 7–1 是根据迄今为止积累的化石画出了从早期的 320 万年前到现代人类的脑容量。这个容量的改变大致可以分为四个阶段，每一阶段可用一个不同的颜色来代表。这四个颜色、时间与阶段和第 5 章中（图 5–1）的人类族谱的四个阶段是一致的。第一阶段由灰色来代表，是比人属早的前人属阶段，脑部容量约为 500 立方厘米，比现代黑猩猩大了约 20%。该阶段一直持续到约 200 万年前的第二阶段，那时脑容量开始逐渐超过这个数字。第二阶段的人属出现时，脑容量 600～1200 立方厘米是人属巧手人于直立人的特征（绿色，人属阶段）。在第三阶段（智人阶段）里，人类脑容量从 90 万年前后节节上升（黄色）。最后一阶段与 20 万年前的现代人类的兴起相吻合。此阶段（米色，现代人阶段）的人类脑容量为 1200～1750 立方厘米。

这样的脑部成长阶段分划与第 5 章的系统发育树中的四个阶段相吻合。脑容量的增加是用来分开不同属种的指标之一。早期的研究用时间来分别脑容量的大小，但也可以反过来用脑容量来标记化石的时间。但是比较现代人类和尼安德特人的脑容量时就不一样了，最大的脑容量是属于尼安德特人，而不是现代人类。

脑容量大小就一定聪明吗

值得注意的是已消失的亲戚尼安德特人的脑容量，有的

人类素脑容量随时间的变化

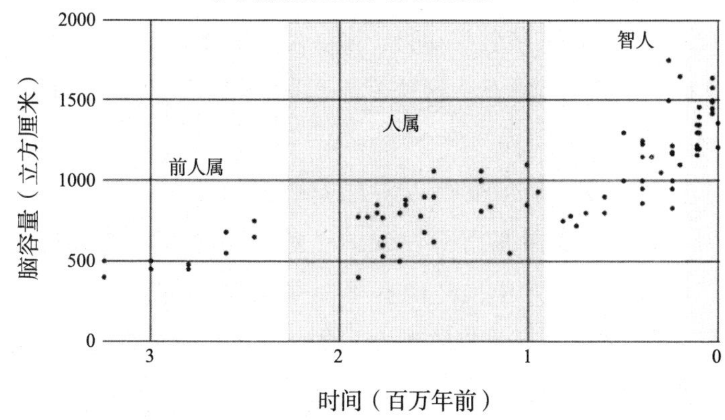

图 7-1　过去 320 万年中人类脑容量的进展情况。请注意，此图中的 4 个周期与图 5-1 中的周期相同

甚至比现代人类的还大。他们比现代人类聪明，有更好的语言能力？他们是更好的科学家、更好的思想家，还是更好的艺术家？我们可能永远不会知道。实际上，单是脑容量可能不是判断整个智力 / 聪明的唯一条件，也不是绝对的衡量标准。雄猩猩具有巨大的脑容量，但它们物种正走向一条与人类方向不同演化路径中，我们也不会误认为它们非常聪明。大猩猩特别大的脑容量可能是由于其庞大的体型，所以脑容量也以同比例增大。科学家尝试过以脑容量来量化动物的智力水准，很显然不太成功。也许我们不能只依赖脑容量的大小来决定动物的智力。说不定还需要将动物的身体大小来平衡脑容量的单一判断的不足。

精神科学研究有一分支是智力品质因数的研究，他们把品质因数叫作“脑性化商”（encephalization quotient）。这项研究将现代哺乳动物的脑容量放进一个复杂的多元变量，经过电脑的模拟来计算各哺乳动物的“脑性化商”。该研究的效果良好，并得出一个重要结论：现代人类是地球上最聪明、智力最高的哺乳类动物。你以为结果会不一样吗？我倒觉得应该问的问题是：这是否是一项值得旷日费时与金钱的“研究”？

还有另一个角度可以对尼安德特人的脑容量做一推测。最近在法国东南部发现的一些用植物纤维捻成的绳子可追溯到5万年前，最有可能是尼安德特人用手做成的。我相信，5万年前的现代人类也许具有相同的能力。尼安德特人在智力水准，至少在制绳技术上，应与现代人类相当。

另外根据一项解剖学研究，脑容量与身体大小比率并不是衡量我们智力的唯一指标。进出大脑的血液流动也影响了生物体的智能。一篇于2019年11月下旬发表的报道指出，尽管南猿属人种的脑容量和黑猩猩与大猩猩的脑容量相似，但南猿属的进出大脑的血流速度却较低。研究指出，在现代的猿类中，脑壳和脊椎之间的窗口要比当年南猿属人种的大。这个较大的大孔眼（foramen magnum），使现代猿类的血流速度提高了一倍。人类的南猿人种祖先可能不比今天的猿类聪明。智力的品质指标则应包括了这三项指数：脑容量、体重和大孔眼的大小，再通过简单的公式连贯起来。

颅骨形状

伴随着脑容量的变化，有多种跟颅骨有关的特征也都在变化中。以下列举颅骨一些最明显的改变。

首先是大孔眼的位置。如图7–2所示，它位于颅骨的底部，脊髓和主要动脉都经过该孔进入和离开脑部。猿类和我们的祖先的大孔眼位置反映了习惯性的身体姿势和运动方式。现代人大孔眼的向前推移是为了保持运动时头部平衡而做出的调整。这也是因应人类逐渐直立的上身。因此，这个大孔眼位置的改变可以说是人类在过去500万年逐渐直立的一项佐证。

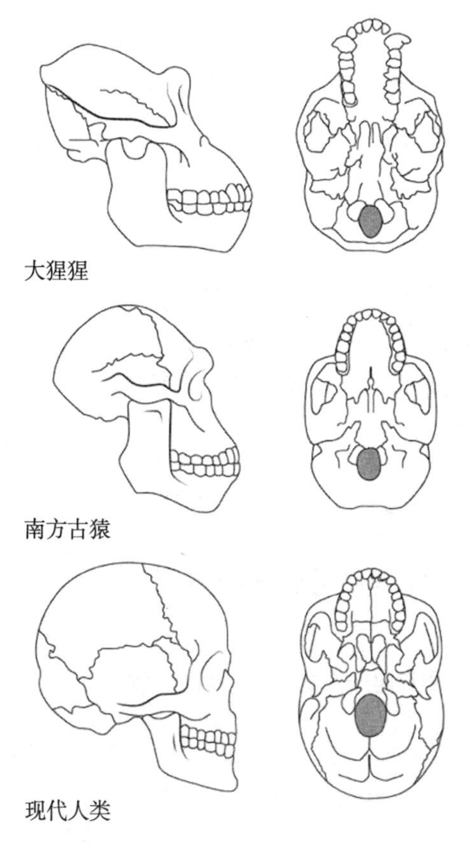

图7–2　大猩猩、南方古猿和现代人类的头骨和大洞位置的变化

人类的颅骨也已发展成比较圆的形状，在下颌骨（下腭骨）上方颧骨的后面也缩小，这部分的作用是方便咀嚼的肌

肉附着。最有可能的原因是人类饮食渐趋多含肉类和熟食，而无须强劲有力的肌肉来咀嚼。

随着人类的演化，颅骨的前额从倾斜变成直立，同时有较小的眉嵴。前额直立起来的原因可能是需要容纳不断扩大的脑容量。较小的眉嵴可能是因为脸部不需要如此坚实的骨骼来支撑咀嚼的肌肉。由于我们需要逐渐直立的姿势以利于双足行走，这抬高的额头却给现代人类带来了许多分娩上的困难。人类的难产是一项长久以来的问题。

人类的下巴。根据一个理论，现代人演化出来的下巴，在结构上是用来支撑比较细长的下颌骨。另一个想法是我们下巴突出的原因是下颌其他部分缩小了，使得下巴看起来加大了。也有人猜测下巴是一种吸引异性的特征，就像雄孔雀的巨大羽毛可以开屏一样，吸引人但不实用，还很累赘。但从另一角度来看，能够吸引异性也可以算是一个适者生存的实用工具。

姿势：完全双足运动的适应

现代人类是唯一常态双足哺乳类动物

就双足运动而言，有的猿类偶尔也可双足行走，如狒狒、倭黑猩猩、黑猩猩和长臂猿。学者有时也会将有袋动物视为双足动物，例如小袋鼠和大袋鼠，但它们的移动是跳跃的，而不是步行的。当现代人从一个地方要到另一个地方时，他们则是用双足步行或跑步。在人类迈向人属直立人演化的阶段，这种双足运动成为一个习惯和必要的习性，所以人类被称为常态双足动物。双足运动是一项由多个形体上的改变造成的功能，在前面讨论颅骨演化过程中提到了其中一些。以下是说明其他演化使人类成为常态双足运动的动物。

在连接颈椎椎骨与大孔之间的一个枢纽是一对像旋钮般的骨头（枕骨），在演化时它与大孔眼同步的向前移动，把位置移向脑壳的中心。这种改变使脑部的重心放在这一大孔眼正上方。现代人必须随时保持这样精确的排列，因为就算是很轻微的错位也会给我们造成长期的颈部和背部问题。

我们的肋骨架前面变得比较平，这使重心向脊椎方向移动。这项演化改善了直立姿势的上身平衡。但是，由于人类的脊椎不是完全直的，所以这个上身的平衡更加需要经常保持最理想的对准头部与上身的重心线。我们的脊柱是S形，使得胸腹腔的重量置于骨盆正上方。虽然S形脊柱不是最理想的重心安排，但它帮助我们吸收长时间的直立行走所带来的冲击。

人类的骨盆形状从高而窄的筒状演变为低而宽的碗状，使得骨盆的边缘外翻角度变大，以便支撑上身与维持平衡。因为人类的婴孩有着同时增大的头部与抬高的前额，这种骨盆形状的改变也是为了利于生育。人类的股骨变得更长、更坚固，有着向外倾斜与较长的股骨颈，来适应这个外翻角度和双足行走。

人类的大脚趾与其他脚趾是指向同一方向，因此脚底部可以充当行走的平台，但也失去了用脚来爬树的能力。脚底还成拱形，以使脚在走路或跑步时有弹性，此弹性与S形的脊柱都是为了减少走路时的震动而影响到脑部。虽然现代人类的亲戚尼安德特人脚结构与现代人类一般，但他们的上身就和现代人类有明显的不同，也不像现代人类那么会长跑。

手和手臂

手和手臂的变化与双足运动有关（虽然不是直接的关系），但却对人类具有至少同等的影响。人的手有很多功能：它们可以携带许多日常必需品长途跋涉，它们可以制造工具，用于饮食、战斗、打猎、制作艺术品等。化石记录中有足够的证据表明，手的功能逐渐演化到与我们今天的一样。奥杜威地区发现的260万年前奥杜韦石斧（最早在Olduvai峡谷发现故名）和早在1600万年前的阿舍利石头手工工具（Acheulea，以法国索姆河上的圣阿舍利遗址命名）就表明了人类很早已经很习惯使用灵巧的手来制造工具了。这些早期的石材工具发现的地方非常辽阔，包括南非、欧洲、南亚等，最有可能是人属直立人大量制造的，巧妙地用大石反复击打燧石制成锋利的薄片用于打猎或屠宰猎得的动物。确实，这项技术和行业花了数百万年的时间才终于被人类掌握，并扩展到辽阔的大地。现在很难想象没有灵巧的手的人类会演化成什么样子。

手的演化开始得很早。最能说明这项变化可以从埃塞俄比亚的地猿属的长指化石（440万年前，见第5章）开始。人属巧手原人（170万年前）的手部结构已经显出较长的拇指，同时缩短了其他用于制作工具的手指（因为石制工具和他们的手部化石在同一时代出现）。手的形体演化、手工具的出现，以及大脑容量的跃进几乎是同时发生的。从这些多方证据，看出这些功能并不是一件接一件的改变。事实上，演化过程是以最便捷的方式根据集体的需求同时产生许多特征，一起来适应环境。

手臂的演化可以两个不同的层次来说明。首先，是整只手臂的缩短，包括上臂和下臂。这个缩短可能部分是由于人类正走向双足运动，因为上肢已不需要触及地面前进。此外，较短的手臂使完全直立的前进会更为有效，因为人类已经不需要借手来将身体向前推动，同时也减少步行者被长手臂“拖拉”的累赘。其实，动物界还有其他佐证清楚地显出较短的上肢有利于直立姿势和双足运动，其中恐龙、鸡和袋鼠都是很好的例子。

其次是使用手的惯性，亦即前后的不平均运用。基于化石的研究尼安德特人具有与现代人类相似的惯性倾向，因为他们的右臂比左臂粗壮得多。他们上臂骨头的横截面呈椭圆形，而现代人类的肱骨横截面呈圆形。这可能是因为椭圆形的横截面有利于尼安德特人狩猎时的长矛投射或制造工具。投射或打击时，人类大都是用手自上而下做动作，所以手臂就演化出椭圆形的肱骨，使较需要用力的方向有更高的机械强度。这种不对称强度类似于建筑中的I型梁的概念。I型梁在较长方向上可以承受更多的机械应力，同时也可节省机械的重量。这个变化说明了演化越来越专门化，不止为人用手的惯性专门化，并且为人的应用技巧专门化。

此外，使用右手的惯性并不限于尼安德特人，早于他们数百万年前的人类一样有这种惯性。证据表明，大约从200万年前开始出现的大多数石材工具都是由惯用右手的人类制造的，制造的成品也是为右手运用的。在第14章中会从一个比较新的基因证据来讨论这个用手惯性。

喉咙和语音器官

现代人的说话能力与人类的喉咙和语音器官解剖结构有很大关系。首先，人类要能够发出具有多重八度音阶的声音。它们还必须操纵舌头、嘴唇、下巴和牙齿，以发出更多的变化，如元音、辅音和音调。此外，语言需要的不仅仅是生理结构，还需要脑力以将思想组织成语言，对神经系统发出命令，激发适当的肌肉和骨骼来达到讲话的目的，这是一连串非常复杂的事件。

语音功能

喉咙和语音的演化是我们能讲话的重要原因。由于语音器官的大部分是由软骨组成，没有留下足够的化石证据，因此人类语音的演化步骤一直无法确定。但是考古学家仍然找到了稀有的尼安德特人和海德堡人的舌骨化石。

从无语交流到语言交流的过程是科幻小说或电影的绝佳材料。我最喜欢的科幻电影之一是 2011 年发行的《猩球崛起》。这部电影是 20 世纪 70 年代电影《人猿星球》的前传。这部新电影解释了为什么在原版电影里猿类变成地球的主人。当然，这个电影的制作是生意人，为赚钱动的脑筋，可是剧本却颇有创意，甚至试图用科学来解释为什么猿类会说话，当然这些科学都是似是而非的伪科学。这里对这些伪科学的辩证，可以对人类说话的起源有些帮助。

黑猩猩会说话吗

在《猩球崛起》里，猿类开始替代人类成为地球的主宰。一只黑猩猩“凯撒”从母亲那里得到了智力和认知的遗传。

他的母亲则经服用一种实验性药物获得了这些特质，该药物能修复脑细胞并提高人类的精神敏锐度，简单地说，该药物可以治疗各种失忆和痴呆症。电影中的该药物据说可以使老年人恢复智力。旧金山的一家制药公司为了获取巨大的利润而开发了这种药物。

“凯撒”后来在人类的家里长大，但因为旧金山法规不容许在住宅区里把黑猩猩当宠物般饲养，“凯撒”被送到灵长类动物收容所。由于“凯撒”比其他灵长类动物聪明得多，因此即使没有庞大的身材，他凭着自己的智慧迅速在各种猿类中确立了他最高的地位。有一天“凯撒”站在收容所的中间，指令其他猿猴表达臣服的姿态以巩固他的霸权。当收容所管理员命令他回到他的笼子时，“凯撒”拒绝行动。管理员用电击棒反复电击并殴打他要他服从。这时虽然“凯撒”仍然是一个未成年的黑猩猩，但已经比普通人类要健壮得多，电击和殴打都无法制服他。“凯撒”和管理员怒目对峙着。

这样的状态僵持了片刻，“凯撒”和管理员的怒气渐增，直到“凯撒”似乎要爆发的边缘。“凯撒”和管理员各紧抓着电击棒的一端。当管理员命令“你这该死肮脏的猿猴，将你那臭爪子拿开”时，他们之间好像斗鸡似地对立着。读者中有些人可能还记得这句话，那是斯蒂夫·泰勒（由查尔顿·赫斯顿饰演）在1968年《人猿星球》电影中向一只猿猴大声吼叫的话。最后“凯撒”不能自已的吼出一声“No”。我仍然记得剧院的观众突然安静下来，这时我的手臂上寒毛直竖，脊背上的鸡皮疙瘩也都冒了出来。这时刻是电影的高潮和故事重点，也就是猿猴开始说话而变得有人性的转折点。

其实，即使人类与黑猩猩之间有着密切的遗传关系，“凯撒”也不会说话。虽然“聪明的药物”可以改善他的智力，但是黑猩猩也没有与生俱来的喉咙和语音器官的结构来说话。

为什么黑猩猩不会说话

黑猩猩不会说话的原因有两个：第一当然是生理结构，第二是遗传基因的影响。事实上，这两个原因相互依存，有了恰当的生理结构和遗传基因它们还须正确地一起工作才能发出声音和语言，缺一不可。

在解剖学上不可能

现代人类的语音箱，也许尼安德特人的语音器官也如此，是处于比黑猩猩的喉咙里低很多的位置。语音箱中的两条声带就像双簧管中的簧片一样是振动器。当空气经呼气或吸气时流过声带时，它们会振动并发出嗡嗡声。嗡嗡声在由语音器官和喉咙后部（造成一个共振腔）包围的空腔内共鸣。嗡嗡声也类似于酒杯边缘摩擦产生的振动，带有酒的酒杯充当共振腔。酒杯内的酒量可用来调整音阶。降低的语音器官提供了宽广的音频范围和更多的八度音阶，这样广的音域只有我们人类才能产生。你可以在改变音调时摸摸看自己的语音器官如何上下运动。

通过舌头、嘴唇、牙齿、声带和喉咙的协调动作，我们可以发出任何声音和语言进行说话。黑猩猩语音器官处于喉咙内靠上的位置，缩小了共振腔，所以仅能产生高音阶的声音。这就是为什么你在动物园只能听到黑猩猩的尖叫声的原因。

智力的不足

能说话的另一要件来自于人类会用智力把思想组织起来，再经舌头、嘴唇、牙齿、声带和喉咙的协调机械动作把话说出来。在我们的 DNA 中，发出语音的关键是 7 号染色体上的 *FOXP2* 基因。它与许多其他基因（至少 40 个，而且不一定在同一染色体上）协同工作，以完成语音和其他说话行为（如手势）。尽管 *FOXP2* 在大多数哺乳动物中变化很少，但人类的 *FOXP2* 与黑猩猩、倭黑猩猩、大猩猩和狒狒之间的差别只是两到三个功能性的氨基酸。如果“凯撒”的 *FOXP2* 基因药物变得与人类的相同，再加上其他协同的相关基因（全本基因治疗），那么他就有可说话的智力。但是科学家还不完全知道这些协同的相关基因如何与 *FOXP2* 协同工作。电影里的制药公司有能力超越诸多正统科学家多年来在该领域的集体智慧，更了解 *FOXP2* 基因和说话的关联吗？即使以某种方式，“凯撒”继承了有人类的基因和认知能力，但说话的生理结构却不存在。

黑猩猩不会说话，但尼安德特人有可能会说话

在人类漫长的演化中，在哪个阶段开始会说话呢？人们普遍认为，复杂的语言直到大约 10 万年前才发展起来，并且现代人类是唯一具有复杂语言能力的人。1989 年在以色列卡巴拉（Kebara）发现了一尼安德特人舌骨的化石。对此 6 万年前的舌骨的分析显出，尼安德特人很可能会说话，因为舌骨的外观与现代人类的非常相似。舌骨呈 U 形，位于舌部的根部和下腭及喉部的顶部。舌骨的主要功能是将舌根固定下来，其目的是与口中的其他动作配合进行说话、咀嚼和吞咽。

不仅尼安德特人的舌骨看起来与现代人类非常相似，计算机模拟它如何工作的计算显示出这种骨骼的功能与人类的也非常相似。这结果表明，尼安德特人有可能像现代人一样讲复杂的话，当然前提是尼安德特人的声带也与现代人的相

似。这已间接地证明尼安德特人是能说话的。最近发现的更古老的舌骨化石，可能是现代人类的另一个远古亲戚人属海德堡人种留下来的。这在西班牙发现的舌骨化石有50万年之久。这一新发现虽尚未经计算机模拟，但乍看之下，它与现代人类和尼安德特人的舌骨相似。这可能会使言语的起源进一步回溯到50万年前。如果进一步用完整的尼安德特人的基因组（自21世纪10年代以来已经重建了整个尼安德特人的基因组）作为舌骨的佐证，那就可想象到他们在6万年前说些什么了。

目前还没有找到能衔接尼安德特人及50万年前的祖先舌骨遗失的环节。人类学家不确定到底舌骨是如何从黑猩猩的形态转变为人类形态的，按照循序渐进的做法，我们可想象出两者之间的舌骨外观，而用它来做计算机模拟发出来的声音将会很有趣。

但是有一点是可以确定的是：现在的黑猩猩既没有正确的语音器官结构发得出像人类的声音，也没有足够的智力来创造思想，进而组织成语言。科幻小说和电影究竟仍属科幻。

现代人类与尼安德特人的躯干

经过法国古生物学家布尔的渲染，尼安德特人长久以来经常被形容为有着酒桶状的胸腔和驼着腰的穴居人，他们甚至无法站直。在20世纪初期布尔对“老尼安德特人”（他的尼安德特人标本后来证实是有严重风湿病的老年尼安德特人）的研究使尼安德特人误解为接近猿猴的野蛮人。人们对尼安德特人的严重误解，布尔应该负责，这一误解一直持续到今天还影响着文学、电影、漫画等流行文化。

后来丰富的尼安德特人化石与遗骸改正了这一错误。尼安德特人实是现代人的近亲，形体上与我们十分相似。如前所述，尼安德特人沿着他们自己的路线演化出与人类不同的脊椎形状。仔细核验一个大约 6 万年前尼安德特人的肋骨和上脊椎显出他们的脊椎比较直，同时也略带弓，有点像扁平的字母 C，而不是像我们现代人类的 S 形脊椎。如果说有一些人种不能站直，那是有着 S 形脊椎的现代人类，而不是尼安德特人。

现代人与尼安德特人的胸腹腔很多地方不尽相同，包括肋骨笼、脊椎以及心脏和肺部的空腔，这个胸腹腔的结构影响了呼吸和平衡。与现代人相比，尼安德特人的肋骨排列较为水平，肋骨结实，肋骨笼下部向外张开形成钟形。钟形肋骨笼显然导致较大的横膈膜。这种结构表明，尼安德特人比较依赖横膈膜来呼吸，而现代人则比较依赖肺部的扩张和收缩来呼吸。

现代人与尼安德特人之间的这些差异使我想起了打太极拳的要领。适当的太极拳架势，必须始终需要把脊椎的 S 形的下部尽量挺直。此外，太极拳需要练习腹部呼吸以利于沉丹田而至脚底涌泉穴，即要将有意识地使用下横膈膜呼吸练到几乎成为自然。据太极拳老师说，为拳架的稳定姿势打好基础，需要同时练到直挺的脊椎和有效的下腹部呼吸。这种姿势通过较低的重心和更圆滑身体的旋转（通过更直的背部充当圆柱体的中心而实现），使别人攻入的力量偏斜而达到四两拨千斤的效果。所以从人体工学上来说，尼安德特人似乎比现代人更适于打太极拳。所以正确的太极姿势在解剖学上对于任何人都是有益的。

特别是现由斯文特·帕伯（Svante Pääbo）领导的马克斯·普朗克研究所演化基因学组的一个团队，从化石的碎片中抽出并重建了古代人类的完整基因组，这是一个十分有开创性的研究。从此开始了对于古老的基因组的研究，它不只帮助我们了解我们的演化，同时也可以对人类的迁徙带来详尽资料。

我们从现代人 DNA 可以得到很多有关人类的信息，但是如果还可以得到更多已经灭绝祖先的古 DNA，更可以得到如何演化的信息。现代人类及其古亲戚的完整基因组则是分子人类学家的遗传宝库。人类演化的第一步是人类与猿类的分家，科学家也可以用现代人类和猿类的 DNA 来找出人类物种形成的过程。接下来的两章对 DNA 和基因组做一个简介，以及它们如何在幕后推动着在本章中描述宏观上的形体以及其他方面的变化。

注释

1. “Direct evidence of Neanderthal fiber technology and its cognitive and behavioral implications,” BL Hardy, M.-H. Moncel, C. Kerfant, M. Lebon, L. Bellot-Gurlet & N. Mélard, Scientific Reports, 10, Article number: 4889 (2020).
2. “New technique delivers complete DNA sequences of chromosomes inherited from mother and father,” Loyd Low, Science Daily, Mar 7, 2020.
3. “Genetic evidence for complex speciation of humans and chimpanzees,” Nick Patterson, Daniel J. Richter, Sante Gnerre, Eric S. Lander, and David Reich, Nature, 441, 1103–1108 (2006).
4. For an estimate of the total number of people ever lived on earth, please see “How Many People Have Ever Lived on Earth?” Toshiko Kaneda and Carl Haub, Population Reference Bureau Planet, Jan. 2020.

第 8 章
脱氧核糖核酸与演化
DNA and Evolution

前几章为人类在动物界中找到了他们的地位，编纂了人类的族谱，用化石记录勾勒出形体上随时间发生的变化。行文至此，本书除了第 3 章外，都是从宏观的角度来描述人类和演化。第 3 章介绍了一个一以贯之的演化原理，从微观的角度强调了宏观的演化活动是由分子作用引发的，尔后经由环境的介入与引导而演化到目前的宏观现状。这微观与宏观之间，究竟是一种什么样的关系呢？

生物宏观和微观之间的关系

简单地说，微观变化和宏观演化之间的关系就是 DNA 与演化现象之间的关系；这个关系构成了本章的主题。作为一名实验物理的学习者，除非见到无可争议的证据或有力的逻辑推论，我通常不会轻易相信在报刊甚至专业期刊上读到的东西。由于自己没有宏观或微观的人类学实际研究经验，我对人类学没有像对物理世界般的直觉。我必须依赖所阅读的内容，无论是实地调查的宏观结论，或是实验室的微观研究，来充实我对人类学的背景学习。我花了很长的时间思考和广泛的分析才对人类学有所感悟。在第 3 章中所叙述的演化原理看起来简单，但我相信它是演化原理很好的开端。下一个的问题则是微观驱动宏观的演化概念可否设计和执行受控演化实验，或从大自然界的演化实验来证实。

人类：大自然实验的产物

人类是自然界一个庞大演化实验的产物。从有机分子的出现，演化到人类这样复杂的生物，历时近 40 亿年。在这段时间和空间中必定有大量与微观参数有关而易于观察的宏观特征的具体例子。最明智而简单的做法是收集相关的宏观和微观数据，分析并确定它们之间的相互关联。

将平凡的宏观特征与微观的差异联系起来的例子比比皆是。例如，人们的耳垢就是其一。我的耳垢属于黏稠、淡黄色和湿润的类型，而有许多人却有淡灰色和干燥的类型。经过深入的基因研究和综合统计，耳垢类型与 16 号染色体上的基因有关。这个耳垢基因 *ABCC11* 有两个不同的分子排列，其一让人们有湿润的类型，另一则让人们有干燥的类型。这种相关性已经是一个令人信服的微观与宏观之间有密切关系的例子。还有其他一些比较熟知的例子：人类对高海拔生活的适应性、对乳糖摄入的耐受性甚至耳垂形状，都可以在 DNA 中找到微观的相对变化。大自然在微观与宏观的关联中无疑已提供了丰富的证据。

受管控的 DNA 与宏观特征关联的实验

事实上，微观 DNA 结构与宏观特征联系起来的受管控实验已经有专文报道过了。科学实验需要一系列的行动：假设、实验设计、测量、收集足够数据、统计分析以及假设的确认或否定。如果实验无法有足够统计数据时则须用无可辩驳的论证来决定假设的真伪。最后，过程和结果必须能由第三方独立验证才能确实证实结论。

这个专文科学报道（见本章注释 1）目的在验证基因改变是否引起预期（假设）宏观性状的改变。前一章曾提到人类 7 号染色体上的 *FOXP2* 基因与大多数哺乳动物的基因非常相似。人类和黑猩猩 *FOXP2* 之间最大的分别是有两个氨基酸不同，而这个差别影响了人类和黑猩猩说话能力。但人类和哺乳动物 *FOXP2* 的其他相似性使得一个物种的 *FOXP2* 可以替换另一个物种的 *FOXP2*。他们的假设是，用人类的 *FOXP2* 替代老鼠的 *FOXP2* 会导致老鼠的声音变化。如果发生这种情况，它的微观与宏观的因果关系则被证实。

在此报道的首席研究员帕伯的一个演讲中，我听到了普通老鼠和有改良版 *FOXP2* 基因的老鼠发音的录音。普通老鼠发出低频的鸣叫声，而改良基因老鼠则发出高频的尖叫声。这种明显的差异至少要有声带、喉咙或嘴巴的解剖结构变化才能造成的。至于发生了多少其他相关变化，则需要对改良基因鼠的完整基因组和解剖结构进行全面分析才能有具体的结论。目前科学家虽尚未建立逐个特征和逐个基因的因果关系，但是这项研究所观察到的因果关系是显而易见的。

受管控的人类演化实验

有人可能会问是否可以进一步设计和进行人类演化的受管控实验。根据第 3 章演化原理的观念，由分子变化导致任何宏观变化是验证的第一步。受管控的人类演化实验还需要能模仿环境对生物的影响，因为少了环境影响的一环，实验是不完整的。

当然还有其他一些考虑因素，其一是直接在任何生物上进行演化实验有几个问题。首先，到目前为止，仍然不完全了解基因与特征之间的直接相关性，也不知道有多少个基因控制一种特征，或一个特定的基因会影响多少个特征。这些实验很可能无法具有一组很明确的可观测值，因此这些实验的假设与结果都不容易下定义。

其次，即使我们确切知道要调整哪些微观参数，我们也没有太多时间等待实验结果。以人的手演化为例：第 6 章提到，从擅长把握树枝的手发展到有能力作石材工具巧手人的手，至少要 200 万年的时间，如此冗长的实验根本不可行。再者我们无法重建相同的环境条件来测试其对实验结果的影响。

最后，是如何对实验的成功或失败的判断。大自然而不是人类，应是唯一有这种最终判断的主审裁判。更重要的是，如果实验是针对人类来做的，人类如何去处理实验失败的结果（毕竟结果也都是人类）？此外，将人类当作豚鼠来做实验存在着复杂的伦理、道德上的适当性，更不用说所有可能会引起的政治和法律问题了。

本章重点

我很幸运能有机会与物理学和工程学领域的一些杰出人

士一起工作。这些人的共同特征是诚实、坦白、客观，并且在同一领域与同业保持开放的态度。这些是我期待的专业诚信，无论是出版还是通过个人交流。可是我从没有与在人类学、分子遗传学和分子人类学领域中广受尊敬的科学家直接互动的机会。但是，从他们与物理学等同行评审的出版系统来看，他们的声誉是经过了严格的审查和考验，我对他们的诚信和集体的学术智慧深信不疑。

有关将微观演化与宏观演化联系起来的讨论需要对 DNA 有比较深入的了解。本章将首先简要介绍 DNA 的发现、分离、分析和理解的历史。接下来介绍 DNA 分子的本身以及它如何驱动了演化。最后，我们将介绍一个比较特殊的 DNA，即 mtDNA，它是推动我们能进入分子人类学领域的主要工具。

DNA 的发现与研究简史

孟德尔：遗传学之父（19 世纪 60 年代）

DNA 的发现刚开始时本与人类演化无关。长久以来人们对生物有机体中的某些基本特性（无论是动物还是植物）能够世代相传就感到好奇。这好奇最初是有实用的动机的，选择性的育种对于植物和动物都是人类得以生存必经的过程。为了生存，中美洲人不断地选择优良品种的古玉米（teosinte）育种，经过了数千年不断的改进而变成了现代的玉米。为了商业利益，比利时选择性地育种多瘦肉的蓝牛，可以大大增加农民的利润。这些古老的做法有可能只是为生存的无意识动作，也有可能是商业秘密，直到近代它们演变为科学方法而加速重复的繁殖与改良，同时大规模生产带来丰厚的利润。

在达尔文于1859年发表《物种起源》之后，书中描绘加拉帕戈斯群岛（Galápagos Island）上的某些动物如何代代相传和对适应环境的改变引起了科学界的兴趣。但真正的对遗传了解的突破是格里格·孟德尔（Gregor Mendel）花了8年的时间用豌豆的繁殖做的实验。这个实验始于尝试以各种组合将两纯种豌豆的交配（在此“纯种”的只是相对的）而后对其后代的观测来理解遗传。

对豌豆观察的特征是豌豆荚的颜色，因为同一株豌豆苗上的豌豆荚都是清一色的黄色或绿色。孟德尔发现，绿豌豆荚与黄豌豆荚的豆苗数目的比例十分接近3∶1。在某种情况下，当黄豌豆荚豆苗和绿豌豆荚豆苗交配繁殖时，它们的第二代所有豆苗会有豌豆荚都是黄色的状况出现。但是，在这第二代豆苗的第三代以降，不同颜色的豆苗豌豆荚的比例又回到了3∶1。为了解释这个实验结果，他不得不提出豌豆苗里有一个隐含着决定颜色的因素。最重要的问题是找出这个因素究竟是什么?

据孟德尔推测，这3∶1的比例一定是有一个“因素”在主宰着。这就像一个简单的逻辑谜题，假设豌豆苗的组成须有两个因素，这两个因素可用Y和G来代表，很自然就有四个可能的组合：YY、YG、GY和GG。在此组合中，Y或G出现的次数都是三次。如果两者中的一者占上风：假设是Y，任何一个组合只要有Y则表现出来的豌豆荚是由Y来决定。这时由Y来决定的颜色和没有Y因素的颜色比例则是3∶1。假设Y代表着黄色，G代表着绿色，这三个组合YY、YG、GY的豌豆荚则是黄色的，GG 的组合将显示绿色的豌豆荚。Y 占主导或显性地位，G 呈隐性地位，这是孟德尔提出的两个特征。决定颜色的 Y 和 G 因素就是我们今天所知的基因，更具体来说，是同一基因的两个等位基因。准确地说，这两个等位基因的组合决定了豌豆荚的颜色。由于这一发现和对遗传的理论化，孟德尔被公认为是遗传学之父。

在此顺便提一句，“基因”一词是由丹麦科学家威廉·约翰森（Wilhelm Ludvig Johannsen）于 1905 年创造的。它最初来自希腊语代表“世代、种族”。该术语通常用作基因的词根，代表“发生和世代”的含义。“世代”（generation）一词源于同一词根。

下一个逻辑问题是基因藏在生物体内的什么地方？要找到它则须知道，无论基因是什么组成，它都必须是基本、结实、不易破坏、不易改变的，并且存在于大多数的生物中。

弗雷德里希·米歇尔：生物的基本有机物质（19 世纪 70 年代）

在 1869 年进行的一项研究中，瑞士生理化学家米歇尔（Friedrich Miescher）试图纯化白细胞的蛋白质，但他发现了一种与蛋白质不同的物质。这个不同的物质不会被一般蛋白质的消化过程消化，他相信他已经发现了一些前所未见的基本有机物质。他把人类白细胞细胞核中的这个物质命名为“核素”（nuclein），以表示它是细胞核中的基本物质。他正确地意识到，这些“核素”必定是基本的且至关重要的。现在我们知道他所说的“核素”就是 DNA。尽管他的发现具有如此重要意义，但整个科学界花了五十多年的时间才完全能了解到他这项发现的重要性。

阿奇博尔德·加罗德（Archibald Edward Garrod）：基因和遗传的关联（20 世纪初）

在 20 世纪初以前，科学家一直不明白基因与遗传的关系，直到加罗德第一次把孟德尔的遗传理论与人类疾病联系起来。这也是第一次知道有些遗传性疾病是人类在出生前已经注定了的。这个发现是科学家对遗传的背后是有微观基础的第一个里程碑。

DNA 与生物之间的关系（20 世纪 40 年代）

到了 20 世纪 40 年代，基因已被认为是遗传的基础元素，它决定了生物体的特征。然而，直到 1944 年，脱氧核糖核酸（DNA）才被确定为“物种转化”的材料。取得这一突破的人是洛克菲勒医学研究所医院的免疫化学家爱佛利（Oswald Avery）。根据爱佛利提供的线索，欧文·查格夫（Erwin Chargaff）发现 DNA 的组成具有物种的特异性。DNA 不仅决定物种的特征，而且还是决定物种各项特征基因的根本结构。DNA 与基因之间的联系到此已变得十分明显而呼之欲出了。这段时期人类认识到的是所有基因都是 DNA 的一部分。

沃森、克里克和双螺旋（20 世纪 50 年代）

在 20 世纪 50 年代初期，罗莎琳德·富兰克林（Rosalind Franklin）使用 X 射线衍射技术获得了纯化后 DNA 晶体的绕射图。她擅长的是对衍射图分析和建立晶体原子排列结构立体模型。X 线衍射图是被 X 线照射 DNA 晶体的影子。X 线衍射图通过逆傅立叶分析（Reverse Fourier Analysis）过程解开，就可以算出原子和分子的排列。最后，詹姆斯·沃森（James Watson）和弗朗西斯·克里克（Francis Crick）解决了困扰科学家数十年的难题，并建立了 DNA 的分子结构，而 DNA 分子呈双螺旋状。他们于 1953 年 4 月在《自然》杂志上发表了他们著名的论文。他们与莫里斯·威尔金斯（Maurice Wilkins）一起于 1962 年获得了诺贝尔生理学或医学奖。虽然沃森和克里克因此获得诺贝尔奖，但是富兰克林的贡献并不少于此二人。

基因与先天性缺陷（20 世纪 50 年代）

到了 20 世纪 50 年代，科学家们已经常性地用遗传学得到的新知来诊断疾病。这些研究都类似于加罗德 50 年前就已发觉的基因和遗传的关系，也就是用基因来识别疾病的遗传来源。对 DNA 和染色体最重要的里程碑之一是在 1959 年发现了唐氏综合征和染色体之间的关系，患有唐氏综合征的人有三个 21 号染色体。在此可见，尽管自然界试图控制生物繁衍的一切，所见到的染色体的不规则遗传再度证实了微观随机性的无所不在。

DNA 解码（测序）的突破（20 世纪 70 年代）

在众多的 DNA 解码研究科学家中，最著名的是弗雷德里克·桑格（Fredrick Sanger）和他的团队，他们发明了一系列的解码技术可以很快速地将 DNA 为碱基对（basepair）的排列顺序解开。自 1970 年中期以来，他的快速 DNA 测序技术引发了更为广泛的研究活动，这些活动将 DNA、基因、核苷酸（nucleotide）序列，以及我们想知道的有关生命的一切联系在一起。

桑格先生是极少数两次获得诺贝尔奖的科学家之一。他的诺贝尔奖之一是他与罗莎琳德·富兰克林对 DNA 的 X 线衍射解码的贡献。英国伦敦附近专门研究人类基因组而备受赞誉的惠康桑格研究所（Wellcome Sanger Institute）就是以他的名字命名。

遗传标记和疾病之间的关系（20 世纪 80—90 年代）

科学家自 20 世纪初以来一直都知道基因与疾病之间必有紧密的关系。但真正的证实已是 20 世纪 80 年代了。那时有研究发现了 4 号染色体上有一基因与亨廷顿病（Huntington disease）的关系，并在 20 世纪 90 年代将此基因纯化而分离出来。在此同时，科学家发现了一些家族性的癌症是与一个特定的遗传基因有关，这表示有些癌症是有遗传性的。

人类基因组计划（1988—2003 年）

人们意识到人类 DNA 对于医学、遗传和健康的重要性，美国国家研究委员会在私人研究机构和学术组织的要求下于 1988 年建立了人类基因组计划。它于 1990 年正式开始，当时美国能源部（DOE）和美国国立卫生研究院（NIH）发布了这 15 年计划中的第一个五年计划。此计划的目标是确定人类 DNA 中碱基对的排列，从而识别出决定形体或功能的所有人类的基因。该计划在 2003 年 4 月 14 日宣布完成。它已成功地将人类基因组完全解码，并提供给所有参与研究的组织。但是，基因组与形体和功能之间的关系却直至目前还未能完全建立起来。

公开人类基因组（2000 年）

在人类基因组计划进行的时候，政府资助的研究与一家私营公司的研究发生了一段鲜为人知的竞争，他们在比赛看谁可以更快速地全面解码人类基因组。私营公司 Celera Genomics 研发迅速，开始用他们的解码结果申请多项专利，试图取得人类基因的所有权。有人担心，私营公司有可能为利益囤积信息，阻碍学者和竞争对手进行更高深的基因研究。2000 年 3 月，当时的美国总统比尔·克林顿（Bill Clinton）宣布人类基因组计划的成果应向所有研究人员免费提供得出的基因组序列，并且不能申请专利，消除了这些顾虑。该声明导致 Celera 的股价暴跌，造成了生物技术行业 5000 万美元的亏损。几个月后，比原定计划提前了五年完成，公共和私人机构共同发布了人类基因组序列草案，该活动由比尔·克林顿和当时的英国首相托尼·布莱尔（Tony Blair）一起宣布。测序的成功大部分来自美国和英国各地的研究所和研究中心。来自法国、德国、日本和中国的研究所也做出了一些次要的贡献。由此可见，甚至在纯粹研究范畴中，私营企业比政府公家研究机构机动且有效率得多，所谓重赏之下必有勇夫也。可是私营企业纯以营利为目的也须有适当的节制。

对尼安德特人和丹尼索瓦人基因组测序(2001—2012年)

除了尽量避免触犯法律和道德责任的后果之外，取得现代人类的 DNA 或基因组做研究十分容易，因为我们每个人都有 30 万亿个完整的基因组，但是史前的 DNA 则非常罕见而很难获得。帕伯和他在马克斯·普朗克演化人类学研究所的研究小组经过锲而不舍的努力得到了尼安德特人和丹尼索瓦人的 DNA 和基因组。随着这项成功，我们开始从微观上了解到我们现代人类与古老的智人之间的关系。

同一研究小组还取得了其他重要成就。他们有能力把零碎的 DNA 片段重组，在 2012 年对当时未知的人类物种的基因组进行完整测序。这不仅找到了一个我们原来不知道的人类物种亲戚，说不定在人类的 DNA 中还可能会找到其他尚未明朗的物种亲戚留下来的痕迹（见第 10 章）。

古人类基因研究（2012 年至今）

尼安德特人和丹尼索瓦人的基因组测序的技术、成功和它们所带来的人类信息，开拓了一个崭新的学术领域，即古基因的研究。当然，古基因的来源十分有限，从早期的一个或两个古人类的 DNA 开始，到现在已将重建了将近 4000 个古人类的 DNA（译者按：在 2022 年初时，这个数字已达 6000 人），这些古老的 DNA 年龄从数万年前到数千年前不等。这一突破让我们对祖先，尤其是现代人类的祖先与现代人类的各种生命特征都有了进一步的了解。更有甚者，这些古基因研究对现代人类的迁徙也提供了详细的背景资料。这些迁徙还可与现代对语言系统的研究互为佐证，在第 13 章中会作一简介。

DNA 研究的未来

行笔至此，我们已把 DNA 的历史带到现在，整个科学界仍在继续努力，进行更详细的研究，将 DNA 和基因与性状、外表、医学、健康、思想、演化以及生活的各个方面联系起来。往未来看时，我们对人类 DNA 的一切会继续给予大量的关注，我们有责任使这些研究方向具有实际的人类意义，而不仅仅是为了研究而研究。

在过去的 70 年中，DNA 研究科学的发展令人眼花缭乱，每个里程碑都成为下一个里程碑的原动力，不断地累积 DNA

知识。这些不断增长的知识库必定会对人类的生存产生深远的影响。人类最好预先想好这些知识可能对人类的伦理、道德或生活上的影响，要不然人类有可能在有意或无意间被居心叵测的人找到“为大众福利”的借口，用于不道德的目的，让我们措手不及、毫无对策。

DNA 分子简介

DNA 分子

图 8–1 是 DNA 分子结构的简图。DNA 是两条主链组成的大分子，就像是一个细长的向右扭转的梯子。这个扭转的梯子形成了一个双螺旋。它携带着所有已知有机体遗传指令，而且具有生长和自我复制（再生）的功能。这些分子通常是依照某种规则紧紧地缠绕在一起。我们每一个细胞核里都有一组完整的 DNA，当每个人类的一个完整的 DNA 打开后的总长度为 2～3 米。DNA 也有另一种不是双螺旋的类型，但它们都同样具有类似的自我复制的能力。

扭转的梯子每个梯阶都由较小的分子组成，这些较小的分子将扭转的梯子的两边长杆接在一起。每个梯阶是有两个连接器（碱基）组成，每一个连接器的一边接着一长杆。一共有四种连接器：腺嘌呤（adenine，A）、胞嘧啶（cytosine，C）、鸟嘌呤（guanine，G）和胸腺嘧啶（thymine，T）。四个连接器中的每一个都称为碱基对。碱基连接在一起形成阶梯样的核苷酸（nucleotide）链。

它们每个都有互锁的部分，就像拼图玩具的突出部分和

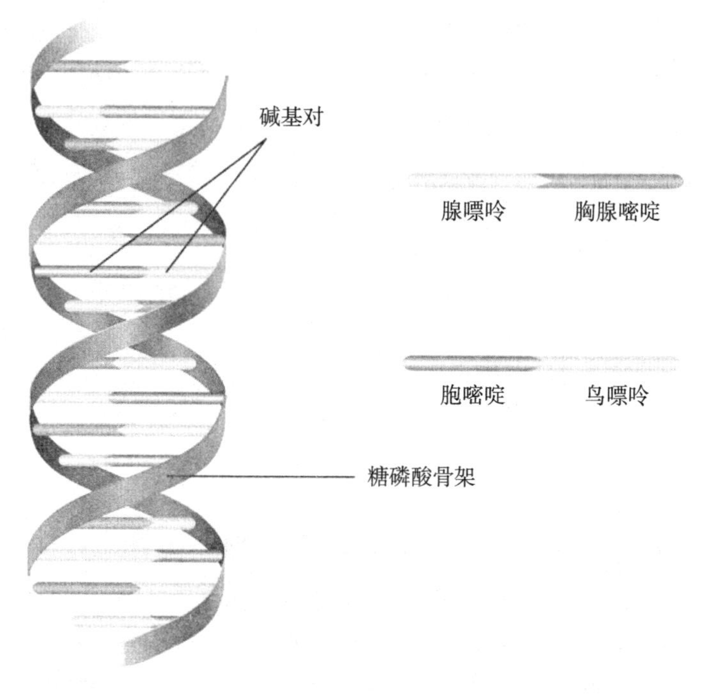

图 8–1　DNA 分子简要结构

凹陷部分。这样，双长杆是连接这四种类型的核苷酸的长串。碱基的配对是根据 C 与 G 和 A 与 U/T 的配对规则。T 和 U 非常相似，只是 U 通常存在于单独的长杆上或 RNA 中。这些对通常被称为碱基对，沿着梯子的这四个碱基对的序列编成了遗传信息。完整的人类基因组是由 32 亿个碱基对组成。

在有核的细胞中，DNA 组织称为染色体的长结构，而完整的染色体成为基因组（详见下文）。在典型的细胞分裂之前，这些染色体经 DNA 复制过程，从而为每个子细胞提供了一整套完全相同的染色体。具有这些类型的细胞（动物、植物、真菌等）的生物大部分 DNA 以核 DNA 的形式存储在细胞核内。相反的，某些 DNA 以线粒体 DNA 的形式存储在线粒体中。尤其是没有细胞核（细菌和古细菌）的细胞将其 DNA 存储在细胞液中，并且大多数以环状 DNA 的形式存在。

人类制造手册

本书从这章开始会经常使用四个相互有关的名词，它们描述相似却不尽相同的事物。DNA 是易于自我复制的大分子。所有现存生物体都使用这些分子来存储遗传信息。

DNA 分子是染色体的主要成分，人类全部共有 23 对染色体。我们每个细胞的细胞核中都有一组完整的染色体。它们携带了构成后代所需的所有信息。染色体多半位于我们每个细胞的核内，只有极少数的例外。但是，DNA 不一定封装在细胞膜中。

基因是染色体的一部分，可提供特定蛋白质以及宏观特征的蓝图。例如，它们可以决定耳朵的外观。有些人的耳垂是附着在脸上的，有些人的则是分离的。只要我照镜子或摸一下耳朵就知道我的耳垂是分离的。基因检测实验室从没见过我本人，三年前，我把唾液标本送给他们，让他们帮我追寻我的祖先来处，经他们对我的 DNA 分析后告诉我，我的耳垂是分离的。所以基因是可以决定我们之间异同的因素之一，也可说是遗传的基本单位，正如孟德尔所找到的决定豌豆荚颜色的基本单位。人类有 25 000 个基因，约占我们 DNA 的 3%。科学家认为剩下的 97% 可能与控制基因或基因表达（gene expression）有关。

一个基因组是一个有机体的一套完整的 DNA。对人来说，它是包括了所有 23 个染色体的总和。

我们假设有一本能重新构建一个人类的完整手册，那么 DNA 是组织成句子和段落的一组代码 / 指令或文字。这些段落就是基因或句子。这些段落又组织成等同于染色体的“章节”。人类共有 23 章。基因组是所有染色体的总称，也就是这个生物体完整的手册，按部就班地照手册来做就可以逐步把一个人造出来。

基因型（genotype）和表型（phenotype）

由于微观特性和宏观特性是息息相关的，在此对两个常用的术语做一简介。人的基因型是你完整的遗传身份；个人基因组测序将揭示你独特的基因组。然而，此一词“基因型”也可以指生物个体的特定基因或一组基因。例如，假设你有与糖尿病有关的突变，你就可以被认为或称为有此突变的基因型，而不必考虑你可能携带的所有其他基因的突变。

相反的，你的表型是对你形体各种特征的描述。表型包括特定的可见特征，例如你的身高和眼睛颜色，整体健康状况、疾病史，甚至你的行为和总体状况。但是并非所有的表型都是基因型的直接结果。譬如说你很喜欢狗，那很可能是你一生中养宠物的结果，却不是你有爱犬基因的突变。

事实上，大多数表型都受到基因型和生活中独特环境的影响，包括曾经发生在你身上的一切。我们经常将这两种输入称为“自然”（nature），即你携带的独特基因组，以及“培育”（nurture），即你赖以生存的环境。

基因型和表型之间的联系不一定是直接的。也就是说，基因和形体与性状之间没有一对一的关系。它并没有像一个基因可控制一个功能或特征那么简单。这是由于基因型和表型之间的复杂关系，单个基因通常需要多个其他协同基因才能造成最终表型。例如，前述的 *FOXP2* 基因是人类具有能够讲话能力的重要因素。但是，它还需要至少 40 个其他基因才能把人类的语音器官放对地方，正确地形成口腔，激发必要的活动功能，使舌骨与口腔的其他部分协调进行语言交流。

反驳 DNA 科幻作品

看起来我们已经可以从了解 DNA 来知道自己的一切，这个想法其实距离事实十分遥远。目前流行文化存在一些犹如科幻的想法，误认为如果知道 DNA 的完整结构就可以完全了解这个生物体。以目前的科学现状，如果有足够的资源和时间，我们确实可以在此时解码任何人的 100% 的基因组。用工程学的比喻来说，这就是我们的“硬件”。如果没有有关如何操纵硬件逻辑电路的软件，则计算机将毫无用处。如果不知道基因的每个部分如何与其他基因协同工作，那么 DNA 就是一台具有所有硬件但没有软件的生物计算机。以下用一个例子来揭穿一些属于科幻的流行文化。

在人类学下有一个特别的领域，称为法医人类学。正如字面意思，它是用对于人类遗骸的身体部位（身体、肌肉、骨骼、皮肤）的分析来解决刑事案件。现代的法医人类学却已与以往大不相同。现代的法医人类学不仅包括身体所有任何部位，还包括了犯罪者或是受害者留下微量的 DNA。

众所周知，每个人都有独特的 DNA 组成成分，就像我们的指纹一样。任何两个人具有完全相同指纹的可能性非常少。DNA 在罪犯的识别上也有与指纹类似的作用，而且精确度更高。根据联邦调查局以用少数几部分的 DNA 进行的统计计算说明，任何两个白种人有相同的 DNA 指纹的概率约为 600 兆（6×10^8）分之一。在真实的 DNA 指纹识别中，只需要用到联邦调查局的少数项目即可达到很高的精确度。DNA 指纹技术已使得许多无辜者得到平反或将真正的罪犯绳之以法。

尽管这种DNA指纹能够有效地解决犯罪问题，但如果我们将DNA视为万灵丹而能解决当今犯罪案件中的每一种情况，则仍然还有很长的路要走。美剧《海军罪案调查处》(*NCIS*)中有一个案子，其中犯罪者没有留下任何有形的身体上的事物，却留下了一点点血迹，当然血迹里就有这个罪犯的DNA。电视剧里的法医艾比（Abby）试图用现代DNA技术来找到这个罪犯。她认为人脸的每个部分特征都有其对应基因（DNA中的基因型）的表达或表形。她认为通过完整的DNA的解码，可以精确地重建这个人的每个特征，如头发的颜色、眼睛的颜色、鼻子的形状、耳垂、下巴的大小等。艾比根据罪犯留下的DNA合成了一张完全的人脸。缉凶组使用面部识别软件和这张合成的人脸来核对机场出境的旅客，终于在机场安检闸口逮捕了此罪犯。电视剧情虽纯属虚构但活灵活现好像是真的一般，我却认为有必要在此澄清。

在此重申：少数的基因无法确定无误地决定一个人的特征。反之亦然，要从一个特征来决定是哪一个人的基因组成是不太合理的。基因和特征没有一个“一对一”的对应关系，并且每个基因都会影响多个特征。尽管我们尝试应用简单的因果逻辑来重建人的面部，艾比用DNA来解决犯罪的办法仍然是一种幻想。

DNA与演化

这一节聚焦在“突变和重组”如何造成演化的细节。前面已经从几个不同的角度说明了DNA如何承袭我们的生命蓝图传递给下一代。它同时还提供了使一代一代之间发生变化，也就是推动演化的主要机制。

如果不谈人类物种的认知和生命目标，则任何生物最基本的目的是成长和繁殖，DNA 则促使这两个目的的实现。简单地说，成长就是起源于 DNA 的复制和生命体的成熟。繁殖则是成长加上混合了父母的基因重组，并提供了后代的多元性来应付充满着挑战性和不同且变化的环境。

DNA 的工作是使胚胎成长为成年人类，维持并繁殖具有多元性的生命。两种类型的细胞分裂助长了这些目标。

生长和成熟：非生殖细胞的分裂

当一个细胞分裂时，它必须复制在其基因组中所有的 DNA 以确保两个子细胞具有与其母细胞相同的遗传信息。这样的细胞分裂仅发生用于非生殖或染色体 DNA。这些细胞组成了人体大部分组织和器官，包括皮肤、骨骼、心脏、肌肉、肺部、肠胃、内脏和毛发细胞。在此不停地分裂过程中，最重要的关键是子细胞与母细胞具有相同的染色体和 DNA。由于子细胞与其母细胞 DNA 完全相同，因此正常健康细胞中的有丝分裂过程不会产生遗传的多元性。

实际上，细胞的分裂比复制原细胞要复杂得多。我们有不同类型的细胞，即肌肉细胞、皮肤细胞、心脏细胞等。胚胎如何知道应该成长成为哪种细胞？这一功能通过称为“基因表达”的过程而发生。基因表达是指表达或抑制重要基因的特定组合，这决定了为什么细胞会发挥它特别的作用，如为什么有的是肌肉细胞而不是骨骼细胞。细胞分裂不仅增加细胞的数量，而且决定子细胞应该是哪个专门细胞。这个过程一直持续到成年，并在此之后补充所有细胞的损耗。

繁殖：生殖细胞分裂和重组

在生物进入环境的过滤而完成演化循环步骤的前奏是生殖细胞的分裂，这个分裂是造成生物多元性的关键。在这个过程中有一步骤是将原来来自父或母方的独特遗传信息随机性地重组造成了四个新的性细胞，而这四个新细胞只有 23 个染色体，所以这个分裂的程序被称为减数分裂。减数分裂为精子和卵细胞后（配子，gamete），跟着而来的受精步骤使精子和卵细胞结合，形成一个新生物胚胎的开始。

生殖细胞分裂是所有有性生殖生物都具有遗传多元性的原因。在此过程中，一个父或母的染色体断裂并重新附着到另一父或母的染色体上。该过程称为"遗传重组"。这时产生的染色体是来自父与母基因的混合物。在分子水平上的重组是随机的，并产生不同于其父母亲的新基因组，甚至同一对配子的组合都不相同。这也是为什么两个同一父母的兄弟姐妹看起来可能彼此非常不同的原因。

如此产生的后代是所有特征的随机组合，每一特征都有可能落入正态分布的任何位置。一些后代在某些领域具有非凡的才能，而另一些则需要特别培育、照顾才能发挥出最好的才华。由于每个特征都具有很广的范畴，加上完全随机的结果，这些差异造成了每一项特征的多元性，使人们从古至今都从中受益。

染色体重组演化

基因重组使染色体交换遗传信息并产生新的基因组，导致生物的生长和成熟。新生物具有其父母的大部分特征与表型。这个新生命的基因组一半来自父亲一半来自母亲，却与父母稍有不同。当他们将要面临的环境复杂多变，这些差异将会带给他们优势和劣势。

例如，由于这种多元性，地猿属人类的后代可能有较长，较短或相同长度的手指。此物种可能生活在有利于较短手指的环境中。逐渐地，在 200 万年或 8 万个世代后，这种开始微小的偏向最终形成了直立人的手形。现代人类，从直立人那里继承了他们手部结构，也就是我们现在的手形。与此相类似的机制也是把长颈鹿的脖子拉得比别的动物长的原因。大象的鼻子也是经同样的机制变成多功能的器官，它可用于呼吸、嗅闻、触摸、抓握并发出声音。简而言之，这种经染色体重组的演化和演化速度是自然选择演化的特有性质。

其他至少还有两个因素也会影响这个自然选择过程。首先，环境已经改变，可能会加快或减慢步伐甚至改变发展方向。其次，也有可能一个小组群体的规模很小，或因环境的变化而孤立；也有些群组由于某种原因无法繁殖。两者之一或两者都可能很快限制了后代的多元性并改变演化的速度和方向。

突变演化

一般来说，自然选择演化是缓慢而渐进的。但是经过数百万年的发展后再回头展望时，特征的变化也可说是非常剧烈的。这些缓慢的演化与有些快速的变化截然不同，因此才有关于渐进和阶梯平衡的争论。这个争论的真正的焦点起源在于突变。

突变与演化的节奏

就如全球人口 60% 的人一样，我有乳糖不耐的倾向，所以不能吃乳类食物。我不禁想到了几个简单的问题：为什么我们之间会有这样的不同？不能忍受乳糖这个特征是遗传来的吗？不能忍受乳糖是常态还是例外？它是演化而来的特征吗？它的演化是渐进的还是突然的？这是不是自然选择的结果呢？

人类婴儿时期从母乳中获得营养，并通过其消化道中的乳糖酶消化乳糖。当婴儿长到 4—5 岁时，乳糖酶的产生会减慢终至停止。在那之后，继续吃乳类食物会引起胃痉挛，并可能有严重的腹泻，那都是因为缺少乳糖酶，乳糖无法消化，会在肠道中腐烂。这是人类生命的必经阶段，因为人类母亲不应继续照顾已长大了的孩子，而且她还要抚育下一个孩子。所以断奶必定是常态。

大约在 1 万年前，这种情况开始改变。能够知道这个时间点是因为科学家用到分子时钟的技术来确定的（下一章会详论分子时钟）。那时在土耳其附近出现了一个基因突变，该基因突变将乳糖酶生产基因永久的置于“开启”位置。最初的突变人（mutant）可能是一个男性，他将突变过的基因传给他的孩子。

携带这种突变的人可以一生喝牛奶。成人中的乳糖不耐受是由于从婴儿期后 *LCT* 基因表达的逐渐降低。*LCT* 基因位于 2 号染色体（2q21）的长臂上，用于对乳糖酶的编码。控制 *LCT* 基因表达的是 *MCM6* 基因，一般称为调控元件。*MCM6* 基因受到了突变的影响产生了三个单核苷酸多态性（即有三个碱基对的变化），经过制造 LCT 而造成了乳糖的耐受性。这个变化是随机发生的突变的结果。

现在已知乳糖耐受性是来自于一个基因的突变。突变后不久在没有阳光且极为寒冷的地带，这些人的乳糖耐受性帮了大忙，因为他们可以从摄食各种动物乳品中获得亟须的维生素 D 来补充阳光的不足。从此，大环境就挑选了这种耐受性，且在后代继续繁衍。从演化原理来看，这个寒冷的环境不断地执行其积极回馈的功能。

额外的演化

经基因组分析后得知，这种突变的演化以生物学家认为不可思议的速度扩散，在短短的几千年之间这种突变席卷整个欧亚大陆、英国、斯堪的纳维亚半岛（北欧）、地中海、印度，最后到了喜马拉雅山麓才总算把这个扩散挡住。似乎是一刹那之间，有 80% 的欧洲人成了喝牛奶的人。在某些人群中，这一比例甚至接近 100%。可是在其他地方，乳糖不耐受是常态，全世界仍有约 2/3 的人成年以后不能喝牛奶。

这种快速的转变是人类演化中的一个特例，还更令人至今仍然惊讶的是，人类能很快地领会到而且偏爱这种变化。这种快速发展是因为人们很快地发现能喝乳类的人在寒冷的气候中比较容易生存，因此这种突变便很快地找到了方向。无论如何，这种演化强调了突变的影响，并且这种演化似乎没有按预先订好的规划而发生。与自然选择演化相比，这种突变引起的演化大大地加快了表型变化的速度，甚至还可以说突变是有加码的演化（evolution on steroid）。这也是阶梯平衡演化过程的一种形式。

什么是突变

细胞中的染色体无止无休地执行多项任务，包括正常运行以促进生物的生长、生存和繁殖。在理想的染色体生存条件下，它们将通过各种保护措施和修复过程来执行其功能，因此在复制和繁殖过程中，大自然都有尽量少发生错误的安全机制。但是，所有的过程并非完美无缺，尽管每项任务都有这些安全机制，错误仍然会发生。当环境发生不可预测的变化时，这些故障安全机制无法面对所有可能的干扰。例如，干扰可能是来自异常辐射量对生物的辐射，这种情况有可能是生物在其整个演化过程中从未经历过的情况。在这种情况下，此生物根本没有机会发展或演化出对付这些异常故障的安全机制，错误自然不免发生。

出错的地方可能在碱基对的变化，造成单核苷酸多态性（SNP）。它们也可能发生在整个基因上。改变原始染色体的事件称为突变。如果错误发生在性染色体的基因里，那就是遗传突变。更具体地说，突变始于改变基因的结构，导致宏观的变化，并有可能传给后代。

突变：非生殖性和生殖性

突变有两种：非生殖性突变和生殖性突变。非生殖性突变通常是由环境因素引起的，例如暴露于过强的紫外线、不良化学物质或放射线。这种经过突变的细胞在它分裂的过程中传递给子细胞。因此，它们仅发生在特定细胞中，而不在每个细胞中。这些改变可能对人体的生存毫无影响。但在某些情况下，它们也可能对人类造成很大的伤害。例如，这样的突变会将正常细胞转化为癌细胞，但是，这些变化不会传递给下一代，因为它们不涉及生殖过程。

性细胞发生的突变是有可能遗传给下一代的。这些突变有时称为种系（germline）突变，因为突变发生在卵或精细胞中。当卵和精细胞结合时，受精卵细胞会从父母双方那里获得 DNA。如果合成的重组 DNA 携带着突变，孩子将在每个细胞中携带该突变，也就是基因型的改变。

变体（variant）和等位基因(alele)

经过突变的基因称为变体。这些基因变体可以从突变的世代传给下一代，并成为该物种特征的一部分。因此，突变是唯一可使新的变异或新的等位基因进入任何物种的方式。

所有哺乳类动物的基因都有双份，一份来自父亲，一份来自母亲。这两份都称为等位基因。为了使隐性突变在二倍体生物中有突变的表型，两个等位基因都必须携带该突变。但是，突变表型需要至少一个显性突变等位基因。隐性突变导致它代表的功能丧失，而显性突变通常（但并非总是）导致功能获得。控制乳糖酶的生产是 *MCM6* 基因，产生了两个等位基因，一个未经突变，一个则已突变。如有一人的两个等位基因都未经突变，则此人会有乳糖不耐受。如此人的两个等位基因之一是有此突变，此人则可食用乳类食品。我们可以再次提一下遗传学之父孟德尔的结论，他能够识别出隐藏在豌豆中的某种东西带着豌豆应该是黄色还是绿色的信息，就是具有 Y 和 G 的两个等位基因。

前面提过有的 DNA 不是双螺旋形。最常见的是 mtDNA，它很小但同样会复制，也不参与基因重组过程。下面是对它的一个简介。

线粒体 DNA

人类完整的基因组由 23 对染色体组成，每一个染色体由数以亿计的碱基对组成，这些碱基对呈扭曲螺旋状，每一个染色体可延伸到10～15厘米长，每个染色体上有两个末端。所以基本上这些DNA是呈线形。但是，人体中也有些DNA不是双螺旋的结构。它们是圆圈形的。它们存在的可能原因是，当生物演化成更为复杂时，它们保留了一些较古老生物的成分和功能。mtDNA则是人类保留的古老DNA。mtDNA是用来决定我们现代人类物种看似复杂的血统、年龄和最早住地的DNA。

当然mtDNA最显著的特征之一是：它是圆形的。此外它还有几项特殊的特性。它仅从母亲一方遗传，并且在人体细胞中含量丰富。相对于任何其他DNA，它的突变非常单纯，所以统计突变的数量相对简单。所有这些特性使它成为分子时钟的理想分子。下列八项特征可视为对mtDNA的简介。

mtDNA是线粒体中存储的DNA。线粒体是有核细胞中的微小器官，能将食物中的化学能转化为细胞可以利用的三磷酸腺苷（ATP）。

核DNA和mtDNA分别有不同的演化起源。mtDNA原是细菌的环状基因组，被早期有核细胞的祖先包裹在细胞中。它在有核细胞中，留在细胞核外。环状DNA在自然界中很丰富，病毒和细菌均具有环状DNA。人类的mtDNA可能保留了这些古老DNA的环形和原始特征。

人类的mtDNA很小，它只有16 569个碱基对，其中构成了37个基因，有些带有遗传编码，有些没有。一些区域是超变区，很容易受到环境的影响而发生突变。但是无论是单核苷酸多态性还是多核苷酸多态性的突变，它都是分子时钟研究的理想选择。

在人类所属的哺乳动物中，mtDNA都遗传自母亲。在有性生殖中，mtDNA 仅从母亲那里遗传（但也有十分罕见的例外）。受精后的卵细胞破坏了所有精细胞带来的 mtDNA。

因为 mtDNA 是经由母体遗传的，使得研究族谱的人可以追溯母系血缘。Y 染色体 DNA（仅父系遗传）以类似的方式用于确定父系历史。mtDNA 和 Y 染色体 DNA 都保持其形式，并且不因重组而变得多元化。如果这些 DNA 发生任何变化，则是纯突变而不是自然选择繁殖。因此，线粒体和 Y 染色体的遗传是非孟德尔（现代基因之父）的。

平均而言，每个细胞中大约有 500 个 mtDNA。但是多少仍不尽相同；有些细胞没有任何 mtDNA，有些细胞则有很多。在人类卵细胞中，mtDNA 的数量约为 20 万个。如果要用到 mtDNA，最好的方法是从哺乳动物的胎盘细胞中去找。当然，随着 PCR 的发明，现在做 mtDNA 的研究已不再需要用到胎盘了。

mtDNA 有大量的多态性，1.7% 的控制区域不尽相同，表明它非常容易发生突变。据计算，mtDNA 的突变发生速度比核 DNA 的突变快逾十倍，所以比较容易观察到。目前所知，mtDNA 在生产 ATP 的过程中会受到释放出的活性氧分子的损害。在大多数有核细胞生物中，这种 ATP 的生产发生在线粒体内，因此线粒体内的 DNA 受到这些活性氧分子的影响，突变的概率增加了。

由于 mtDNA 是十分古老的 DNA（有数亿年之久），因此它保留了许多原始细菌形式。它们在人与鱼类、马、猿等之间是相似的。我们可以借着对动物 mtDNA 的研究来推断它在最近几百万年中的改变，并推断突变的速度。

这里是对 mtDNA 的一个简介，目的是为下一章的讨论提供一些背景资料。

本章总结

通过演化的因果分析，本章在微观分子作用与宏观表达之间建立了密切的联系。这种联系证实了第 3 章介绍的演化原理：演化是从微观的 DNA 变化开始，然后造成了生物体的宏观（表型）和微观（基因型）变化。

从微观的角度看，DNA 复制的原始倾向带动了两个类型的演化过程。第一个是通过连续的基因组重组创造了可供自然界选择的多元性，使特征逐渐变化，即自然选择演化。第二种是突变引起的演化，自然界通过同样的筛选过程来选择能被环境接受的突变后的生物。尽管根本原因不同，但不断地演化成为最能适应生态系统的生物却是相同的。

“分子人类学”一词，涵盖了广泛地应用到最现代科学技术和工具的人类学。我们用到分子物理或化学步骤来纯化和分离 DNA 样品。然后，我们使用差异化学反应和染色来鉴定这些大分子的染色体组成。我们使用特殊的技术将 DNA 凝结为晶体。X 射线晶体学和衍射图最终发现 DNA 的三度空间结构。我们使用各种计算机进行快速基因测序。我们将 DNA 切割成更短的部分，以进行更详细的研究。我们通过复制和扩增 DNA 的各个部分来模拟大自然，以反复验证假设。我们分析基因并确定相对应的特征和性状。我们推断出可以遗传的突变。我们甚至使用人工智能来继续改进人类基因组及其各种表型的关系。

现在，我们可以利用这些研究的法则与成果来更准确和清楚地描述人类演化的故事。下一章将回顾一群科学家是如何对现代人类起源做了开创性的发现。这一项工作的结论在当时引起了人类起源的争论，今天他们的结论已被视为定论。

同时，他们以科学为基础的研究方法为分子人类学开拓了一片新领域。

注释

1. “A humanized version of FOXP2 affects cortico-basal ganglia circuits in mice,” Wolfgang Enard, Sabine Gehre, Kurt Hammerschmidt, Sabine M. Hölter, Torsten Blass, Mehmet Somel, Martina K. Brückner, Christiane Schreiweis, Christine Winter, Reinhard Sohr, Lore Becker, Victor Wiebe, Birgit Nickel, Thomas Giger, Uwe Müller, Matthias Groszer, Thure Adler, Antonio Aguilar, Ines Bolle, Julia Calzada-Wack, Claudia Dalke, Nicole Ehrhardt, Jack Favor, Helmut Fuchs, Valérie Gailus-Durner, Wolfgang Hans, Gabriclc Hölzlwimmer, Anahita Javaheri, Svetoslav Kalaydjiev, Magdalena Kallnik, Eva Kling, Sandra Kunder, Ilona Moßbrugger, Beatrix Naton, Ildikó Racz, Birgit Rathkolb, Jan Rozman, Anja Schrewe, Dirk H. Busch, Jochen Graw, Boris Ivandic, Martin Klingenspor, Thomas Klopstock, Markus Ollert, Leticia Quintanilla-Martinez, Holger Schulz, Eckhard Wolf, Wolfgang Wurst, Andreas Zimmer, Simon E. Fisher, Rudolf Morgenstern, Thomas Arendt, Martin Hrabé de Angelis, Julia Fischer, Johannes Schwarz, Svante Pääbo, Cell, 137, 961–971 (2009).
2. “The complete mitochondrial DNA genome of an unknown hominin from southern Siberia,” Johannes Krause, Qiaomei Fu, Jeffrey M. Good, Bence Viola, Michael V. Shunkov, Anatoli P. Derevianko & Svante Pääbo, Nature, 464, 894–897 (2010).
3. “A High-Coverage Genome Sequence from an Archaic Denisovan Individual,” Matthias Meyer, Martin Kircher, Marie- Theres Gansauge, Heng Li, Fernando Racimo, Swapan Mallick, Joshua G. Schraiber, Flora Jay, Kay Prüfer, Cesare de Filippo, Peter H. Sudmant, Can Alkan, Qiaomei Fu, Ron Do, Nadin Rohland, Arti Tandon, Michael Siebauer, Richard E. Green, Katarzyna Bryc, Adrian W. Briggs, Udo Stenzel, Jesse Dabney, Jay Shendure, Jacob Kitzman, Michael F. Hammer, Michael V. Shunkov, Anatoli P. Derevianko, Nick Patterson, Aida M. Andrés, Evan E. Eichler, Montgomery Slatkin, David Reich, Janet Kelso, Svante Pääbo, Science, 338, 222–226 (2012).
4. “Who We Are and How We Got Here: Ancient DNA and the New Science of the Human Past”, David Reich, Vintage Publisher, March 2018.

第 9 章

现代人类的起源

Modern Human Origin

对于“现代人类的起源”这个题目最具开创性的研究，是一篇在 1987 年 1 月发表在专业期刊《自然》上的论文，题为《线粒体 DNA（mtDNA）与人类演化》，由坎恩、斯通金和威尔逊共同撰写（见第 2 章）。这篇论文的两个最主要的贡献是：①现代人类起源的地点与时间；②对人类学和演化以严格的科学法则来做研究，从此设立了分子人类学的学术标准。

首先，这项工作从深思熟虑的观念开始，经过专注的科学实验和严谨的数据分析方式，得出了现代人类的出生地和年龄的结论。无论过去 40 多年的科学技术有多么长足的进步，这些结论在今天仍然屹立不倒。在新科技尚未普及甚至被发明以前，这篇报道就已得出 40 多年不变的结论，它的远见和科学方法都是不凡的成就。在任何有关现代人类血统的讨论或对话中，这些结论应该是一个很好的起点。

其次，他们将分子生物学的科学方法应用于人类学已成为当今研究人类遗传学和演化最基本的标准。我认为这项研究启动了后续 40 年来分子人类学领域的发展。

现代人类起源研究的最重要贡献

我认为对现代人类的起源有如今的了解，最大贡献者要数坎恩与她的团队，这是毋庸置疑的。但是在 1980 年也的确有许多争议，有人认为这项工作是建立在当时已有的知识基础上的，而不是最有创意的。如果该团队未能成功完成此项研究，则迟早会有其他团队进行类似的研究，得出类似的结果。

但我不同意这个说法。就像在任何一个学术领域一样，关键性的发现或突破总是建立在过去累积的坚实基础之上，就如一句名言所说的"任何的突破都是站在巨人的肩膀上成就的"一般。19 世纪末，詹姆斯 · 麦克斯韦（James Maxwell）的电磁学理论，被爱因斯坦称为自牛顿以来最深奥、最具影响力的原理。他在著名的"麦克斯韦方程"中将电与磁以优雅的四个数学公式连接起来。然而，他却未能意识到在这四个方程式背后还有一层重要内涵。爱因斯坦意识到这个要点：麦克斯韦方程中电磁场必须要以光速传播出去，而且此速度是其他物体无法超越的。爱因斯坦基于这种认识发展了狭义相对论，从而得出了著名的质能转化方程式 $E=mc^2$，将能量和质量联系起来。爱因斯坦被公认为是发明狭义相对论的人，而不是麦克斯韦。我会毫不犹豫地肯定爱因斯坦对相对论的开创性地位。

在此特别值得一提的是，爱因斯坦的广义相对论隐含着对因果论的质疑，这个质疑最早是启发自大卫·休谟（David Hume）因果论的论述，尽管休谟是18世纪经验论哲学巨匠，并没有否定因果论，而只是对它提出了质疑。那么第3章提出的演化因果必然性是否遭受到挑战呢？我无意在此开启这一哲学上的辩论，但是如果我们一直将自己困囿在既有的观念中，广义相对论则不会存在。

本章概述

本章对这项人类起源研究的讨论分为两部分。第一部分讲述了此工作是如何开始的，同时简短地回顾了20世纪70—80年代前后科学界对现代人类起源的了解。我也会顺带提一下几个有关这项研究有趣的轶事，希望给原本比较严肃的技术讨论带来会心的一笑。

第二部分则从我一个物理学家的角度和已经熟悉的语言（见第8章）来介绍这项研究，同时也将较为深入地叙述细节，希望读者在熟悉了这个研究主题和方法后可以轻松地阅读本书，分辨大众科学的真伪，并穿透学术上拗口的术语，以了解大多数学术界的论述与真义。

相关研究与团队

酝酿已久的研究

20世纪70年代在加州大学伯克利分校的三个科学家组成了这个研究团队：丽贝卡·坎恩（Rebecca Cann），现为夏威夷大学细胞与分子生物学教授；马克·斯通金（Mark

Stoneking），目前是德国普朗克研究所演化遗传学系的成员；艾伦·威尔逊（Allan Wilson）于1991年不幸去世。威尔逊是遗传分子时钟最早的研究者之一，也是使用分子生物学和遗传标记来研究人类起源的最有争议的科学家。

这项研究早期得益于当时有关的几个突破。1974年前后，新的“DNA剪刀”或限制酶被用在小老鼠的基因研究是突破之一。另一项突破是加州理工学院（CalTech）在分离和认定人类线粒体DNA基因的初步工作，他们发现人类的mtDNA容易被酶在某些特定地方剪断。这些酶被称为限制酶。英国剑桥的弗雷德·桑格（Fred Sanger）小组（请参阅第8章中的DNA发现的历史）也首次大规模进行人类mtDNA测序。

大约在同一时间，坎恩开始与另外二人一起从事分子人类学和人类演化的研究，这两个人是加大伯克利分校生物化学家艾伦·威尔逊和人类学家文斯·萨里奇（Vince Sarich），都是世界上最具权威的专家。他们早在1969年就合作，将分子时钟的观念应用于生物演化。而将分子时钟概念用到人类演化则是坎恩的主要研究方向。

在加州理工学院从事人类mtDNA分离工作的学者韦斯·布朗（Wes Brown）指出，人们可以先从纯化的mtDNA入手，然后用限制酶将其打开成为小片段来观测。mtDNA的某些部分具有很高的突变率，可以产生统计学上显著的结果（请参阅第8章有关mtDNA的快速突变率的原因）。由于快速突变使得它们的变化发生在几万年到几百万年间，恰好是现代人类宏观演化的时间范围之中。

与人类考古研究发现的巧合

当该团队搜取与纯化来自不同地理区域的当代人类mtDNA

的同时，也是古人类学最让人兴奋的时代。此团队工作的加大伯克利分校也是考古学有名的学术中心。露西（见第 5 章）是那时非洲发现最古老和著名的原始人类化石，在 20 世纪 70 年代后期露西有着几乎像电影明星般的光环。唐纳德·约翰森在发现露西时虽然不是伯克利的成员，却也与伯克利有深厚的研究合作关系，后来在伯克利建立了一个人类学实验室。著名的蒂姆·怀特（Tim White）以解剖学家的角色参与了露西的发现。他还与玛丽·利基（Mary Leakey）在坦桑尼亚的勒托利湖（Laetoli）共同发现了古老的人类足迹（见第 5 章），怀特当时也是伯克利的教员，所以伯克利是当时古人类学的重镇。怀特也是地猿属化石（见第 5 章）的发现者，当然怀特地猿属发现是在 1990 年前后，是这篇报告刊出几年以后的事了。

此时在伯克利的人类学家拥有大量和人类最早演化阶段有关的新信息和数据。资料显示，那时最新的数据和证据似乎都好像会追溯到非洲，而且非洲发现的化石时间上都可追溯到两三百万年前。露西有 320 万年的历史，而勒脱利湖的足迹则有 370 万年历史。另一项重要发现是在中东地区出土的尼安德特人化石，大约有 10 万年的年龄。这些尼安德特人似乎是现代人类和 300 万年前的人类之间的过渡人类。我可以想象到那时在伯克利校园中，必定充斥着关于人类演化的热烈讨论。

在此有一则有趣的随笔：约翰逊（露西的发现者）退休后在 2020 年 9 月共同主办了一个高端私人飞机非洲之旅，吸引人的地方是他会与旅客分享很多人类学的知识。如果他在不久的将来再次提供同样的行程，我会毫不犹豫地加入这个旅游。

找不到遗失的环节吗

根据20世纪70—80年代已有的人类遗物、化石和文化证据，整个人类的演化过程中有一个明显的空档。首先，这些非洲的南猿属化石有几百万年的历史。后来，在中东发现了大约10万年的尼安德特人化石。然后，又在欧洲发现了4万年前遗留下来的洞穴壁画和石器。大多数专家都据此推测，现代人无疑应从中东尼安德特人演化而来的，并扩散到欧洲和其他地方。这些洞穴壁画和石器则是尼安德特人的后裔，即现代人类的杰作。

这个现代人类起源的解释似乎合理，但是，在发现了多达400名尼安德特人中，却没有一个可被确定为10万年前至4万年前之间的过渡人类，也无法将已有的化石归类为是尼安德特人和现代人类之间失落的环节。那么，不可避免的问题是："为什么找不到这失落的环节""谁是后来散布到世界各地的人""现代人是尼安德特人的后代吗"或"现代人是否来自其他地方"。由于一直无法找到这失落的环节，现代人类的起源在20世纪80年代成为一个争论不休的议题。

现代人类的故事逐渐成形

在认识到人类mtDNA的快速突变时，这个团队相信现代人类起源的时间和地点隐藏在mtDNA中等待着被发现。当所有考古数据和理论都还在各方学者中被激辩时，此研究团队已经从各个地理群体收集并分析了他们的mtDNA。

一个对数据大略的观察发现，如果你有非洲女性祖先，你很可能来自于现代人类系统发育树（或现代人类的族谱，图5-1）的最底部，因为你的mtDNA有最多的时间积累了最多的突变。继非洲人之后，接下来出现突变次数多的人依次是亚洲人、澳大利亚和新几内亚，最后则是高加索人。经过分析 mtDNA 基因的系统发育树后，他们也发现所有现代人类最底部的根基是来自非洲人的 mtDNA。这已表明，这些最原始 mtDNA 的携带者很可能是非洲人的后裔，而且只从少数几个母亲繁衍来的。

mtDNA 系统发育树的分析还显示地理群体的来源与 mtDNA 的来源并不一致。例如，地理上的非洲人不一定携带最古老的 mtDNA。同样，高加索人不一定具有最年轻的 mtDNA。取而代之的是，地理分支的 mtDNA 遗传线在盘根错节地缠绕着。这已清楚地表明，“种族”的概念是人为的而毫无科学上的根据。在本章后面介绍定量分析时，这一点变得更加明显。

同时数据很明显的另一结论是：在数十万年的现代人类历史中，所有分支（无论是地理分支还是基因分支）都可以追溯到来自同一非洲的根源。

发表结果

在 20 世纪 80 年代中期此研究团队已得出了两个明显的结论。第一，现代人类最深的 mtDNA 根源来自最古老的非洲 mtDNA 群体。第二，这个遗传根源始于 20 万年前。这个单一区域现代人类演化的结论也很可靠，整个研究结果已达到可以发表的水准。

就在他们发表之前，他们从怀特那里还得到了另一个佐证。怀特在中东发现并证实了一个现代人类的化石标本，其历史可追溯到 11 万年前。这恰好符合这项研究结果的隐含信息，即现代人类不一定需要从尼安德特人演化而来，也不需要发明新的理论来解释尼安德特人和现代人类之间缺乏化石证据的情况。遗失的环节其实并不是遗失了，而是未曾存在过。在 10 万年前至 5 万年前，现代人类根本还没有到达欧洲。所以没有必要去寻找这个遗失的环节。此时他们的两个最明显的结论，基本上都没有和其他当时的理论有任何矛盾，可以公诸于科学学刊上了。

发表后的余波

线粒体夏娃

在 mtDNA 系统发育树根部的少数母亲被认为是所有现代人类的 MRCA。很多媒体现在经常将它们称为线粒体夏娃，这名称由罗杰·勒文（Roger Lewin）在 1987 年的一篇文章中创造而广为流传，它出现在《科学》杂志上，标题为《线粒体夏娃的揭秘》。威尔逊教授本人则更喜欢"幸运母亲"一词，因为他认为用夏娃这个宗教上的名字是"令人遗憾"的。但是，夏娃的概念受到了公众的接受。同一名词也出现在美国《新闻周刊》的封面故事中（1988 年 1 月发行，封面上是亚当和夏娃，题为《对亚当和夏娃的搜寻》）。1987 年 1 月 26 日在《时代》杂志上也有类似的报道。mtDNA 树根基上的极少数妇女，是所有现代人的幸运母亲。这些妇女由单一而没有中断的母系传承直到现代人类。

进一步阐明：线粒体夏娃不是当时唯一的活着的女性。她们是具有这种 mtDNA 类型的人群的一员。其他 mtDNA 类型则因携带它的后代，要么没有留下后代，要么只有男性后代，导致了那些类型 mtDNA 消失了。这样的随机灭绝，加上 mtDNA 的单一起源，足以确保所有突变都会追溯到过去某个时候的一个共同祖先。换句话说，虽然我们所有的基因都有祖先，但我们的 mtDNA 祖先并不是我们所有基因的祖先。这些其他基因的起源可以追溯到不同的个体（甚至不同的物种），它们生活在不同的地方，生活在不同的时间。

单一或多区域演化的辩论

今天，线粒体夏娃是从非洲来的，这个说法几乎没有太多的争议。但在 20 世纪 80 年代，情况并非如此。沃尔波夫（Milford Wolpoff）在 20 世纪 80 年代中期率先提出了现代人类的多区域演化概念，此概念并一直持续到 2000 年代初。

但是，很难想象非洲、亚洲或澳大利亚的人类可以分别演化出现今现代人类一样那么相近的线粒体 DNA。区域演化的观念和我们之间十分均匀的基因似乎格格不入。如果不同地区的人类被隔离了 50 万到 100 万年而产生了地理种群，那么为什么任何两个现代人类在分子层面上如此相近？因此，原本的多区域概念是有逻辑上的缺陷。但是到了 20 世纪 90 年代末，多区域演化概念已经演变成为可以接受坎恩的单一区域演化的学说了。

其他辩论

坎恩早在 1985 年就开始在科学会议上谈到他们的数据初步分析时，已引发了一些辩论。当时的科学家们倾向于以下两种反应：他们要么以为自己一直都已知道答案，要么以为这团队的结论不可能是对的。甚至也有些人对坎恩的结果不屑一顾，因为那时超过一半的美国人不相信演化（根据 2021 年民意调查，这一比例已降低到 35%）。对他们来说，演化只适用于动物，却不适用于人类。

当然，还有宗教人士持有反对意见。特别是当“线粒体夏娃”的绰号变成流行文化时，科学界还须向人们澄清，她与犹太教与基督教创世故事中的夏娃不是同一个人,《圣经》里的夏娃活在约6000年前，而不是20万年前。

也有人口遗传学家持有反对的意见。就像阿兰·坦普尔顿（Alan Templeton）一样，他们许多人一直未能确定这种单一非洲血统的想法是否正确。甚至有人坚持认为，虽然此团队获得了正确答案，但他们不知道为什么得到对的答案，他们只是幸运而已。但是如果你仔细阅读他们发表的科学论文并了解如何开展这项工作的背景、数据的搜取与分析，你就会相信该团队从开始就知道，他们要验证的内容以及他们的答案与结论是正确的了！

轶事

标本的采集

该团队不仅需要人类mtDNA的标本，而且还需要足够的浓度来纯化。团队成员之一坎恩开始到拉玛兹（Lamaze，方法是妇女在生产时可以有效地控制生产过程）课程里与怀孕的母亲们交友，以允许她在母亲分娩后可用婴儿的胎盘作为标本。她一定很有说服力，因为即使是直到最近，在伯克利和奥克兰地区（伯克利附近的大城市）的还可能有40多岁的人，其婴儿画册中有其mtDNA序列的图片。这当然是坎恩为了感谢他们提供标本的回馈。

为什么他们要用到这些产妇的胎盘呢？如上一章中所提到的，mtDNA的浓度在不同细胞中有所不同。最高浓度是在人类卵细胞中。胎盘细胞是获得和纯化mtDNA的最佳选择。它显示了坎恩的机智和她为这项研究获取标本的决心。

今天，我们认识到胎盘是属于私人与家族的。将其捐赠给科学研究几乎是不可想象的。大多数医院会在按照规定的适当程序的情况下，将其退还给母亲或销毁。我怀疑如果是在今天，坎恩大概不容易获得这么多标本。

血红玛格丽特

如果你喜欢喝血红龙舌兰（或伏特加）鸡尾酒或草莓龙舌兰鸡尾酒（这两种酒都呈血红色），你又做过他们类似的实验室工作，那么下次你要点这两种鸡尾酒时可能也会三思。该团队团员必须目睹使用类似搅拌机将标本打碎和纯化的过程。传说有些团队成员好久都无法享用这些饮料。如果是我，我也将远离血红龙舌兰鸡尾酒或草莓龙舌兰鸡尾酒。

身体发肤的研究标本

后来当该团队从捐赠者收集毛发样本做研究时，有些人给团队提供的是阴毛而不是头发，令人啼笑皆非。因为那些人以为阴毛应该是更好的人类遗传基因来源。

法律纠纷

这一科学论文以及随后的《新闻周刊》的《寻找亚当和夏娃》和《时代周刊》的《每个族谱的“母亲”》造成了很大的轰动，影响了坎恩的生活。我听说她收到了很多仇恨和骚扰的邮件尤其是来自宗教狂热的人。她还甚至在邮件炸弹者（unabomber）袭击全国后受到联邦调查局的询问。对于那些记性好的读者，你们必定还记得，一个加大伯克利分校的数学教授将整个国家陷入了恐怖气氛长达 20 年之久。他向全国各地发动炸弹袭击，受害人大都涉及现代科学与技术，并导致三人的死亡。这个邮件炸弹的罪犯最终于 1996 年被捕。在 1998 年认罪时，他承认了所有指控，并被判处无期徒刑。直到现在，我仍然不知道坎恩的工作与邮件炸弹有何关系。

名声带来的烦恼

坎恩在 2012 年纪念 mtDNA 论文发表 25 周年的一次采访中还提到，她偶尔会半夜在夏威夷（后来她在夏威夷工作）接到电话，很多航班转机的记者或名流都想与她谈一谈。我在 1988 年也曾打电话给她，那时我的一个朋友在美国夏威夷大学教书，因此鼓励我打电话，他认为所有大学教授都会欢迎有意义的交流。我当时不知道她在学术界和公众领域有多大的名气，她必须花多少时间来处理这些荒谬的请求，所以就贸然打了电话。还好我们没有安排好见面。要是真的跟她会面时，我们还无法进行有意义的交谈，会完全浪费坎恩的时间。现在，我已经掌握了相当程度的人类演化知识，并且对这一主题维持着高度的兴趣，也对任何新知识继续在追求之中。也许当我再次到夏威夷时，希望有机会亲自见到她。

坎恩：有远见的人道主义者

在同一篇 25 周年采访稿中，坎恩评论道："所有现代人类都非常相似，除了七个决定我们肤色的基因外，约在 20 000 个基因中有 100 个基因是帮助决定我们个人的脸、鼻子、眼睛和形体的。我告诉我的学生，他们都是基因上的非洲人，所以他们都应该庆祝黑人历史月。化石是了解过去和演化变化记录的重要方式。但是我们的 DNA 也有如此功能。DNA 的生存让我们可以继续从里面学到东西。我们每个人都拥有独特的天赋和挑战。我们是一个崭新物种，一个非常小的、孤立的种群，但现在我们有 70 多亿人口。我们一度几乎濒临灭种，除非我们更好地照顾地球，否则我们还会碰到灭种的危机。”

我相信，任何人对这个主题花了工夫后都会对人类在这巨大的自然演化实验中如此渺小感到敬畏，也都不由自主地会成为一个对人类充满同理心而具有全局观的人道主义者。

人们一直都有从不同的角度原因来研究古代人类 DNA，但目前的焦点主要是在于医学、健康和演化理论与研究的目的。但当此 mtDNA 的研究发表了以后，任何想到古老 DNA 的人都会想到 mtDNA，因为细胞中有大量的线粒体。早在 40 年前坎恩就已预见，古老人类的 mtDNA 和完整的基因组会被完全测序，可见她在很早就已是一个有远见的科学家。她那时已预见可以解开人类及古人类完整基因组的可能性。事实上，古基因的研究已经成为一个独立的研究主题，甚至已成为一个崭新的学术领域。

斯通金（此科学报道的合作者）对原著的观点

斯通金在同一篇访谈中指出，尽管不断有人批评此研究以及随后对人类 mtDNA 的研究，但该研究的主要结论仍未改变。现在科学界已研究过成千上万个人类的 mtDNA，也解开了现代人类完整基因组的测序。但是目前的观点仍然是：人类 mtDNA 祖先生活在 20 万年前至 15 万年前的非洲。从这项研究的结论发表到现在已达 40 年，科学界对现代人类起源的了解仍然与当初发表的结论相差不远。

研究内容

寻找 mtDNA 的最近共同祖先及其时间的三项目标

前面几章建立了足够的背景对这个研究可有深入的了解。正如在上一章中提到的，分子作用是演化的基础，现代人类的系统发育树应反映决定人类家庭关系的微观运作。简而言之，这项研究是为了找到现代人类的 mtDNA 的 MRCA 和 MRCA 的时间。

研究的内容可以分为三个相关的部分，每个部分面对了不同的角度，达成三项目标。以下是我从逻辑上归纳出来的理解。所有这些目标都利用了从不同的地理区域的群体中收集的 mtDNA 标本做仔细的分析。

这三项目标是：①分析跨地理区域和地理区域内的 mtDNA 突变的程度。比较地理群体 mtDNA 突变差异大小得到大略各地理群体的最早共同的发源地；②根据突变差异确定地理群体的年龄；③将 mtDNA 分类并建立它们的系统发育树，进一步确定 mtDNA 的 MRCA 的发源地和 TMRCA。

目标 1：mtDNA 的差异和现代人类 MCRA 的发源地

第一项目标是从计算出任何两个人 mtDNA 之间的差异数量来决定现代人类最早的发源地。这些差异可以根据各个地理群体分开来算，也可以所有地理群体一起算。最合理的预期是：地理群体中的 mtDNA 差异越小，该群体的年龄就越年轻，反之亦然。这种简单的分析可以对地理群体的年龄进行排行。数据显示最古老的地理群体来自非洲。由此结果可以初步确定非洲是现代人类的 MRCA 的发源地。

mtDNA 的突变通常发生在碱基对上，如 AT 配对可能会变为 GC 配对，导致不同的 mtDNA 的排列。每个单碱基的突变定义为单核苷酸多态性，突变的 mtDNA 构成了通常对我们的表型没有直接影响的微观多态性。mtDNA 中的单核苷酸多态性突变可以认为是时间上的随机过程。既然突变是随机发生的，随着生物物种的继续生存，突变将随着时间继续累积，任何两个同物种的后代之间的差异就会呈直线增加。DNA 中的基因或单核苷酸多态性的差异越大，表明此物种积累突变的时间就越长。如果倒过来算，TMRCA 就是当差异在还没有任何时间累积的时候。带有这些未经突变过的 mtDNA 的人就是现代人类的 MRCA。

量化 mtDNA 的差异

最好的差异度的衡量是比较每两个个体之间的 mtDNA 有多少的不同。在 1970—1980 年 DNA 研究的分辨率还没有达到碱基对的精确度。但是，此团队发现单核苷酸多态性的位点突变可以与单核苷酸多态性突变进行相似的处理，在计算“位点”差异时，每个位点差异代表一个突变。研究中一共有 147 个参与研究的个体和 mtDNA，位点差异数据有（147 × 146）/2=10 731 个数字。图 9–1 是从上面的科学论文中重新画的位点差异的直方图，显示 147 人中位点差异发生的频率。例如，位点差异 8 有 1250 次之多。所有其他位点差异发生的次数均少于 1250 次。

用 10 731 个数据点做成的直方图的形状几乎呈钟形正态分布，很明显它们代表了具有统计意义的标本，这为数值分析提供了可靠的依据。如用加权平均数来计算，所有参与人员之间 mtDNA 的加权平均差异是 9.47。

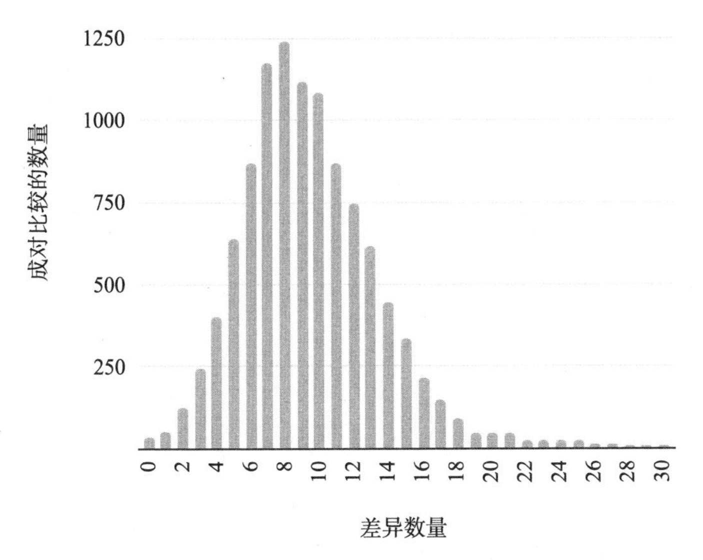

图 9-1　从坎恩等进行的研究中重建的两两突变差异直方图

数据分析

如我们在演化原理（见第 3 章）中所讨论的，当将此测得的直方图（蓝线）与理论的泊松分布（红线）进行比较时（图 9–2），突变的差异和随机性质自然从这张图浮现出来。测量与理论两条曲线之间有多接近可以经过最小二乘法拟合值来评估，最佳的拟合值就表示两者最为接近。同时这算法可以得出理论的“泊松平均数”。加权平均数是实验的结果，而泊松平均数是理论平均数，两者都可以说是这 147 个人的 mtDNA 平均差异，因为它们相差无几。

这 147 个 mtDNA 标本来自 5 个地理区域。他们是 20 名非洲人、34 名亚洲人、46 名高加索人、21 名澳大利亚原住民和 26 名新几内亚原住民。可以合理预期，把 147 人分开成每一个地理区域来的群体就会有不同的 mtDNA 的差异。如果把每一个地理区域的群体 mtDNA 分别做直方图，则年龄越老的群体 mtDNA 直方图尖峰会向右侧移动。同样的，年轻的地理区域群体 mtDNA 直方图尖峰会向左侧移动。

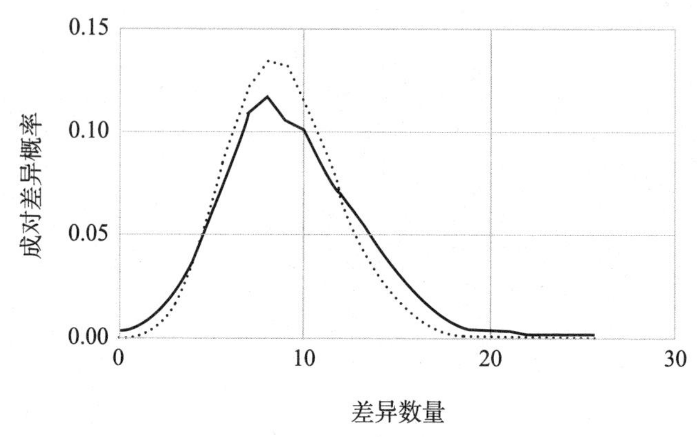

图 9-2 将图 9-1 的直方图按概率（实线）进行缩放，并与计算出的泊松分布（点线）重叠。缩放是为了确保从 0 到无穷大的所有差异的概率都是 1.0

研究报道做了地理区域差异从最老开始的排名：非洲人、亚洲人、澳大利亚人、高加索人和新几内亚人。粗略地看来，这个差异的顺序代表了不同地理区域群体的年龄。我们将在下一节中看到这只是部分正确。

数据与理论之间的不同

细心的读者可能会发现，蓝线和红线之间的一些微小的不同，看起来似乎无关宏旨。但是进一步的思考可以看出几个微妙的意涵。

第一，突变的随机性是不会变的，但是它的速度有可能会随着时间而改变。mtDNA 突变与 ATP 操作释放的活性氧分子彼此靠近，因此这两者存在着一些相关性。如果近 50 万年来 ATP 的生物学发生了变化，则突变率可能不会保持稳定。任何能影响 ATP 生物学的因素都可造成位点差异上的改变。

第二，环境造成的演化瓶颈，无疑会减少突变的差异。所以较小的位点差异可能会带来年龄较轻的结论。

从图 9–2 看来，大于加权平均差异数的突变差异，发生频率要比理论的频率为高。这个轻微增加可能表示现代人的年龄很可能比只用加权平均差异推算的年龄要大。

目标 2：通过 mtDNA 的差异来决定现代人类的年龄

第二项目标是为现代人类来自非洲和他们的年龄提供有力的证据。由于人类迁徙频繁（见第 13 章），连带着有经过不同突变量的 mtDNA 无法确定它的起源地理区域，因此只注意到地理区域的 mtDNA 差异不是完整的。

如果把 mtDNA 的差异量直接和区域群体连在一起，逻辑上可以得到每一区域群体的年龄。如果知道每千年中有多少个突变，也就是突变率，我们可以将图 9–2 的加权平均值 9.47 的差异除以这个突变率就等同于整个现代人类年龄。经过同样的计算，我们也可以算出每一个地理群体的年龄。但是，这个计算的假设是能有一可靠的 mtDNA 的突变率，就是 mtDNA 突变差异的增加有多快。

其实，不仅仅是坎恩的研究团队，许多其他研究机构在 mtDNA 的突变也都有大量扎实的工作。已经可以确定的是，在灵长类、犀牛、啮齿动物、马和有蹄类动物中，mtDNA 突变引起的差异几乎是一致的：每百万年这差异是以 2%～4% 的速度增加。

该团队根据直方图将地理区域分组（不同于 mtDNA 分组，稍后将讨论）再把差异数换成差异百分比，他们发现最古老的非洲群体的 mtDNA（下面的第三目标会定义最古老的非洲 mtDNA）差异为 0.57%。非洲最古老的 mtDNA 的年龄将介于

0.57/2=0.285 和 0.57/4=0.1425 百万年之间。如果其他所有的 mtDNA 都是这个最古老的非洲 mtDNA 的后代，在还没有任何突变发生的时间就是这 147 个人共同祖先的年龄，即 TMRCA，那个还未发生突变的 mtDNA 就是现代人类 mtDNA 的 MRCA。携带这些 mtDNA 的共同祖先就是现代人类的 MRCA。

这种推论的优点在于，mtDNA 平均年龄仅仅从数据和一个突变是随机性的计算得来的，它既没有借助任何推测也没有需要对数据的操纵。得到这介于 142 500 年和 285 000 年之间（即平均 214 000 年）的年龄，仅仅需要图 9–2 里的数据。因为 mtDNA 的突变率有它本身的不确定性，所以现代人类的年龄也有相同的不确定性。在本章和本书的其余部分中，我们将使用大约 20 万年作为现代人类的年龄，但是要了解到，年龄的不确定性总是伴随着这 20 万年的数字。

各个地理区域的 mtDNA 都比最古老的非洲血统的 mtDNA 年轻。图 9–3 显示了用 mtDNA 差异算出来的各个地理群体的粗略年龄。这些时间线的起点是这些地理群体的发起点。高加索人是年龄最轻的群体，年龄为古老非洲人的 0.40/0.57，也就是 15 万年。如果我们还可以找到分支发生的位置，那将更为有趣。我们将在第 13 章的迁移故事中再详论。

目标 3：mtDNA 系统发育树

根据地理群体对 mtDNA 差异进行分组是一个合理的起点。它使我们对地理群体的年龄有了一个粗略的了解。但是，它本身并不是现代的人类系统发育树。这种地理分组就像在编纂族谱时只包括已知的直系与姻亲家庭成员一般，但对姻亲成员远祖的来处却一无所知。唯有更深入地找出所有姻亲成员的正确血统书，才算完成此族谱的编纂。

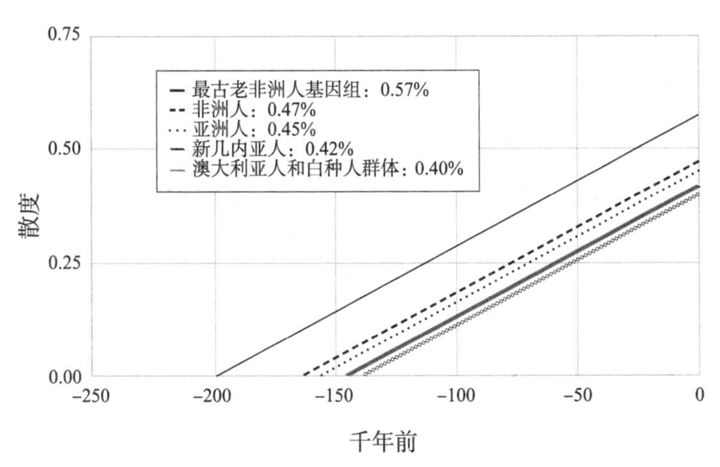

图 9–3 mtDNA 随时间的各个地理群体和粗糙年龄的差异

这些直线表示散度随时间的发展过程。在零发散度处的截距是地理群体的年龄

第三项目标就是用 mtDNA 变化的细节来建起分子系统发育树。研究团队从 147 个 mtDNA 中发现了 133 种不同的 mtDNA，包括了一共将近 400 个位点突变。然后用最简约（当然还有其他的排列可能，但都达不到最简约的要求）的排列原则，将它们组成 mtDNA 的系统发育树（图 9–4）。这发育树就等于是这 147 人 mtDNA 的族谱，而带有最老的“a”型 mtDNA 的人则都是从非洲来的。从“a”到“j”的十个型涵盖了所有 133 个 mtDNA 和 147 人。除了“a”和“b”型外，每一个 mtDNA 的来处都不只是一个地理区域。譬如“d”型的 mtDNA 则来自澳大利亚（Aus）、亚洲（As）、非洲（Af）和新几内亚（NG）。换个角度来看，那么亚洲人（As）可以携带 b、c、f、g、h 和 j 型的 mtDNA。如此说来，我们怎能用人们的地理区域来决定“种族”（Race）呢？

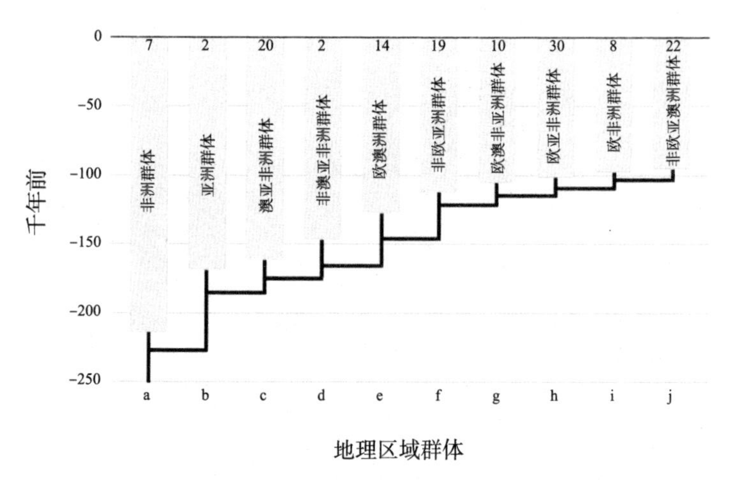

图 9-4　现代人类 mtDNA 的女性祖先
从“a”到“j”这十组涵盖了 147 名参与者中发现的所有 133 种 mtDNA

前面已提到，我们可以利用位点突变换算成突变差异。所以每一型的突变差异百分比就可以代表了此型的年龄。“a”型的突变差异是 0.57%，相当于 21.4 万年的历史。图中以条形的长度表示了各型 mtDNA 的年龄。条形最上端的数字是此型 mtDNA 的数字。所有这些数字的总和应是 133 种 mtDNA。

显然，如果使用地理区域分组，则势必会排斥其他可能具有非常密切的 mtDNA 关系的人群。相反，如果你使用 mtDNA 系统树分类，则地理的分组就会被打乱。换句话说，仅将现代人类分配到地理区域或 mtDNA 型，现代人类的系统发育树都不完整。

图中“j”型里包括了新几内亚型。由 mtDNA 差异百分比确定的年龄约为 0.18% 或 7 万年。这与最近的考古发现非常相符，表明澳大利亚原住民已于 6.5 万年前到达那里。从那以后，由于冰河的融化、水位上升，他们就被汪洋大海和其他人隔绝了。从那一点开始可算是新几内亚型 mtDNA 的起点，mtDNA 突变的积累随着该群体的年龄增长而增加。0.18% 相当于 7 万年，这可以用做一个校准点，也证实了地理测年和分子时钟之间的一致性。

“种族”名称的谬误

从人类历史来看，我们不断地争论人群的优越性。自从有了第一个历史记录以来，我们任意将种族或派系归到地理位置的种族。尤其自 16 世纪前后帝国主义兴起以来，人们根据资源多少来判断人们的优越性，情况变得更糟。当帝国主义在 19 世纪后期再次崛起时，情况并没有得到任何改善。启蒙运动虽然减轻了种族主义的痛苦，全球猖狂的种族主义仍然存在。尤其第二次世界大战，德国和日本法西斯发起战争的借口是种族主义最丑恶的体现。

在了解了以上人类 mtDNA 系统发育树，“种族”这个名词确实应在所有语言的词汇中剔除。

近代 mtDNA 系统发育树

图 9–5 显示了近代 mtDNA 系统发育树。坎恩团队的 mtDNA 系统发育树中用“a”到“j”来表示不同的类型。如今比较常见的是从 L 到 M 的七个最大的类型。这七种类型也被称为“夏娃的七个女儿”（The Seven Daughters of Eve）。每一个 mtDNA 类型的年龄以图中条形的长度来代表。此图虽与图 9–4 的细节不完全一致，却是最为通用的 mtDNA 系统发育树。

同样的这一 mtDNA 系统发育树把今天地球上的每个人都囊括在里头。换句话说，地球上的每个人都属于此图表中 7 个分支之一（也称为单倍群体）。假如你做过基因检查，就会知道自己属于哪一个单倍群体（第 13 章中会介绍并用到单倍群体的名词。）

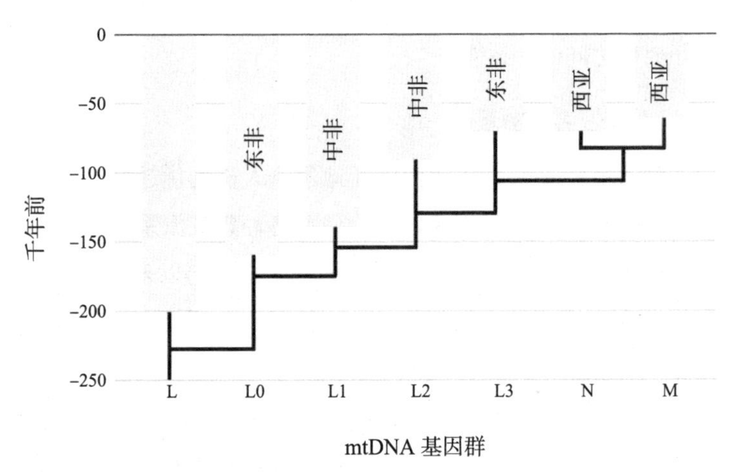

图 9-5　基于 SNP 的最新 mtDNA 系统发育树

现在在最高级别使用 L 到 M 的字母是很常见的

当代其他人类 mtDNA 研究

当代还有其他一些关于 mtDNA 的研究，但没有一项能像这个研究工作那样清楚地将现代人类的年龄与血统之间建立起具体且几乎不可辩驳的结论。

还有一研究小组也以 mtDNA 的研究为主题。该小组得出非洲是人类祖居的结论，但是他们着重于研究方法论，而不明白此结论的重要性。因此，他们也没有关于现代人类年龄的结论。另一项研究也研究了人类 mtDNA，也意识到一个物种 mtDNA 内的变化，但人类演化并不是他们的主要目标。

研究摘要

本章以一种非学术性的语言来“解释”这项研究工作。

我相信引用该科学论文的摘要来总结这项研究应至为恰当：

本文报道利用限制酶分开片段的位点突变分析了来自五个地理区域 147 人的 mtDNA。所有这些 mtDNA 都源于 20 万年前的一个女性，她的出处最可能是在非洲。除非洲人外，所有接受调查的地理区域的人都有多个起源，这意味着每个地理区域都被由不同世代的现代人一次又一次地重复殖民。

现代分子人类学

本书于 2019 年中期初具规模，距此开创性发表的论文刊登已逾 30 年。其实研究团队的工作是远早于 30 年前已经开始，他们对分子时钟、mtDNA、族谱、分子生物学和人类学已有了清晰的认识，只是当时的一般化学、基因学和科学的基础却尚未成熟。他们在没有现代科学和技术基础设施的情况下，十分聪明和巧妙地运用他们的知识构建了清晰的现代人类的起源，是十分不易而值得受到赞扬的。如果他们拥有所有现代科学和技术，他们必定可以取得更多的成就。

聚合酶连锁反应

回顾过去 40 年，从 20 世纪 70 年代开始分子遗传学与分子人类学一直快速地进步。那时的研究工作须花费大量的精力来获取和纯化这些基因标本。如今，随着 PCR 的出现，它变得容易得多。看犯罪剧的人都知道，人们可以从一根头发或一口唾沫就可以得到大量的基因信息。

PCR 技术是穆理士（Kary Mullis）于 1983 年发明的，在坎恩刚开始工作时还无法应用。PCR 的一个重要步骤是将标本在预设温度范围内不断循环，将初始的微小 DNA 量放大百万倍以便详细分析。DNA 复制的本质是这个程序幕后发挥的主角，PCR 只是利用这种本质并多次复制相同的基因。如今，它已经成为任何基因实验室中涉及 DNA 工作的基石。由于这项 PCR 发明，穆理士于 1993 年获颁诺贝尔化学奖。2019 年全球新型冠状病毒感染的大流行令人们对 PCR 变得十分熟悉，其实 PCR 的背后是数十年来科学的结晶。

PCR 也使得研究古老的智人亲属的 DNA 变为可能，而坎恩和她的团队早在 30 年前就已认识到这一点。古老智人 DNA 的研究和结果是下一章的重点。

全基因组测序和单核苷酸多态性

今天，在很多生物实验室里，已有仪器可将人类的基因组做全面的测序，而且也有分析到每一个单核苷酸聚合多态性的能力。我记得在北加州一所高中的生物实验室里可以分析出每一学生的 mtDNA，然后学生之间作单核苷酸多态性的相互比较。这样的高中课程在 20 世纪 80 年代简直是不可思议的。现在科技的进步已把测量累积的单核苷酸多态性突变变成一项经常用到的技术。我们可以测量出人类 mtDNA 与任何其他动物之间的单核苷酸多态性差异。根据这些差异，可以确定哪些哺乳动物在遗传上与人类最为接近。在哈佛大学的一群科学家就是用相似的技术提出了人类和黑猩猩如何分家的最合理推论（见第 11 章）。

用 DNA 作为分子时钟

现在有了将基因组完全测序的能力，就能够更精确地确定现代人类 mtDNA 的 MRCA 的年龄。同样的原理可以用在 Y 染色体来确定（因为 Y 染色体有一部分只从父传子，就如 mtDNA 只从母传女一般）现代人类的最近共同祖父，即 Y 染色体 MRCA 以及他的年龄。

Y 染色体“亚当”

与 mtDNA“夏娃”相似,Y 染色体“亚当”并非指一个人。截至 2015 年，现代男子的 TMRCA 估计在 20 万到 30 万年之间，与 mtDNA 决定的现代人类女子的 TMRCA 大致相符。当然，如果核 DNA 可以像 mtDNA 一样可以保留或解码，那么也可以往回推算现代人类已绝种亲戚的年龄。例如，取自西班牙 El Sidrón 的尼安德特人的 Y 染色体就是 58.8 万年前留下来的，这意味着尼安德特人至少已有 60 万年的历史。随着使用化石中残留的蛋白质的进展，各种更古老人类物种的年龄都可以确定。

用 mtDNA 来测年

第 6 章介绍了一些化石测年技术，主要是通过分析与 DNA 无关的标本。现在由于对 mtDNA 的突变有了更深入的了解，因此可以反过来用标本里 DNA 突变差异来确定标本的年龄。当找出古代人类 mtDNA 标本与现代人类的 mtDNA 标本之间的突变差异时，就可以决定该标本的年龄。

本章总结

本章介绍了一项开创性的研究及它在人类学上做出的贡献。首先，它让我们知道现代人类有 20 万年的历史，我们的祖先来自非洲。其次，通过其严格的科学方法，这项工作将分子人类学引导成为一个独立的学术领域。尤其是，随着当今科学技术的进步和基础设施的发展，我们可以使用相同的方法，但更为精确地追溯到更远的过去，也更深入地了解人类更早的演化根源。

本章在分子时钟上着墨甚深。这都是从我一个非人类学家的角度和一个物理学家的直觉观点来诠释的。希望它可以使读者对人类的演化背后的逻辑有更深入的了解，并意识到这样的诠释可以广为应用而涵盖所有生物界的演化。

了解到 mtDNA 的特征与分类，明白了突变的机制，演化与基因的密切关联，以及人类如何迁徙而影响到基因的变化等，都是非常复杂而具挑战性的细节。但是，基于第 3 章讨论的演化原理，一旦把演化简化到能够找到随机性的参数，仅通过简单的计数，突变就变得很容易处理。通过有统计意义的数据搜集和随机性的理论计算，演化中微观分子作用带动了宏观的演化已毋庸置疑。

一般而言，任何开拓性的主题不是突然发生的。它们的突破建立在现有知识基础上，本章所提到的一般知识基础在 20 世纪 80 年代才开始快速提升，但是也因有此团队的远见、专业知识、经验和才干才能成功地完成这项研究。

此研究对现代人类的演化和分子人类学学术领域的重大影响实属重要。这项成果类似于体认到无向性的 3.3 度绝对温度的背景辐射，是来自于宇宙大爆炸，经过 137 亿年后存在于空间中的残余能量。我的前任老板潘西亚（A. Penzias）和他的同僚威尔逊（R. Wilson）有远见地将他们的实验发现与宇宙学联系起来，证实了宇宙的大爆炸起源。由于此验证，他们于 1974 年获得诺贝尔物理学奖。坎恩的工作和她的团队的研究除了具有开创性和里程碑意义，它对我们人类演化做出了重大贡献，并几乎一手开拓了一个崭新的分子人类学的领域，因此我认为是值得得到诺贝尔奖的。

在此重申一点：我们只提到用 mtDNA 和 Y-DNA 来衡量生物的演化，最主要的原因是这两个基因都是纯粹的随机性突变，算起来都比较容易。尤其是在统计意义上都是单元的泊松分配，分子时钟可以很容易决定现代人类距他们 MRCA 的时间。假如掺杂了染色体重组则需用多元泊松分配来计算，计算的复杂程度大大增加，但以现代先进的计算软件与硬件，计算多元分子时钟的年龄虽有困难却还有可行性。如此，用分子时钟的原理则可以更精确地确定任何一项演化特征的 TMRCA。

这项开创性工作为分子人类学奠定了坚实的基础，从此对人类进化的一切都会从 DNA 分子的角度来看。除了寻找现代人类的直接的祖先外，现在还可以运用分子人类学，更进一步地认识现代人类所属的整个物种：智人物种，这个物种包括了现代人类，或智人亚种——尼安德特人和丹尼索瓦人，说不定还包括一些尚未发现的其他智人类。这些都是下一章的主题。

注释

1. “U-Th dating of carbonate crusts reveals Neandertal origin of Iberian cave art”, DL Hoffmann, CD Standish, M. García-Diez, PB Pettitt, JA Milton, J. Zilhão, JJ Alcolea -González, P. Cantalejo -Duarte, H. Collado, R. de Balbín, M. Lorblanchet, J. Ramos-Muñoz, G.-Ch. Weniger, AWG Pike, Science, 359, 912–915 (2018).

2. There are a few studies for the average length of a human generation for contemporary human beings, but our ancient ancestors have not been clarified as far as I know. The 25 years per generation is an oversimplification of our reproduction process; however, it is in the ballpark for numerous studies.
3. "The complete mitochondrial DNA genome of an unknown hominin from southern Siberia," Johannes Krause, Qiaomei Fu, Jeffrey M. Good, Bence Viola, Michael V. Shunkov, Anatoli P. Derevianko & Svante Pääbo, Nature, 464, 894–897 (2010).
4. "Mitochondrial DNA and two perspectives on evolutionary genetics," Allan C. Wilson, Rebecca L. Cann, Steven M. Carr, Matthew George, Ulf B. Gyllensten, Kathleen M. Helm- bychowski, Russell G. Higuchi, Stephen R. Palumbi, Ellen M. Prager, Richard D. Sage, Mark Stoneking, J. Linn. Soc. 26, 375–400 (1985).
5. "Identifying and Interpreting Apparent Neanderthal Ancestry in African Individuals," Lu Chen, Aaron B. Wolf, Wenqing Fu, Liming Li, Joshua M. Akey, Cell, 180, 677–687 (2020).
6. "Mitochondrial DNA and human evolution," Rebecca L. Cann, Mark Stoneking, Allan C.Wilson, Nature, 325, 31–36 (1987).
7. "Maximum Likelihood estimation of the number of nucleotide substitutions from restriction sites data," Nei, M., and Tajima, F., Genetics, 105, 207–217 (1983).
8. "Radiation of human mitochondrial DNA types analyzed by restriction endonuclease cleavage patterns," MJ Johnson, DC Wallace, SD Ferris, MC Rattazzi & LL Cavalli-Sforza, Journal of Molecular Evolution, 19, 255–271 (1983).
9. "Intraspecific Nucleotide Sequence Variability Surrounding the Origin of Replication in Human Mitochondrial DNA," BD Greenberg, JE Newbold, A Sugino, Gene, 21, 33–49, (1983).

第 10 章
尼安德特人、丹尼索瓦人和现代人类
Neanderthals, Denisovans, and Modern Humans

第 9 章用科学的法则证明了现代人类在微观上是十分相似的；每一个见到的人都是现代人类的亚种。如果有需要，还可以建立整个亚种的族谱，从 MRCA 和 TMRCA 直到现在，同时把全人类 78 亿人都囊括到里头。这个族谱可以完全从微观的角度开始，就如同上一章图 9–5 所提到的 mtDNA 系统发育树一般，把每一个人都归类到一个特别的 mtDNA 类型里。这个族谱也可以从宏观的角度开始，族谱从 8000 个世代前开始，把现在的 78 亿全都放都进去。如此看来现代人类的确都是一家人。那么尼安德特人、丹尼索瓦人和现代人类究竟有什么样的关系呢?

智人家庭

据现在人类学的分类（见第 5 章）智人族谱至少由三个亚种成员组成。第一是智慧的智人，即现代人类。其他两个成员是尼安德特人和丹尼索瓦人，他们于大约 4 万年前灭绝。其实从 DNA 的证据和一些新的化石记录里可以确定还有其他同时期的智人亚种，进一步的证实还待人类学家从 DNA 和化石里继续寻找了。这些不属于现代人类的智人可以通称为古老智人。

现代人类可以确定自己的血统是因为可以从 DNA 来证实（见第 9 章）。如果从古老的智人那里取得 DNA，那就有可能了解现代人类和古老智人的关系，也才能将这种微观分析扩展到宏观分析。当然更为理想的状况是有比古老智人还要古老的人类 DNA 和基因组，那么更有可能了解到现代人类与 700 万年前人类的关系。

大约在 13 年前，经科学家和古人类学家不断地搜索与研究，不只发现了尼安德特人和丹尼索瓦人的残余 DNA，而且还解码了他们完整的基因组。尽管没有众多的尼安德特人和丹尼索瓦人的 DNA，而未能建出典型的尼安德特人和丹尼索瓦人的基因组，但关于这些现代人类亲戚的知识极为丰富，为智人的大家庭族谱增加了不少的细节。

就最明显的形体特征和性状而言，借重了基因组和比较解剖学的分析，对尼安德特人和丹尼索瓦的外表已有一大概的了解。那么现代人类与这些古老智人之间有多少的交流呢？更进一步说，除了形体之间的交流，还有其他的交流吗？

一个完整的族谱必须有两部分，第一是直接的血缘关系，第二则是姻亲关系。尤其是姻亲关系将会给原来的家族带来新的血统，而得到所谓异花授粉（cross pollination）以达到血统多元化的利益，当然这个姻亲也可能带来不良的后果。前面也多次提过，基因重组所带来利益与不良后果都是演化的一部分，只有环境或现代人有意识地选择，才能做最终的判断。

分子人类学用现代人类 DNA 向以前追溯，找到了现代人最早的非洲家园和 20 万年的年龄。下面可以看到，基于现代人的 DNA 以古老智人 4 万年前的 DNA 将这一时间框架继续向以前走，则可追溯至将近 100 万年前人类的祖先。接下来的问题应该是："如果能够找到所有人类 DNA，那么是不是可以填补更多演化时间和形体上的空档？"

本章首先介绍尼安德特人和丹尼索瓦人基因组的发现。科学家已经使用测序基因组，从微观的角度推测了现代人类与他们之间的关系。这些基因组被用在确证和改善智人物种的族谱。除了智人的族谱，还会根据基因组来探讨家族成员之间的沟通和家庭成员中的异同。

接下来，将讨论这几个人类亚种之间的关系。在上一章中，从分子人类学证据已知现代人类地理群体之间的交流频繁，使得"种族"一词变得毫无意义。由此类推，尼安德特人、丹尼索瓦和现代人类之间的互动是十分可能的，毕竟他们在时间和空间上至少重叠了有 3000 年之久。尽管尼安德特人和丹尼索瓦人都在 4 万年前就离开了这个家庭，但这些互动带给现代人类不少有益的特征，同时也带来了一些麻烦，后面会谈到几个最为熟知的例子。

智人的 DNA

完整的现代人类基因组

人类基因组计划经十多年的运作，现代人类典型的基因组已变成公开的信息。例如，你可以从加州大学圣塔克鲁斯分校（UCSC）的基因组浏览页中得到完整的基因组。加州大学圣塔克鲁斯分校是人类基因组计划的参与成员之一。此后，人们可以继续加入一些新发现与细节作为补充。

完整的尼安德特人基因组

因为每个人都有至少 30 亿个基因组，所以获得现代人类基因组比较容易。在为任何基因组研究项目提供的 DNA 之前，只需要了解诸多道德和法律上的后果即可。然而，从化石或远古环境中找到残存的 DNA 就要难得多了，而且测序的过程也要复杂得多。DNA 在生物死亡后，因为没有活着的有机体维持其完整性，很容易分裂成为小段。如果有任何古代的 DNA 在化石里残留下来，它们也在很久以前已经分裂得支离破碎了。这对尼安德特人的基因组测序造成了许多障碍，因为最年轻的尼安德特人基因组已有 4 万年之久了。

分析残留 DNA 的第一步是通过 PCR 过程将这些 DNA 片段放大成数百万个复制品。PCR 放大功能强大，并且已是相当普通的复制 DNA 的技术，但正因它放大功能强大，它会放大标本中的所有成分，不管是来自化石的 DNA 还是无意中渗入标本中的杂质。在 PCR 之前或分析期间，分离片段时必须格外小心。

有了可信的 DNA 片段后就需要将这些通常约为数百个碱

基对的片段正确地拼接在一起。重新组装成 32 亿个碱基对的整个基因组，而且不知道它们在拼接完成后应该是什么样子，的确是一个非常困难的工作。

还好，尼安德特人究竟是现代人类的近亲，学者可以从已有现代人类基因组库，来填补大多数遗失 DNA 片段。通过仔细的比较和对人类基因组的透彻了解，学者们已能将尼安德特人化石中残余 DNA 拼接成完整的基因组。当然，余下的工作就是要分析尼安德特和现代人 DNA 的不同之处了。

尼安德特人 mtDNA 的完全重组是在 2008 年首次被报道的，而尼安德特人的完整基因组（全部 32 亿个碱基对）是在 2010 年被报道的。达成这一任务的团队由帕伯领导（读者现在对他应该很熟悉了），他是德国莱比锡马克斯·普朗克演化人类学研究所的遗传学家。学者们并不是仅仅出于好奇来做这些古智人基因组的研究。尼安德特人完全基因组测序在 2010 年公开后立即启发了许多尼安德特人与现代人类之间的遗传关系的研究结果。帕伯在他写的书中披露了其中两个例子。

在 2010 年的一次会议上公布了基因组草图后，一位科学家立即报告说，尼安德特人和现代人类的基因组都把一个特别的基因摒弃掉了。此基因是所有其他雄性猿类阴茎骨存在的主因。第二个例子是，现代人类和尼安德特人也都少了一些猿类常见的遗传因素（由好几个基因组成）。这些因素限制了普通猿类的脑容量，少了它们，现代人类和尼安德特人可以不受限制地朝着更大的脑容量演化。这可能解释了我们两个人类亚种的脑容量相当而且远大于其他人类素的原因。另一方面，过大的脑容量说不定会产生一些不利的副作用，否则，为什么猿类中都有这些因素？也可能是一般猿类物种为了易于分娩，而且不需要太大的脑容量，所以有了这个限制。但是人类却须演化出日渐需要的大脑容量，人类的基因组不得不把这个限制拿掉。至于头颅太大引起分娩的问题，则只好由其他方面的演化来处理了。

完整的丹尼索瓦人基因组

丹尼索瓦人的证实是从2010年在西伯利亚丹尼索瓦地区一个洞穴中一个女孩的小指骨碎片开始的。研究人员以为它是尼安德特人的化石，于是对它做了详尽的基因组测序以期得到更多尼安德特人的信息。但是他们发觉这基因组却和尼安德特人的基因组颇为不同。利用了重建尼安德特人基因组的相同方法，他们在2012年重建了这女孩精确的mtDNA和完整的基因组。这项工作也是由马克斯·普朗克研究所的帕伯领导，并发表在《科学》杂志上。

因为这个基因组与尼安德特人的基因组有绝大部分相同，这些人至少应属于智人之中的亚种。但这些人和尼安德特人的基因也有很多不同的地方，单从mtDNA的突变差异来看（下一节），他们应该是智人物种中的另一亚种。这化石在丹尼索瓦地区的洞穴发现，这些人就顺理成章地被叫为丹尼索瓦人。同时，也可以说丹尼索瓦人是从实验室里发现的。

当然那时还没有这新物种的化石，比较解剖学也没有用武之地了，谁也无法知道丹尼索瓦人到底是什么样子。但这也没把人类学家们完全难倒，他们从比较现代人类的基因组里找到了一些蛛丝马迹，本章后面会简单地说明。

除了在丹尼索瓦地区洞穴发觉的两块小化石外，一组科学家发现了另一丹尼索瓦人的化石。此化石其实早在 1980 已经发掘出来，却一直没有确实的认证。2019 年首次对此下颌骨化石进行重新鉴定时才知道它的出身。首先，化石测年把它定在约 16 万年前，但是前面提到 DNA 容易破碎，16 万年的 DNA 几乎已无法做 DNA 的重建，从 DNA 来认定此化石是什么人的实不容易。但是在分析它牙齿中的残余胶原蛋白时发现它有丹尼索瓦人特有的氨基酸，所以可将它确认为是丹尼索瓦人的下颌骨。

这化石的认定表示丹尼索瓦人在 16 万年前就已在中国西藏地区生活。难以想象的是现代人类的近亲远在现代人类大规模离开非洲之前已在欧亚大陆漫游。他们大概已经有几十万年的时间来适应青藏高原的气候和高地稀薄的空气。

其实除了不能想象他们的长相外，单从基因已知他们与现代人类和尼安德特人的关系。现代人类和尼安德特人与丹尼索瓦人不只十分相像，而且现代人类的基因里还有他们留下来的痕迹。

智人族谱

由 mtDNA 突变差异决定的族谱

大量的化石及解剖学证据已经很清楚地指出现代人类与尼安德特在宏观上的相近。通过 DNA 和基因组比较也得知微观层次的相似。丹尼索瓦人与尼安德特人的关系密切，因为他们的 DNA 非常接近。通过逻辑上的传递性，现代人类也必与丹尼索瓦人关系很近。所以从化石与 DNA 的证据来看，这三个物种都是智人，而有很长的时间同时都活在地球上。现代人类已经用自己的特权将自己命名为“智慧的智人亚种”，如果把古老的智人作为亚种，它们则是智人尼安德特亚种和智人丹尼索瓦亚种。为了方便起见，在本书中都简单地叫他们为尼安德特人和丹尼索瓦人。所以在智人“物种”是至少有现代人类、尼安德特人和丹尼索瓦人三个亚种的一个大家庭。

这个大家庭的成员之间究竟有多接近呢？最直接的比较是算一算他们之间的 mtDNA 突变差异。现今科学技术可以精确地测出这三种人之间的单核苷酸多态性差异数量，再用到分子时钟算法就可以有个概念。克劳斯（J. Krause）等在 2010 年报道了这个研究结果，他们所用到的 mtDNA 来自一名丹尼索瓦人、六名尼安德特人、一名晚更新世（Late Pleistocene，约 3 万年前）的现代人类、一名现代黑猩猩、一名现代倭黑猩猩，最后是 54 名现代人类。

图 10–1 是这些 mtDNA 差异的直方图，列出了任何两个个体之成对突变差异的频率。把黑猩猩包括在研究中已经隐含地承认黑猩猩和人类来自同一祖先，从本质上讲，黑猩猩也可以视为距我们 700 万年的活化石。

直方图中有四个尖峰。左边的第一个尖峰代表了 54 个现代人类 mtDNA 突变差异，平均为 48。第二个尖峰是现代人类与大约 3 万年前的现代人类之间的 mtDNA 突变差异，平均为 88。第三个是人与尼安德特人之间的 mtDNA 突变差异，平均为 202。右边的最后一个是现代人类与丹尼索瓦人的 mtDNA 突变差异，平均值为 385。另外还有一尖峰的平均值是 1462，是在此图外的远远的右方。

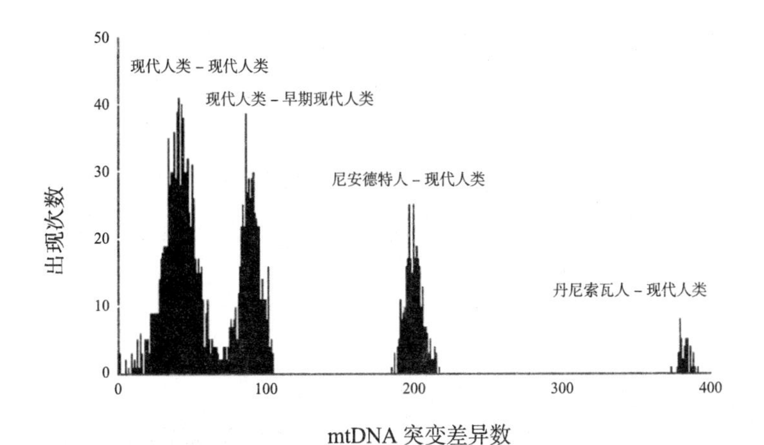

图 10–1　现代人类、早期现代人类、尼安德特人和丹尼索瓦人之间由突变引起的成对核苷酸距离的直方图分析

它列出了任何两个个体之间的这些成对差异的频率。第一个峰值（左）是 54 人的人类单核苷酸多态性差异，差异为 48 人。第二个高峰是在现代人类和一个大约 3000 万年前的早期现代人类之间的单核苷酸多态性差异，为 88 人。第三个是现代人类和尼安德特人之间的差异，平均差异为 202 人。最后一个（右）是现代人类和丹尼索瓦人之间的分歧，在 385 人达到顶峰

根据此直方图，与现代人类与丹尼索瓦人 mtDNA 的差异几乎是与尼安德特人的两倍。也可以说尼安德特人比丹尼索瓦人约有两倍的亲近于现代人类。图 10–2 是把这个分析放入第 5 章的人类族谱的详图。至于所有智人家族之间的 TMRCA，则可从第 5 章的人类族谱的 90 万年前开始。那么根据前述，现代人类和尼安德特 mtDNA 的 TMRCA 是约 47 万年前（90 万年的 202/385）。

由完整基因组差异决定的尼安德特人和丹尼索瓦人关系

根据 mtDNA 突变差异分析，图 10–2 似乎甚为合理。然而，它们的核基因组表明欧洲尼安德特人和丹尼索瓦人之间的共同祖先要年轻得多，他们的共同祖先只追溯到大约 40 万

年前，并将丹尼索瓦人判定为尼安德特人的姊妹亚种。在第 5 章的系统发育树中，里程碑 7' 就是代表了这个可能性。

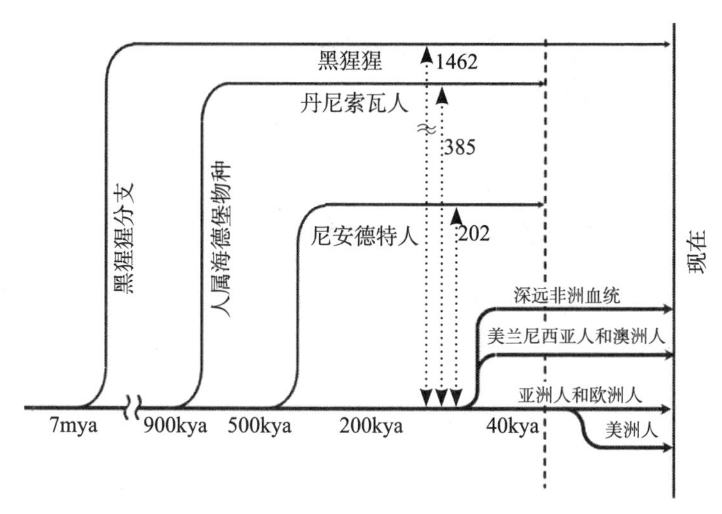

图 10-2　智人内部物种族谱

它聚焦于过去的 100 万年，大约从智人家族开始以来。点线表示它们的 mtDNA 中 SNP 差异的数量

后来，一个更古老人类的一些基因渗入了丹尼索瓦人基因组，也就是说这个更古老的人类有可能是丹尼索瓦人的祖先。另外在来自西班牙斯马和地区（Sima de los Huesos）的一个 40 万年前的基因组也与尼安德特人的基因组非常相像。这些发现指出了另一个古老智人的存在，他既不是尼安德特人，也不是丹尼索瓦人，而是直立人或海德堡人的后代。

单用化石的形态来推断丹尼索瓦人与尼安德特人或现代人类的关系，是无法得到明确的结论的。一个研究小组得出结论，一方面，丹尼索瓦人的小指看起来应属于现代人类，而非尼安德特人。另一方面，丹尼索瓦人的下颌形态表明他们来自于现代人类相同的祖先。

总之，这些数据表明，一方面，丹尼索瓦人的 mtDNA 有可能是被更老的 mtDNA 取代了，另一方面，丹尼索瓦人的 mtDNA 是来自于尼安德特人和丹尼索瓦的共同祖先，后来又被之后的尼安德特人的世系所取代。这看起来混乱的关系似乎有再次澄清族谱的需要。

丹尼索瓦人 0、1、2

2019 年的一项研究表明，丹尼索瓦人也可分几种，分别为 0、1 和 2。丹尼索瓦人 0 是专指阿尔泰地区的丹尼索瓦人。丹尼索瓦人 1 约在 36 万年前与丹尼索瓦人 0 分家，而丹尼索瓦人 2 在约 28 万年前与丹尼索瓦人 1 分家。这三种人是否可以视为三个亚种尚有争议。

可能的第三个古智人种

完整的基因组分析暗示了第三个古老的人类对丹尼索瓦人、尼安德特人和现代人类都有遗传的影响。一个 8 万年前牙齿内的 DNA 来自丹尼索瓦山洞的丹尼索瓦人，证实了这第三种智人与尼安德特人和人类祖先共存。

全基因组（mtDNA 和核基因组）决定的族谱

把所有零碎的信息汇总在一起，可以得出图 10–3 的族谱。图中的宽带表示各个物种内的多元性，而不只是以线条代表典型的人种。

图的起点是大约 120 万年前直立人属的共同祖先。以宽带为代表的人种不断与其他人种融合，到了 100 万年前智人开始成形。在这主要物种分成两个宽带（尼安德特人和丹尼索瓦人）之前，一个未知物种可能是古老的尼安德特人，从海德堡人分支出来（橙色线），后来又与其他两个人种融合。

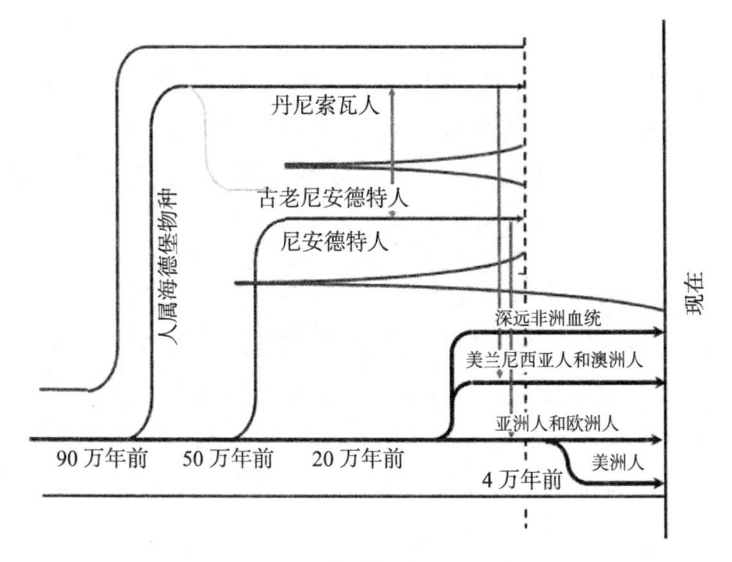

图 10-3　以条带表示的智人族谱
这张图的起点是大约 120 万年前的直立人属的共同祖先

主要人种宽带在 60 万年前分为上下两个宽代。上面的宽带成为尼安德特人和丹尼索瓦人的共同祖先。尼安德特人和丹尼索瓦人继续水乳交融，甚至包括了由橙色线代表的古尼安德特人。大约 40 万年前，尼安德特人和丹尼索瓦人的分别愈加明显，尼安德特人和丹尼索瓦人可以说是不同但密切相关的姊妹亚种。

图中下面的宽带则持续发展到 20 万年前，现代人类终于成形而成为今天智慧的智人亚种。当然，其中也不时与其他人类亚种交流。

图 10-3 是在 2019 年下半年对智人族谱的了解，虽然有点混淆，但还可容易搞清楚。图中的古老的尼安德特人似乎从 100 万年前到 40 万年前无所不在（橙色线）。如果可以在将来能肯定他们究竟是谁，这个族谱会变得更为复杂。

在第 9 章中讨论现代人类演化时提到现代人类的多区域演化理论不合逻辑。从另一个角度来看，如果把时间放远到 100 万年前智人物种的演化过程，那么从多区域演化出不同的人类亚种倒是可能的。结合化石记录、智人的迁徙路径以及本章所讲到的基因证据，很明显现代人类是在非洲演化的。但是，尼安德特人和丹尼索瓦人则在中东或欧亚大陆的某个地方演化。这整个智人家庭成员崛起的多区域演化观念似乎尚为合理。

智人类各亚种之间的交流

上一章对 mtDNA 的研究提出了大量证据，把现代人类用地理区域为基准的“种族”概念证实了毫无意义。这是因为现代人类在这 20 万年间四处走动（见第 13 章），并且经常在他们的地理区域之外建立许多姻亲关系。那么，在智人的亚种之间是不是也有像现代人类之间的亲近交流呢？答案是肯定的，因为现代人类的基因组中留有不可抹掉的证据。

尼安德特人和丹尼索瓦人的互动

最早的跨亚种婚姻关系可能是来自尼安德特人和丹尼索瓦人的互动。通过丹尼索瓦人的核基因组和丹尼索瓦洞穴内找到的 9 万年前尼安德特人的核基因组进行比较，发现丹尼索瓦人的部分基因是来自尼安德特人。

另外自丹尼索瓦洞穴发掘到一名女子的骨头碎片，是尼安德特人母亲和丹尼索瓦人父亲的结晶。她的尼安德特人母亲的血缘中来自中欧 4 万年前的尼安德特人的基因，却又多于丹尼索瓦洞穴的 9 万年前尼安德特人的基因。此外，她的丹尼索瓦人基因组还带有古老的尼安德特人的基因。这些发现就以图 10–3 中橙色线来代表。这些证据很显然地表明，尼安德特人和丹尼索瓦人之间的基因交流一点都不罕见。

显然，丹尼索瓦洞穴是这些祖先认为很适于居住的地方。最近在此洞穴中发现的尼安德特人的化石，有 12 万年的历史，比其他尼安德特人居民要早 8 万年。在同一个洞穴中还发现的具有 9 万年的尼安德特人和丹尼索瓦人混血，表示了两种人很可能同时同住一处。这个丹尼索瓦洞穴一定是世世代代智人类居住的地方，最早的居民很可能是尼安德特人的祖先。

现代人类和尼安德特人的互动

从测年化石的讨论中提到，尼安德特人大约在 4 万年前才消失。他们的生活范围从西班牙以西扩展到西伯利亚的东部。同时，另外前面也提过，在中东曾发现了 10 万年前的现代人类的化石。他们两者在时间上和空间上重叠的可能性很大，所以之间的交配可能很普通。从图 10–3 中可看到他们在演化的历程上相距约 40 万年，在演化生物学里，物种之间还没有完全隔离。第 5 章也提到，尽管现代黑猩猩和倭黑黑猩猩在形态上存在明显差异，但他们被刚果河分离了 150 万年之久后仍可交配产生后代，现代人类和尼安德特人的亲昵行为实不足奇。

现代人与尼安德特人之间的交配一定是成功的，因为许多现代人的 DNA 中都有尼安德特人的基因。我就是一个活生生的例子，当 23andMe 分析我的 DNA 时，我的基因中有 226 个尼安德特人变种（variants）。不过，我还是少数，在 23andMe 数据库中，有 92% 的人基因中的尼安德特人变种比我还多，其中最多的是 397 个。已知的尼安德特人变种共有

6000个，但尚不清楚23andMe已测试并与客户共享多少。大半的亚洲人和欧洲人的基因组中有2%～3%来自尼安德特人。

现代人类和丹尼索瓦人的互动

从图10–3也可看出，尼安德特人和丹尼索瓦人之间有很长的时间互动与基因的交流，并且他们也有很多空间上的重叠。当研究人员在2012年重建了整个高质量的丹尼索瓦人基因组后，就很清楚地发现，与尼安德特人一样，丹尼索瓦人在欧亚大陆的很多地方也与现代人类交配。此外，分析还表明，在最近的5万年间，渗入现代人类的DNA可能来自多个不同丹尼索瓦人的群体。

丹尼索瓦人的DNA占美拉尼西亚人的基因组的4%～6%（美拉尼西亚群岛是在接近澳大利亚的大洋洲中，以居民的深肤色命名）。丹尼索瓦人在其他太平洋岛屿和一些现代东南亚人中留下了他们的DNA。其他大多数现代人类的基因中都很少有丹尼索瓦人的痕迹。

智人家庭中的血缘关系

行文至此可以把上述的细节整理成更加完整的智人族谱了，当然目前它至少包括了现代人、尼安德特人、古老尼安德特人和丹尼索瓦人，以及他们互动而产生的血缘关系。图10–4是把所知总结在一处。

先从现代非洲人说起，他们几乎没有尼安德特人和丹尼索瓦人的DNA。欧洲或亚洲人中则有2%～3%尼安德特人的DNA。美拉尼西亚人是现代人中有最多丹尼索瓦人DNA（4%～6%）的人。丹尼索瓦人的DNA在其他东南亚和太平洋岛民中则比较少，而在世界其他地方则更低或无法检测到。

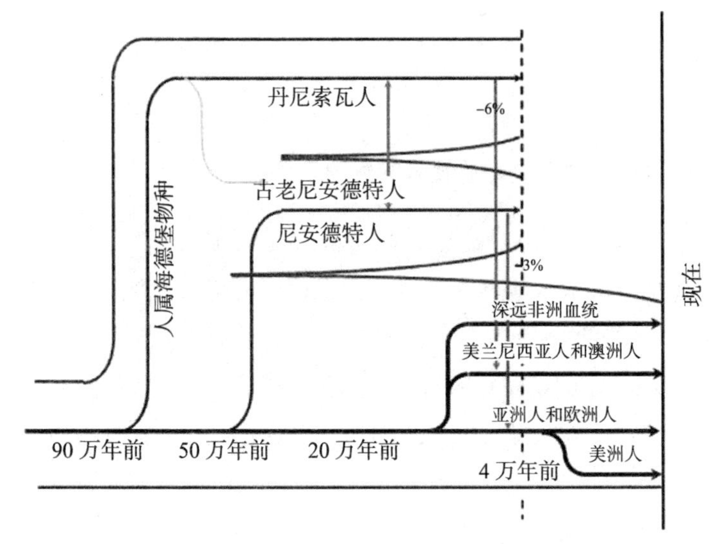

图 10-4　丹尼索瓦人和尼安德特人对现代人的遗传贡献
丹尼索瓦人和尼安德特人之间的混合目前还没有被量化

以下是这三个亚种之间最可能的互动过程。在一部分现代人类离开非洲后，留在非洲的现代人类没有机会与尼安德特人或丹尼索瓦人接触，所以他们有很纯的非洲基因，但是却有可能和其他非洲的智人亚种交往。同时，欧洲和亚洲的现代人在离开非洲后，经过中东与尼安德特人交往，然后扩散到其他地区。在继续向西、向东、向北的旅行中，他们遇见了尼安德特人和丹尼索瓦人，也和他们发生了密切的关系。

美拉尼西亚人 DNA 里有最多的丹尼索瓦人 DNA，这可能是因为他们与中东地区的丹尼索瓦人交往后并未再与其他地方的人们融合，而继续向东一直到澳大利亚。与美拉尼西亚人相比，东南亚和大洋洲岛屿人就没有那么多丹尼索瓦人的 DNA 了。

智人全家福

假如把智人的所有家庭成员，也就是所有智人的亚种，摆在一起照张全家福相，我们可以分辨出谁是谁吗？那就要看各亚种的特征了。

现代人类

现代人类经常揽镜自照，当然知道自己长得是什么样子。但是任何一个现代人类都不是整个人类亚种的典型。如果说到他们单项的特征就会呈正态分配，分配的平均值就是那一特征的典型。人的身高、发色浓淡、皮肤深浅、鼻子高低的平均值是那些特征的典型。如果拿任何一项特征正态分布在两翼来比较，可以想象会有很大的不同。所以在现代人类中也是形形色色的。

尼安德特人

人们已有了大量的尼安德特人化石，经过比较解剖学专家对骨骼和肌肉的了解，再加上富有创意的艺术家（荷兰的肯尼斯兄弟 Kennis 和 Kennis）共同合作，重建了一个完整的尼安德特人，他来自比利时，20 多岁，身高 155 厘米，面带微笑，直是栩栩如生（图 10–5）。肯尼斯兄弟说："科学家带来了知识，我们创造了角色。"这个重现的尼安德特人现在在伦敦肯辛顿的自然历史博物馆展出。

如果他站在我们中间，我们会混淆他作为我们中的一员吗？第一，他不是布尔所描绘的弯腰驼背的野蛮人；第二，他身材和现代人类差不多，但健硕得多。一个现代人类在健身房勤练加上良好的饮食，可能也会练得和他差不多。如果这尼安德特人穿着一件T恤、一条牛仔裤，把脸上的胡须刮干净，去乘坐纽约地铁，大概没有人会对他特别注意。

图 10-5　荷兰肯尼斯兄弟重建的尼安德特人
在伦敦南肯辛顿自然历史博物馆展出

丹尼索瓦人

丹尼索瓦人化石十分稀少，肯尼斯兄弟可没办法让他们的相貌与形体重见天日，还是那句老话，巧妇实在没法做起无米之炊。但是，科学家们并不气馁，他们从基因着手进行对丹尼索瓦人的相貌形体进行推测。第一步是先从现代人类和尼安德特人共有与外观相关的基因开始，然后从与丹尼索瓦人不同的基因来决定丹尼索瓦人的骨骼结构。由于任何常见的表型都是多种基因型的表达，因此我们须用到那些和外观特征特别有关联的基因。这些表型和基因型的关系可以与现代人类有变异而造成畸形骨骼的比较来猜测。这种方法从逻辑上来说是有缺陷的，但目前是唯一的尝试，我在此只作一简介。图 10–6 就是他们推测的结果。

图 10–6　丹尼索瓦人脸的表型推测（*Maayan Harel* 绘，《美国国家地理》2019 年 9 月）

据推测丹尼索瓦人看起来比较像尼安德特人多些，而比较不像现代人类。但丹尼索瓦人与尼安德特人之间也有一些小差异。第一，丹尼索瓦人的骨盆与尼安德特人的骨盆虽相似，但与现代人类的骨盆截然不同。第二，丹尼索瓦人的头骨比尼安德特人和现代人类的都宽，这表明他们脑颅和脑容量也比较大。所以丹尼索瓦人有可能比尼安德特人和现代人类都聪明。第三，丹尼索瓦人有比较长的下颌，可以容纳较大的牙床和牙齿，这可能是由于他们有食用比较坚实的植物、树叶类和坚果的需要，也同时意味着他们不像尼安德特人那么会打猎。

DNA 的幻想终归还只是幻想

第 8 章打破了对 DNA 的一个幻想，即可以完全根据 DNA 就可合成一人的面孔。上面这项对丹尼索瓦人面孔的尝试似乎证明了这种可能性。可是图 10–6 的丹尼索瓦人仅能看出最显著的特征，如嘴唇、牙、鼻子和额头，这些特征都可能与有异常的基因有关。推测的假定是，将这些现代异常的基因作为丹尼索瓦人 DNA 的典型。同时这推测最多只能代表丹尼索瓦人之一而非典型。还有，这个推测过于简化了基因与基因之间的相互作用，亦即忽视了现代遗传学注重的表观遗传学。总之，仅凭 DNA 就能合成一个人面孔所有特征的幻想终归还只是幻想。

现代人类和尼安德特人或丹尼索瓦人交谈了吗

有时，科幻小说可以激发出真正的科学。他们会不经意地激起了开创性的思维，并提出了学术界通常无法想象的问题。我不禁想起约翰·达顿的书《尼安德特人》。那本书提出了一个问题，即尼安德特人是否可以与现代人类用语言来交谈。书中声称尼安德特人像人类一样聪明（直到目前，这还没有定论），且单从他们的声带解剖来说，他们是有先天说话的条件。

对我来说，如果坐纽约市地铁迷了路，而那个穿着 T 恤和牛仔裤的尼安德特人正站在我旁边，我可能会毫不犹豫地问他坐哪一号地铁去洋基球场，我还会等待他的回答。这个期望实际吗？从解剖学上讲，尼安德特人不止声带和喉咙结构与现代人类十分相似。他们的 *FOXP2* 似乎在至少在 40 万年前到30万年前获得了与现代人类相同的氨基酸。尼安德特人或丹尼索瓦人是否可以用语言来沟通，除非我们通过比较全基因组关联性研究（Genome Wide Association Study，GWAS）和解剖学与说话的能力联系起来，否则仍然没有答案。如果我可以与伯德研究所或普朗克研究所合作，我会建议将此主题作为一个研究项目。

跨智人亚种姻亲关系的影响

跨物种杂交（hybridization）与物种内混血（crossbreed）

现代人类长久以来已知血缘关系接近的物种可以从跨物种的杂交中受益（在演化来说则称为适应性渗入），但也有用物种内混血来代表同样的行动。其实跨物种杂交与物种内混血是不完全相同的。跨物种杂交顾名思义是不同物种之间的关系，英文用 hybridization 来代表。而物种内混血是物种内不同群体之间的关系，这些群体可能来自不同地理区域，也可能来自不同亚种，英文一般用 crossbreeding 来代表。智人族谱中的成员当然属于同一物种，他们之间的任何关系都应属于物种内混血。

你可能听说过混血的孩子看起来都比较漂亮，然而，这是一个无稽之谈。首先，人的漂亮与否纯粹是主观的，从基因交换随机性角度来看，本质上并没有一个漂亮或丑陋的判断，演化方向最终的决定权掌握在环境手中。培育瘦肉牛过程的决定因素就是这些牛的环境，当然饲养人认为瘦肉牛越瘦越容易赚钱，所以瘦肉牛的数目越来越多，难道瘦肉牛比普通牛漂亮吗？这样的选择是不自然而有方向的，但是瘦肉牛的基因一代接着一代在物种内交配的被饲养人利用而变得越来越单纯，对任何其他环境的适应能力越来越脆弱。人类的演化当然不同，物种内混血产生了物种内必要的多元性，才更能适应变化多端的环境。

从智人的观点来看，每一亚种到了新的地域时都会面对着一连串新的挑战，不同的气候、食物链、掠食者和各种病原体等。如果没有任何外来基因，而纯靠自然选择加上少见的突变演化来适应不断变化的环境，是需要很长的时间才能在这群体中广为扩散。但是一个群体到了另一群体家去做客或定居，就会自然地产生物种内混血的后代，新来的群体给本地人带来了一些不同的基因，本地人则回报以本地演化出的基因。当然，这些混血的行为并不是因为他们已知会带来适应环境的优势或劣势。但是可以肯定的是，越能适应环境的能长久地存活下来。

人类亚种之间的关系是如何发生的呢？一旦一个亚种安居乐业，人口膨胀之后，就会向外迁移以求取更多的资源。约 7 万年前，有一部分现代人类离开非洲，最好走的路线是经过现在的中东地区。他们一定很惊讶遇到了看起来与他们很像的其他人，包括尼安德特人和丹尼索瓦人。这两个现代人类的亲戚已在当地居住了 50 万年，但他们与现代人类都来自同一祖先，有可能是海德堡人。这几个智人亚种大概互为友好而在欧洲、中东、亚洲和其他地区共存了至少数千年。他们之间的友好带来了混血，而且在现代人类的 DNA 中留下了永恒的痕迹。

这些线索可从图 10–4 中看到。走出非洲的现代人类 DNA 有 2%～3% 是从尼安德特人来的，而一些亚洲和大洋洲的种群中则有高达 6% 的丹尼索瓦人的 DNA。最近在罗马尼亚出土的 4 万年前的现代人类基因里有高达 6%～9% 尼安德特人的 DNA，可是现在的现代人类已不再有这么多尼安德特人的 DNA 了。

混血带来的是生存的优势还是劣势

尼安德特人 / 现代人类与丹尼索瓦 / 现代人类的物种内混血已无疑问，那么这些互动给现代人类带来了什么生存的好处和坏处呢？这些好处或坏处对现代人类的演化又有多大的影响？在现代人类到欧洲和亚洲大陆以前，尼安德特人和丹尼索瓦人已在那里生活了数 10 万年之久，足够的时间演化出基因型和表型来适应微弱的阳光、寒冷的气候和当地的各种微生物。现代人类在到了中东和欧亚大陆时与他们混血，就有可能得到一些基因变体。从整个现代人类的基因组看来，有些基因仍然带有很深的尼安德特人的变种成分，那些变体大都是古老智人为了适应他们的环境经几十万年间来演化出来的，它们无疑帮助了现代人类的生存和繁殖，当然也带来了一些问题。

这种现象在跨物种之间的杂交是常见的，但是出现在同一物种内亚种之间的混血更为普通，因为亚种之间的物种边界根本不存在。同样的，也许相似物种之间的物种边界也只是多孔而非滴水不漏的。在下一章谈到人类物种形成时，这种多孔的或可渗透的物种边界概念是一个重要的起点。

古老智人给现代人类的祖先带来了什么生存优势或劣势呢？虽然科学家无法完全确定，但也找到不少的线索。这些承袭过来的基因变种有些与我们的免疫系统、皮肤、头发、新陈代谢和对寒冷天气的耐受性有关，帮助了新移民在新土地上生存。有些变种可能不会有任何后果，更有些也给现代人类带来了不少的麻烦。

尼安德特人带给现代人类的表型

新型冠状病毒

尼安德特人基因的渗入对当代人类具有直接的影响。自2020年初以来，已有数以亿计的人感染了新型冠状病毒，该病毒可导致严重的呼吸困难并最终造成系统衰竭，造成数以万计的人死亡。新型冠状病毒（SARS-CoV-2）感染已成为自1918年流感大流行以来最严重的流行病之一。在撰写本文时，它还在肆虐全世界，尚未有和缓的迹象。在预防和治疗感染的时候是否与哪些遗传基因有关，是一重要课题。

2020年9月的一项遗传协会研究（见本章注释16）确定了三号染色体上的一个基因区是SARS-CoV-2感染后导致呼吸衰竭的敏感地带。一项关于3199名感染新型冠状病毒的住院患者和对照组成的新研究发现，这一位置是SARS-CoV-2感染和住院的主因。这个位置是现代人类从尼安德特人那里承袭了约5万个碱基对的基因区，南亚人的50%和欧洲人的16%都携带有此变体。

研究的重点表明，该基因区与来自欧洲南部的5万年的尼安德特人的基因区几乎相同。进一步的分析表明，这些变种通过混血大约在6万年前传给了现代人类的祖先。

雀斑

在比较现代人类和尼安德特人的基因组发现，最常见从尼安德特人带给人类对环境适应而来的基因，大都与皮肤和头发有关。其中之一是9号染色体上的*BNC2*基因，此基因与欧洲人的皮肤色素和雀斑有关。近 70% 的欧洲人携带此尼安德特人的版本。这就是为什么许多欧洲人，尤其在年轻时脸上多少都有点雀斑的原因。

2 型糖尿病

最被充分研究的例子是我们从尼安德特人那里承袭下来的 2 型糖尿病变体基因。这个发现归功于基因学家帕伯的团队。另一研究小组更进一步指出，中美洲的玛雅人比一般人患上 2 型糖尿病的风险来得高，这风险已从数据中证实与自尼安德特人那里承袭了这基因变体有关联。

多年来，研究人员一直专注最常见的 2 型糖尿病，它占人类糖尿病病例的 90%～95%。2 型糖尿病源是因人体要么无法产生足够的胰岛素，要么细胞会无法吸收胰岛素。胰岛素是人体利用糖来获取能量的一种必要的荷尔蒙。

对 2 型糖尿病的研究直到大约 20 年前才发现和 11 号染色体上的 *SLC16A11* 基因有密切的关联，该基因影响了肝脏的功能。人类中带有此基因变体的人比未带此变体的人，罹患 2 型糖尿病数字高出 25%。从父母双方承袭了该变异的人，患 2 型糖尿病的可能性更增加了 50%。

另外美洲原住民和拉丁美洲人中近半数带有此变体。而在拉丁美洲人中甚至比美洲原住民人更为常见。带有此变体的拉丁美洲人可能占他们 2 型糖尿病患者中的 20%。

现在科学家已对 *SLC16A11* 有了进一步的了解，也明白了它在尼安德特人发生变体后传给了现代人类的，增加了现代人类罹患 2 型糖尿病的风险。从长远来看，继续的研究也许能够发展出更好的预防或治疗的方法。

这些结果尽管令人对 2 型糖尿病的医疗感到乐观，但还不到能用基因编辑把 2 型糖尿病完全消除。就像大多数遗传疾病一样，2 型糖尿病是一个复杂的疾病，受多种基因以及环境和行为的影响，这一发现只是一个庞大而复杂的 2 型糖尿病难题中的一部分。现阶段对它的了解仍处于初步阶段，对真正做到能用基因编辑来消除此疾病还有很长的路。

丹尼索瓦人带给现代人类的表型

高原生活

人们对丹尼索瓦人的了解始于丹尼索瓦洞穴中一小段小指化石，当地是在海拔 700 米处。后来在青藏高原海拔 3300 米处，又发现了一丹尼索瓦人的下颌骨化石（见第 5 章）。在青藏高原发现丹尼索瓦人倒是合理的，因为现住喜马拉雅山麓的夏尔巴人可能在那里承袭了丹尼索瓦人第 2 号染色体上的 *EPAS1* 基因变体。这 *EPAS1* 基因变体使夏尔巴人比一般人更能适应高海拔区域的生活。丹尼索瓦人是如何进入青藏高原的，而且把他们的 DNA 注入夏尔巴人的血脉中，也是丹尼索瓦人谜样的身世和历史。

除了高原生活外，*EPAS1* 变体还在有些优秀运动员身上找到。所以 *EPAS1* 也被称为“超级运动员”基因。夏尔巴人也以此有名，如果你有机会去爬喜马拉雅山南麓大本营（Base Camp），那些向导都是夏尔巴人。

高原生活不一定需要 *EPAS1*

安第斯山脉的秘鲁人长年住在海拔 4000 米的山上，他们有没有 *EPAS1* 的基因变体呢？我在 2018 年初访问秘鲁 5200 米高的彩虹山，这是一个位于库斯科（Cusco，原印加王国的首都）地区安第斯山脉的高峰。在去那里之前，我先在 3400

米高的库斯科住了两天来适应海拔高度。但是我在库斯科时上下楼梯都不很容易，所以我决定上彩虹山时以马代步，预订了一匹坐骑。

到了彩虹山下才知道坐骑的意思是我骑在马上，马缰绳由向导拉着走。尽管那时正值南半球的夏天，天上仍在飘雪，地上也有些积雪，那向导身高不满 5 尺，穿着一双破旧露趾凉鞋，拉着马在泥泞且高低不平的上坡路上奔跑。他从 4000 米的高度一直带我到 5200 米的山巅把我放下，让我观光一番。他告诉我他会回来载我下山，他要回到山下带下一个观光客。

他能在如此高度上下自如令我十分惊讶，我还以为这些安第斯人大概也带有丹尼索瓦人的 *EPAS1* 变体。后来我做了比较详细的探讨，发现事实并非如此。印加本地人是亚洲的后裔（见第 13 章），或更准确地说是最初在阿尔泰山附近居民的后裔，他们大约在 15 000 年前辗转移居美洲到达南美。就像所有美洲人一样，他们没有丹尼索瓦人的基因，所以不会带有 *EPAS1* 变体。他们住在安底斯山上的时间最多也只有 1 万年左右，大概还没有足够的时间演化出像 *EPAS1* 之类的变体。事实上，安第斯高原印加人是因身体做了适当的调整，他们的血液中有比较多的携氧血红蛋白足以因应稀薄的空气。但是，这些调整不是永久的，如果他们回到低地，其血红蛋白在一两个月后会降回平常人的浓度。他们的高地生活的耐受性不是突变基因引起的表型。这种调整是每一人都有的，因为每一个人都有第 1 号染色体中的 *EGLN1* 基因来专司此功能。

由于通过 *EPAS1* 或增加血红蛋白浓度都可以让人适应高山生活，那么这两种适应之间有什么不同呢？其实，夏尔巴人的血红蛋白浓度甚至比一般人的还低，丹尼索瓦人的 *EPAS1* 变体基本上改变了他们的生理，不需要那么多的氧气来维持正常的生活。但是，安第斯山住民就像每个人一样需要充分的氧气才能生存，他们是依靠了 *EGLN1* 基因要比一般人发挥更多的作用。对丹尼索瓦人（或夏尔巴人）来说，较低的血红蛋白浓度可能有利于减少血液阻塞和寒冷天气引起的心脏病。

丹尼索瓦人至少经过了 50 万年演化出 *EPAS1* 基因变体，让他们得以在高山地区生活。夏尔巴人经与尼索瓦人的混血，得到了 *EPAS1* 变体和在高山地区生活的条件。但是，现代人类在获得了这个有益的变体后就再也没有机会回报这个好处了，因为丹尼索瓦人已灭绝了，也不知是否因为现代人类有意或无意造成了他们走向灭绝的命运。

对微生物的免疫反应

据哥凡医学研究所（Garvan Institute of Medical Research，澳大利亚雪梨研究所）发现，一些现代人类从丹尼索瓦人那里得到了一个能控制微生物免疫反应的基因变体，显示出生物对适应环境不停地演化。

一些非变体的 *TNFAIP3*（在第 6 染色体上）基因本身会引起自身免疫（autoimmune）问题，如炎症性肠病、关节炎、多发性硬化症、牛皮癣、1 型糖尿病和狼疮等，都是人类免疫系统对外来的微生物产生过度的反应（超免疫反应）。该研究表明，包括澳大利亚土著居民、美拉尼西亚人、毛利人和波利尼西亚人在内的一些现代人类从丹尼索瓦人获得了 *TNFAIP3* 变体，它增加了一系列免疫反应，包括保护他们免受致病微生物侵害的反应。

该研究发表在《自然免疫学》期刊上，是第一个从已灭绝人类物种的基因变体可以改变现代人类免疫系统活动的研究结果。

调整免疫反应的关键

TNFAIP3 基因是 A20 蛋白质的部分蓝图，该蛋白质可“缓和”对外来微生物的超免疫反应。经此变体造成的 A20 蛋白，可以调节免疫反应的程度，降低自身免疫对人体的伤害。这是又一次的现代人类从丹尼索瓦人获得的益处。

研究小组还从西伯利亚来的 5 万年前丹尼索瓦女孩的基因组中发现了该变体。但是，从同一山洞中来的尼安德特人基因组中却没有这个变体。因此可以合理推测，该基因变体是在尼安德特人和丹尼索瓦人分家后出现的。

本章总结

从尼安德特人和丹尼索瓦人完全的基因组解码，人类学家对智人成员之间的微观层互动有了进一步的了解，同时对过去数 10 万年前智人类的宏观演化和关系也都比较清楚，为智人的族谱，包括现代人、尼安德特人和丹尼索瓦人，增加了不少的细节。除了这三个人类亚种，基因组的数据中也指出了另外还有一两个智人亚种成员的存在。

从微观来看，族谱中的所有三个成员都有密切的互动。混血的事件是常态，导致了许多基因变体的交换。这种关系使现代人类在应付日常挑战的能力上得到一些优势，但是也承袭了一些弊端，例如 2 型糖尿病和新型冠状病毒肺炎的影响。

最后，尽管随着分子人类学的发展和对古老智人基因组的了解，把时光带回到了智人演化的初期，即约 100 万年前。

对我来说，更为有趣的谜题是人类物种如何在 700 万年前演化来的。那么人类学家有没有可能把时光带回更远的过去来解开这个谜题呢？尽量去寻找一些更为古老人类，如地猿属和南猿属的 DNA 来测序完整的基因组似乎是一合理的方向。事实证明，说不定 700 万年前的 DNA 已经存在于现代猿类的高质量 DNA 中可以用来合理推测人类如何与黑猩猩分家的过程。

注释

1. 本章引用的研究通常涉及大型科学团队。因为现代分子人类学需要很多学科人才，而这些人才只能在不同的背景和组织中找到，所以团队必然很大。他们还需要在国际合作中拥有先进设备和复杂软件的资源。出于对每个人贡献的尊重，我决定引用完整的作者名单。这些庞大的作者名单让我想起了粒子物理学中的类似情况。希格斯玻色子的实验发现，有时被称为标准模型的神粒子，由大型强子对撞机 (LHC) 所发表的物理论文以字母来排列参与的作者，单是 3000 位共同作者就占了 8 页。
2. "Observation of a new particle in the search for the Standard Model Higgs boson with the ATLAS detector at the LHC," G. Aad, and 3,000 other contributors, Physics Letters B, 716, 1–29 (2012).
3. "The complete genome sequence of a Neanderthal from the Altai Mountains," Kay Prüfer, Fernando Racimo, Nick Patterson, Flora Jay, Sriram Sankararaman, Susanna Sawyer, Anja Heinze, Gabriel Renaud, Peter H. Sudmant, Cesare de Filippo, Heng Li, Swapan Mallick, Michael Dannemann, Qiaomei Fu, Martin Kircher, Martin Kuhlwilm, Michael Lachmann, Matthias Meyer, Matthias Ongyerth, Michael Siebauer, Christoph Theunert, Arti Tandon, Priya Moorjani, Joseph Pickrell, James C. Mullikin, Samuel H. Vohr, Richard E. Green, Ines Hellmann, Philip LF Johnson, Hélène Blanche, Howard Cann, Jacob O. Kitzman, Jay Shendure, Evan E. Eichler, Ed S. Lein, Trygve E. Bakken, Liubov V. Golovanova, Vladimir B. Doronichev, Michael V. Shunkov, Anatoli P. Derevianko, Bence Viola, Montgomery Slatkin, David Reich, Janet Kelso & Svante

Pääbo, Nature, 505, 43–49 (2014).

4. "The complete mitochondrial DNA genome of an unknown hominin from southern Siberia," Johannes Krause, Qiaomei Fu, Jeffrey M. Good, Bence Viola, Michael V. Shunkov, Anatoli P. Derevianko & Svante Pääbo, Nature, 464, 894–897 (2010).
5. "A High-Coverage Genome Sequence from an Archaic Denisovan Individual," Matthias Meyer, Martin Kircher, Marie- Theres Gansauge, Heng Li, Fernando Racimo, Swapan Mallick, Joshua G. Schraiber, Flora Jay, Kay Prüfer, Cesare de Filippo, Peter H. Sudmant, Can Alkan, Qiaomei Fu, Ron Do, Nadin Rohland, Arti Tandon, Michael Siebauer, Richard E. Green, Katarzyna Bryc, Adrian W. Briggs, Udo Stenzel, Jesse Dabney, Jay Shendure, Jacob Kitzman, Michael F. Hammer, Michael V. Shunkov, Anatoli P. Derevianko, Nick Patterson, Aida M. Andrés, Evan E. Eichler, Montgomery Slatkin, David Reich, Janet Kelso, Svante Pääbo, Science, 338, pp. 222–226 (2012).
6. "A high-coverage Neandertal genome from Vindija Cave in Croatia," Prüfer K, de Filippo C, Grote S, Mafessoni F, Korlević P, Hajdinjak M, Vernot B, Skov L, Hsieh P, Peyrégne S, Reher D, Hopfe C, Nagel S, Maricic T, Fu Q, Theunert C, Rogers R, Skoglund P, Chintalapati M, Dannemann M, Nelson BJ, Key FM, Rudan P, Kućan Ž, Gušić I, Golovanova LV, Doronichev VB, Patterson N, Reich D, Eichler EE, Slatkin M, Schierup MH, Andrés AM, Kelso J, Meyer M, Pääbo S, Science, 358, 655–658 (2017).
7. "A Complete Neandertal Mitochondrial Genome Sequence Determined by High-Throughput Sequencing," Richard E. Green, Anna- Sapfo Malaspinas, Johannes Krause, Adrian W. Briggs, Philip LF Johnson, Caroline Uhler, Matthias Meyer, Jeffrey M. Good, Tomislav Maricic, Udo Stenzel, Kay Prüfer, Michael Siebauer, Hernán A. Burbano, Michael Ronan, Jonathan M. Rothberg, Michael Egholm, Pavao Rudan, Dejana Brajković, Željko Kućan, Ivan Gušić, Mårten Wikström, Liisa Laakkonen, Janet Kelso, Montgomery Slatkin, Svante Pääbo, Cell, 134, 416–426 (2008).
8. "Analysis of Human Sequence Data Reveals Two Pulses of Archaic Denisovan Admixture," Sharon R Browning, Brian L Browning, Ying Zhou, Serena Tucci, Joshua M Akey, Cell, 173, 53–61 (2018).
9. "No Evidence for Recent Selection at FOXP2 among Diverse Human Populations," Elizabeth Grace Atkinson, Amanda Jane Audesse, Julia Adela Palacios, Dean Michael Bobo, Ashley Elizabeth Webb, Sohini Ramachandran, Brenna Mariah Henn, Cell, 17, 1424–1435 (2018).

10. "Reconstructing Denisovan Anatomy Using DNA Methylation Maps," David Gokhman, Nadav Mishol, Marc de Manuel, David de Juan, Jonathan Shuqrun, Eran Meshorer, Tomas Marques-Bonet, Yoel Rak, Liran Carmel, Cell, 179, 180–192 (2019).
11. "Neanderthal Man, In Search of Lost Genomes," Svante Pääbo, 2015, Basic Books publisher.
12. "Multiple Deeply Divergent Denisovan Ancestries in Papuans," Guy S. Jacobs, Georgi Hudjashov, Lauri Saag, Pradiptajati Kusuma, Chelzie C. Darusallam, Daniel J. Lawson, Mayukh Mondal, Luca Pagani, François-Xavier Ricaut, Mark Stoneking, Mait Metspalu, Herawati Sudoyo, J. Stephen Lansing, and Murray P. Cox, Cell, 177, 1010–1021 (2019).
13. "A late Middle Pleistocene Denisovan mandible from the Tibetan Plateau," Fahu Chen, Frido Welker, Chuan -Chou Shen, Shara E. Bailey, Inga Bergmann, Simon Davis, Huan Xia, Hui Wang, Roman Fischer, Sarah E. Freidline, Tsai- Luen Yu, Matthew M. Skinner, Stefanie Stelzer, Guangrong Dong, Qiaomei Fu, Guanghui Dong, Jian Wang, Dongju Zhang & Jean-Jacques Hublin, Nature, 569, 409–412, (2019).
14. "Morphology of the Denisovan phalanx closer to modern humans than to Neanderthals," E. Andrew Bennett, Isabelle Crevecoeur, Bence Viola, Anatoly P. Derevianko, Michael V. Shunkov, Thierry Grange, Bruno Maureille, and Eva-Maria Geigl, Science Advances, 5, 2019.
15. "The genome of the offspring of a Neanderthal mother and a Denisovan father," Viviane Slon, Fabrizio Mafessoni, Benjamin Vernot, Cesare de Filippo, Steffi Grote, Bence Viola, Mateja Hajdinjak, Stéphane Peyrégne, Sarah Nagel, Samantha Brown, Katerina Douka, Tom Higham, Maxim B. Kozlikin, Michael V. Shunkov, Anatoly P. Derevianko, Janet Kelso, Matthias Meyer, Kay Prüfer & Svante Pääbo, Nature 561, 113–116 (2018).
16. " Denisovan, modern human and mouse TNFAIP3 alleles tune A20 phosphorylation and immunity," Nathan W. Zammit, Owen M. Siggs, Paul E. Gray, Keisuke Horikawa, David B. Langley, Stacey N. Walters, Stephen R. Daley, Claudia Loetsch, Joanna Warren, Jin Yan Yap, Daniele Cultrone, Amanda Russell, Elisabeth K. Malle, Jeanette E. Villanueva, Mark J. Cowley, Velimir Gayevskiy, Marcel E. Dinger, Robert Brink, David Zahra, Geeta Chaudhri, Gunasegaran Karupiah, Belinda Whittle, Carla Roots, Edward Bertram, Michiko Yamada, Yogesh Jeelall, Anselm Enders, Benjamin E. Clifton, Peter D. Mabbitt, Colin J. Jackson, Susan R. Watson, Craig N. Jenne, Lewis L. Lanier, Tim Wiltshire, Matthew H. Spitzer, Garry P. Nolan, Frank Schmitz, Alan Aderem, Benjamin T.

Porebski, Ashley M. Buckle, Derek W. Abbott, John B. Ziegler, Maria E. Craig, Paul Benitez-Aguirre, Juliana Teo, Stuart G. Tangye, Cecile King, Melanie Wong, Murray P. Cox, Wilson Phung, Jia Tang, Wendy Sandoval, Ingrid E. Wertz, Daniel Christ, Christopher C. Goodnow & Shane T. Grey, Nature Immunology, 20, 1299–1310 (2019).

17. “The major genetic risk factor for severe COVID-19 is inherited from Neanderthals”, Hugo Zeberg and Svante Pääbo, Nature, (2020). https://doi.org/10.1038/s41586-020-2818-3.
18. “On the Origin of Species By Means of Natural Selection, or, the Preservation of Favoured Races in the Struggle for Life,” Darwin, Charles, Public Domain Books, 1859.

第 11 章
人类物种的形成
Human Speciation

我最早上生物人类学课的动机，是想要了解人类如何演化来的。课程从传统的达尔文渐进观念开始，一再强调生物自然选择的演化过程。但是，课程和教科书都忽略了人类演化里最重要的一环，即人类如何成为人类，而黑猩猩则还只是黑猩猩。在大学生物人类学教科书的 600 页中，对“物种”的定义只有半页的解释，但那也只限于强调它是复杂而模棱两可的。至于人类物种的形成只用了 10 页来讨论，而且在关键的地方都只是蜻蜓点水般地提了一下，甚至好像有意避开这个主题。

尽管有性生殖的基因重组及其与环境的相互作用可以解释自然选择的演化过程，但要是只用此论点来解释人类和黑猩猩的分离则有着根本的矛盾。第一，自然选择的演化就无法解释，如果人类和黑猩猩系出同源，为什么他们有不同的染色体数目？第二，人类物种已形成的事实就已挑战传统物种的观念。除了遗传基因重组外，自然界必定存在一些基本机制能造成新物种的出现。

我意识到这些答案并不在大学教室内或教科书里。于是，我与教授进行了多次讨论来寻找替代方法，尽管她还算学识渊博，但我却无法获得明确的方向。当我在准备现代人类演化专题演讲的时候，我决定自己去探索这个人类物种形成潜在而根本的机制，也把它作为我对人类学最重要的课题。

经过整整一个月在各种学术期刊中的搜寻，我找到了一个我认为颇为合理的答案，可是这个答案与当时一贯的理论不甚一致，甚至带有挑衅的意味。这份研究报告从实验室里分析人类和人类近亲的基因组（微观）开始，推断了宏观的物种形成是如何发生的。它利用了大量的数据，全面、合乎逻辑、合理地解决了前面所提的各种矛盾。尽管这只是人类演化的一部分，而且还有很多细节未能定案，但我认为它已指出了正确的方向。我在人类学课里的专题演讲也包括了这个诠释和结论，并成为期终考试的一部分，当然也是本书从物理观点来看人类演化的主轴。

一个新物种从“大猿科”（Family）下分出新的“属”（Genus），摆脱了黑猩猩，并在700万年后的今天演变成现代人类。学者们从实验室的研究中得到了可以解释（目前只是部分解释）人类形成的重要步骤，表明了第9、10章的基因组研究基础的重要性。本章将尝试把人类最早宏观的活动和微观分子的活动联系起来。

第9章基于现代人类的基因组的了解，追溯了现代人类过去20万年的演化。第10章用古智人的基因组，包括尼安德特人和丹尼索瓦人，将人类的过去继续追溯到约100万年前。似乎拥有越古老的人类基因组，就越能追溯到更遥远的过去。

但是已有的古人类基因组只有从尼安德特人和丹尼索瓦人几万年的基因组，要跨越几万年到几百万年DNA的鸿沟可能不是那么容易。这项研究用人类近亲的基因组来跨越这个鸿沟，那就是利用了现代黑猩猩的基因组。当然在此必须说明的是，现代的黑猩猩已不是700万年前的黑猩猩了。

还有另外一个需要澄清的关键："物种"一词的基本定义，唯对其有正确的了解才能用它来讨论人类如何形成一新物种的理论。传统的"物种"过于狭窄，因为它只是用形体的表象来定义，取而代之的应是从基因组的异同开始，如果两个物种的基因组累积了过多的变化，到了不能（跨物种）杂交时，才真正地是两个不同的"物种"。由此可见，物种间的边界并不是绝对的。

本章首先从宏观的物种形成着手，然后用过去50年累积的分子遗传知识，重新为"物种"一词作一现代的诠释。依此定义，下半章则详述了我认为最合理人类物种形成的理论。

宏观物种形成的几种假想

第4章简要地叙述了物种的传统定义，目的是让动物容易被分类。简单地说，如果两个哺乳动物能够成功杂交并产生后代，那么它们就是同一物种。以此为基础，传统的分类法把看起来不同但能杂交的物种视为单一物种。当人们对基因和染色体有了更深刻的了解后，物种则被进一步定义为具有相同数目染色体的生物。所以，物种之间的杂交能力和染色体数目是任何物种形成讨论的一个很好的起点。

传统物种形成过程的看法是，一个物种如果遇到了一新环境又有足够的时间后，则原物种可能会变成（演化）另一个物种。这个变化的催化剂是自然选择加突变与积极反馈。当这些不停的变化与旧物种的差异变得大到不能相互杂交时，就出现了新物种。

宏观层面上，物种形成有几种可能的方案。它们之所以只是方案，是因为它们充其量是理论，而物种的形成所需要的时间和环境都是人们无法验证的（微生物除外，因为它们有机组织简单、繁殖迅速，世代交替十分快速）。这几种不同的方案只是代表不同的可能机制。生物群的物种形成可以始于分开地域（allopatric）、相邻地域（parapatric）或同一地域（sympatric）。由于本章的主题是人类物种形成，因此在简要介绍每个方案的同时，将讨论是否能解释人类物种的形成。当然更重要的是理出是哪一个方案与微观遗传物种形成过程最为一致，这是本章的下半部分的主题。

分开地域物种形成方案

根据英文原意，allo 字首和 patric 字尾已经说明了这个方案了。Allo 指的是不同的位置，分开地域物种形成是一物种由于外界影响，而被迫分居于不同区域所致。新物种的形成是因地理上的分隔，造成同一物种的多个种群，经长久的分隔，每一种群为适应不同的环境逐渐与原物种孤立或分歧，原物种成为几个不能杂交的物种。这种孤立和分歧的情况在自然界经常发生。

黑猩猩和倭黑猩猩的分家是 150 万年前因刚果河不断扩大，造成了分开地域物种形成的一个典型例子。从 150 万年前起，刚果河两岸的黑猩猩和倭黑猩猩，分别积累自己的基因型和表型。今天它们的外观差异很大，倭黑猩猩的身材修长，明亮的粉红色嘴唇，黑脸；黑猩猩的身材健硕，面部颜色会随着年龄的增长而变黑。从外观上看，它们十分不同，生殖孤立似乎毋庸置疑。如果人类没有把它们放在一起，鼓励它们交配，那么它们仍然是生殖孤立的。关于它们是否是同一物种的争论直到现在仍在继续。从生物学角度讲，它们具有相同的24对染色体，可以杂交，所以应视它们为同一物种。另一方面，如果它们在地理上继续分开数百万年，那时再判断它们是否是同一物种，结论就可能不同了。

这个分开地域是不是造成了黑猩猩和人类分开的机制呢？现在还无法确知700万年前人类和黑猩猩的祖先们居住在何处，或是否有任何天然障碍将居住地分为两个或更多个区域。同时，黑猩猩和人类不同的染色体数目也无法用此机制来解释。我不认为这种分开地域物种形成的方案就是人类和黑猩猩物种形成的机制。

相邻地域物种形成方案

相邻（para）地域物种形成过程是从居住在原地的居民开始的，他们住地可能占据了辽阔的地理区域。两（多）组相同物种分开成两个种群住在两个相邻地区，他们之间虽还有不断的基因来回流动，但如果地域辽阔到让每一种群面对不同地区的环境挑战，两者之间交往渐渐减少，假以时日，其中一个或两个种群都有可能变成独立的物种。

这两个种群之间可能会出现一个重叠区，虽然两个种群（现在已经接近两个物种）的表型和基因型正在分离之中，但他们仍可在重叠区继续交往。这种情况假设物种内的混血转变为两个物种之间的杂交，重叠区域变为杂交区域。这个相邻地域物种形成方案是已承认物种界限基本上是可穿透的。

最终，任何一个种群累积的自然选择和随机突变都会增加到不容许杂交和基因互流的程度，这时一个或两个新物种就已出现。他们在地理上变得更为孤立，或者选择远离其他物种，进一步加剧了形态、遗传差异和生殖的隔离。

尽管不知道人类和黑猩猩的祖先住在哪里，但地域可能大到在某些角落造成独立的演化。人类和黑猩猩的共同祖先处于这种地理状况似乎也是合理的，那么相邻地域物种形成方案也是有很大可能的。

如果这是人类和黑猩猩在700万年前分道扬镳的一种机制，有些地方还不完全谋合。他们的共同祖先如何产生两个具有不同染色体数目的物种？其实仔细分析他们的染色体，可以看到它们只是稍微不同。除了人类2号染色体可能是黑猩猩染色体首尾相接的两条染色体外，其他22条染色体大都雷同。

如果将这种宏观改变与微观改变综合在一起：人类和黑猩猩在渐渐分开越来越远时，其中之一的基因组发生突变，导致染色体数目改变，可能从23对变成24对，或是从24对变成23对。如果种群足够大，可能会有多个个体携带相同的突变。杂交区使突变的种群有机会继续繁殖那独特染色体的新生物，直至有足够新染色体的个体可以成功地代代相传。这个突变可能是最终将人类与黑猩猩永久分开的最后一步。

对于人类和黑猩猩而言，这种相邻地域物种形成似乎是一种很可能的机制。

同一地域物种形成方案

同一地域物种形成是在现有物种内部发生的。这个方案的假设：当因生态因素在一个物种中产生多个表型特殊的种群时，这些种群就会形成新物种。这个方案并不涉及物种地理上的分离，但有可能由于资源有限，每个种群都为保护自己的种群，减少了之间的交往，直到形成两个物种来代替原始物种。

这个方案的前提是，两个种群不同的表型一定要大到两个种群不能容忍对方，说不定是样子不同或是交配方式不同，导致双方保持一段距离。长时间的分离造成了与原始物种不同的新物种。

从达尔文的渐进演化观点来看，像人类和黑猩猩这样的复杂生物，这种表型分歧的情况就不太容易发生。在经常的基因交流的种群之间，每个表型的变化都是很小的，这可能不足以造成生殖孤立与隔离。当然，变成独立的物种的机会也小。这个方案可能无法解释人类与黑猩猩分家的机制。

宏观物种观念

这三个以经验推理的物种形成方案，整个程序都是从一个定义明确的物种开始的。物种的形成又是以几个定义明确的新物种结束。新物种形成后与原始物种有何不同？他们还能混血吗？如果可以，根据宏观物种定义，这物种形成过程是还没结束。如果不能混血，那么在过渡到新物种时的生物是不是一个物种呢？在演化过程中如何才算达到了新物种的形成？在寻求这些答案时，其实只有一个关键：长久存在的生物就是成功的物种，只是这个宏观物种的观念与传统的不同。

从第 3 章中的演化原理可看出，演化和物种形成将持续不断地发生，并不因为一个物种已经形成而中断或停顿。用传统物种的框架来定义任何生物是不恰当的，因为生物总是在不断演化，或从一个物种过渡到另一个物种的过程中。一个物种是新物种形成的良好起点，也是自己物种形成过程的终点。但更重要的是，任何一个过渡中的物种一定也是一个宏观的物种。

物种定义似乎越说越混乱，其实传统的宏观物种观念对生物学贡献良多，也会继续作为研究彼此接近的动物的指南。在下文中，我们将从一些微观角度重新审视物种的观念。一旦了解到物种的定义因为物种边界的不明确，而不是直截了当的，这项研究的起点和结论就很合逻辑了。

微观物种观念

生物物种概念的定义：生殖隔离（孤立）

根据生物形态、杂交能力和遗传相容性（即相同数目的染色体）而导出的生殖隔离物种定义，是麦尔（Mayr）和杜布赞斯基（Dobzhansky）在 1942 年提出的。麦尔说“物种是可以实际或潜在混血的群体，却与任何其他群体间是生殖隔离的”，这个生物物种概念（biological species concept,BSC）强调不连续性和完全的生殖隔离，一直驱动着直到 20 世纪 90 年代后期的遗传研究方向。此概念的核心是要求生殖隔离，而隔离程度是不容许基因组的任何部分与其他物种的基因组有交换。尽管现代的 BSC 与麦尔早期提出该定义时已经改进很多，但改进过的 BSC 仍然有逻辑上的矛盾。

生物物种概念逻辑上的漏洞

达尔文对物种的见解

BSC 概念带动了数十年的学术研究，但它与达尔文深信品种和物种之间连续性的想法相抵触。达尔文意识到，无论物种所指的是哪一个生物，它都必须允许多个物种起源于一个祖先物种。达尔文关于物种的最直接的见解是在《物种起源》结尾处的总结："此后，我们必须承认，物种和品种之间的唯一区别是，后者是在今天可以通过中间层次联系起来（可以混血），而物种则是在过去可以联系起来的。"换言之，达尔文认为品种和物种只是生殖隔离程度的问题，因此，"隔离"基本上并不严格，且本质上是模糊的。从这个意义来说，BSC 不承认物种的分歧会在基因交流的情况下持续存在，甚至是现代版本的 BSC 都与达尔文的看法矛盾。

物种杂交的事实

在过去数千年的农牧业历史中，人类有目的地将不同的植物物种或动物物种进行杂交，改善了许多作物和牲畜来喂养人类。在过去的 50 年中，人类更深入地研究这些长期存在的人工杂交背后的科学。无论是从长久的农业历史或科学的角度来看，杂交是生物界中的事实，它与 BCS 的生殖隔离概念有着鲜明的对比。

物种存在的事实

BSC 的隔离概念不允许不同物种之间有基因交流，引起了明显的逻辑问题。面对每一个地球上的 870 万种动物，而且它们都起源于大约 10 亿年前的同一祖先，如果不允许基因交流，新物种将如何产生？如果我们接受物种确实发生的事实，那么 BSC 一定不能普遍适用。据我们所知，物种形成是常态，而 BSC 充其量只是在极短的时间内对物种的一个肤浅的定义。

不严格的物种隔离

物种或人类的生殖隔离既然是不完全的，人类基因组中必定有些部分是来自其他人类物种。的确，现代分子生物学和人类学的研究就证实了这一点，一个最典型的例子是尼安德特人的基因变体在现代人类基因组中出现。此基因的交流已推翻了麦尔的 BCS 定义，它只能作为区分形态上不同且无法杂交不同物种的指南。对密切相关的物种，重要的是在微观基因组上的相互作用和它所造成的异同，而不只是宏观形态的分别了。于是基因组就有很多区域带着不同隔离程度，也就是可渗透物种边界（permeable species boundary）概念的开端。

物种边界

根据林奈（见第 4 章）的物种分类学，物种是最基本的生物单位，物种之间是截然不同的。但是本章一直在提醒物种之间的基因交流和杂交是可能的。所以物种边界只是不十分严谨的 BCS 定义。既然物种的边界并不严格，我们就可以逐区域、逐基因，甚至逐原子地比较不同物种的基因组。事实上已有证据显示人类基因组中的某些区域可能比较容易因杂交和基因渗入而改变。尼安德特人或丹尼索瓦人的变体大半在这些区域里找到。本质上，基因组边界是多孔的，有漏洞的，也是可穿透的。

确定人类物种形成的研究

本章的下半部分对第5章中人类族谱的第一个里程碑作进一步的分析，然后略述此研究如何从几个大猿科物种的基因组确定了人类物种形成的过程。基因交流的程度可以决定哪些部分的基因交流的先后，基因较早跨越边界的部分则比其他部分要老（见第9章分子时钟的讨论），因此基因交流的时间是用来决定物种形成时间的基础。除了基因组中的基因交流有早晚之外，有些基因却代表了另一个物种的特征，把时间和特征两者综合在一起，使得科学家能够追踪哪一特征来自哪一其他物种的时间。第10章里对人类亚种之间的相互影响已实际用到这些做法。

因为物种边界是可渗透的，所以杂交和基因的渗入是被允许的。但是，这渗透性也绝不是永久的。即使人类和黑猩猩来自同一祖先，现代人类和现代黑猩猩绝不能杂交。人类和黑猩猩物种的形成一定是渐进的，不管是经过哪一个宏观的形成方案，两个物种间的交配定是日渐减少，即使基因渗透率尚未降至零点，杂交也最终停止了。最有兴趣的课题则是确定人类与黑猩猩之间如何和何时最终变成两个不同的物种。

自人类物种形成以来已有数百万年，形成的细节必定是复杂和未知的，要能了解它们需要具有统计意义的数据和合乎逻辑的分析。包括我自己在内的大多数物理学家都会为宇宙寻求一个最简单而统一的物理模型，但也需有可信的数据和逻辑。如果物种形成的理论合乎这些条件，简单又符合逻辑，那应是一个很好的开始。就这项研究而言，它对这一人类物种形成的庞大主题处理的方法与结论，我认为似乎已合乎这些基本要求，所归纳出的过程也算合理。

在介绍这项研究前，我认为值得对这研究团队做一简介。团队主要由博德（Broad）研究所的科学家组成，它是位于美国马萨诸塞州剑桥的生物医学和基因组研究中心。该研究所与麻省理工学院、哈佛大学以及五个哈佛教学医院合作。除了这项工作，它还对医学和人类基因组进行了许多重要且创新的研究。在开始写本书之前，我打算在一些知名的机构进行一些深入的分子人类学研究，博德研究所也是我考虑的一个对象。在本章所介绍的理论来源于原论文的摘要、更详细的内容，可以参考戴维·赖克（David Reich）及团队在 2006 年 6 月发表在《自然》期刊上，标题为《人类和黑猩猩的复杂物种形成的遗传证据》的论文（见本章注释 1）。

首要前提：基因组内部不同的突变差异

这项工作的起点是认识到，沿着人类和黑猩猩这两个紧密相关物种的基因组时，会看到交流基因有不同的突变差异；较大的突变差异（很可能是单核苷酸多态性的突变）代表基因交流的时间较早，将变异程度转换为时间后，可以决定特定基因交流发生的时间（这个分子时钟的观念在第 9 章已详细介绍）。图 11–1 则是基因组内看到的从黑猩猩渗透到人类基因组后发生突变差异导出的相对年龄，称为突变差异时间。

图中称为基因组时间的虚线是平均的差异时间，也就是人类与黑猩猩发生基因交流的平均时间，一般说来，这个基因组时间可以视为人类与黑猩猩物种形成的时间。但是，这个平均时间并不是这两物种最后一次基因交流（杂交）的时间。因为从那最后一次的交往以后，两个物种就再也没有重聚过

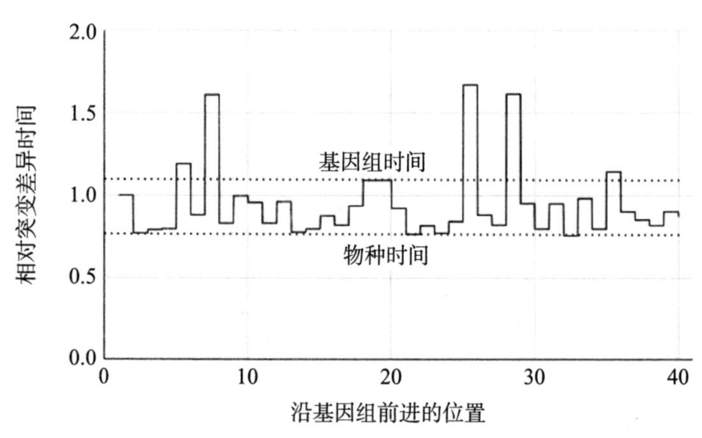

图 11-1　David Reich 等的工作重现了人类基因组的遗传分化，表明物种时间和基因组时间之间的差异

了。换句话说，人类物种形成时间是它们之间突变差异中最短的年龄（图中以物种时间的虚线来代表），也是两物种真正到了生殖孤立的开始。图中可以看出，基因差异和物种时间变化可多达两倍（最多和最少之间），表示了两物种从开始分家到完全分家经过了差不多的时间。

这项物种形成的研究用到了人类、黑猩猩、大猩猩、猩猩和猕猴的基因组。它们几乎是包括了大猿科家族里最接近人类的所有成员。原则上，这个研究的方法是和第 9 章中现代人类 MRCA 和 TMRCA 相似，它也须用到最多样的现代人类基因组。

大量数据和计算

此研究包括对来自每个物种的 200 万碱基对进行比较。这个庞大的碱基对数量为提出的物种形成机制提供了统计意义。我可以想象要这么大量的数据和计算的原因，我记起了在研究惰性气体和卤族元素气体混合物的量子性质所得到的数据与分析。这种气体混合物是现代半导体工业中广泛用于光刻的化学激光的主要成分。我试图用最少的参数和最简单的数学模型，将实验数据拟合到一个最合理的物理过程。但是我碰到了一些限制：几十年前的电子计算能力有限，不止无法收集到足够的数据，也不容易做足够的计算，导致需要更多参数来描述物理过程。我也记得一个有趣的短语："如果给建立的模型提供足够的参数，则甚至可以使一只狗摇尾巴"，这是在数据或计算能力不足时的通病。幸运的是，现代科技已经有处理大量数据、人工智能与快速的计算能力。善用这些现代科技，加上所有大猿科成员的基因组，研究团队得出了一个简单合理而最为可能的人类物种形成方案。

研究结果

从人类与黑猩猩之间开始分家到完全的生殖孤立或物种隔离，也就是基因组不再有黑猩猩的基因渗入时，超过了 400 万年。这个过渡时间比原来想象的要长得多。如果基因组时间（图 11–1）是 700 万年，这 400 万年的过渡也是合理的。基因组最年轻的突变差异不超过 630 万年，并有可能是 540 万年（从 X 染色体看）。所以一般认为人类与黑猩猩分家在 700 万年前的说法是有进一步澄清的必要。

但是，如果只看 X 染色体的突变差异，它几乎完全落在年轻的时间的范围。X 染色体差异的时间比其他 22 个非性染色体的平均时间要"年轻"约 120 万年。

研究小结：人类和黑猩猩完全演化成物种的时间约在 540 万年前，这一数字比以前的估计（650 万～740 万年）缩短了 100 万～200 万年。

人类物种形成图解

图 11–2 总结了经此研究作出人类和黑猩猩的物种形成过程的方案。

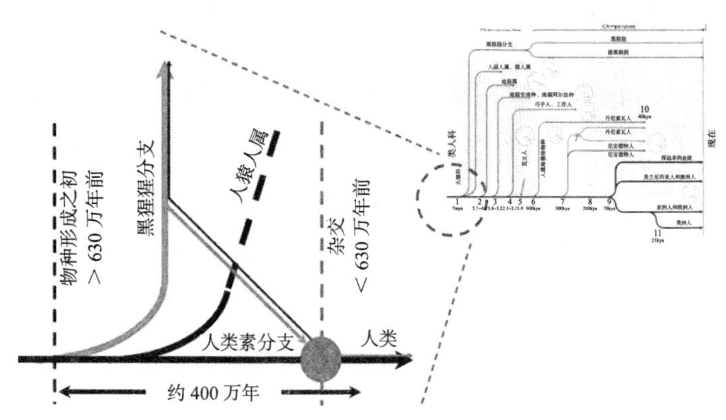

图 11–2　该图与 David Reich 等的结论一致，总结了人类和黑猩猩的物种形成过程

他们的共同祖先可能由相当大的种群组成，他们在非洲占据着大片草原，可能有两个种群因为居住于不同环境的地理区域造成了表型和基因型的差异。这种情况最早发生在八九百万年前，但肯定是远早于左边黑色垂直虚线表示的 630 万年前。

人类的主干线（人类素，黑色）还分出了人猿人属（*Sahelanthropus*）的旁支。尽管人猿人属有一些化石证据（直到目前，人猿人属的存在仍未 100% 的证实，见第 5 章），但却没有他们后代的证据，表明他们的血统持续时间很短。大约在 600 万年前，黑猩猩又与人类杂交，一些黑猩猩的基因渗入人类基因中。同样的，一些人类的基因也已渗入黑猩猩的基因。从最初的分开到人类物种形成过程历时约

400 万年，它开始于八九百万年前，一直持续到大约 540 万年前。

这种微观基因组的物种形成方案可以为宏观的相邻地域物种形成方案作为佐证。人类和黑猩猩的共同祖先必定需要大量人口，在撒哈拉沙漠以南的某个地方占据了一片很大的土地。随着气候和地质的变化，部分人口可能已经适应了该地区现在较贫瘠的草原，开始了直立的姿势和两足的活动。在八九百万年前，直立的一组人开始与其他猿类组分开，后者仍然生活在树木葱郁的地区。但两组仍然共享一个区域成为杂交区，继续他们的杂交和基因交流，但基因组持续地分开。约 600 万年前，尽管树木与草原之间的差异不断扩大，但其中一些树上的居民却仍然与杂交区中的直立生物来往。但是这种相互基因的渗入并没有显著改变直立生物的演化方向，杂交也没有显著改变黑猩猩离开树丛的栖息地。大约在 540 万年前，这两个小组终于形成了足够的差异，由于基因型或体型的鸿沟逐渐扩大，使杂交越发困难。一个最终的突变改变了两个物种之一的染色体数目，使得进一步杂交的可能性更低。黑猩猩和人类之间的分离终于完成。

图 11–2 是由微观基因组分析出来的结论。但是由于没有任何形体或宏观的证据可以证实或推翻这一结论；同时，此研究立论清晰，有充足的数据、合理的分析，因此我认为这是目前一个人类物种形成的最可能的方案。

杂交：物种形成的关键

正在形成的两个物种先是分开，又破镜重圆再度“杂交”，最后再分离的过程也可以解释为什么 X 染色体突变差异少而杂交得比较迟。从遗传学已知，杂交会对性染色体施加强大的选择压力，这意味着两物种逐渐减少的基因交流，也表示X染色体是最后的基因交流。因此，X染色体比较年轻的年龄也是杂交的另一个证据。

“杂交”在植物的物种形成中经常发生，但是大半演化生物学家原不认为会是产生新物种的一个机制。根据现有的分子遗传学，杂交却是合理的，甚至人类/黑猩猩物种形成的必要步骤。模糊的基因组边界是杂交的必要条件而允许了基因交流，再与不经常发生的突变协同合作，最终导致人类和黑猩猩的永久分开。

继续改善人类物种形成的过程

这项研究的首席专家大卫·赖克说：“人类和黑猩猩祖先之间的杂交事件可以解释在我们的基因组中许多不同突变差异（或年龄）的部分，以及X染色体的差异几乎较其他突变差异年轻的原因。这种现象在动物演化的研究中好像不常看到，主因可能只是我们没有一直在特意地寻找它们。”

他同时指出，将来应该更有可能，基于更为完整灵长类的基因组，来继续改善物种形成的时间和测试可能的机制，这已经在包括博德研究所在内的多个研究中心进行了。

辩论

当然，对这一大胆的结论定会有争论。例如，有人批评此研究小组没有考虑人类X染色体上某些部分特别年轻（或较小突变差异）的其他解释，例如人类和黑猩猩共同祖先在X染色体上的自然选择，男女突变率的不同，以及因基因交流造成较少的差异。但是博德研究小组的反驳合理，我相信这个人类物种形成的过程是十分可信的。

友善的分手

人类与黑猩猩间繁复与漫长的交往，加上环境变化的影响，都是无法证实的行为。唯有的基因分子变化的证据又未能重建宏观的物种形成过程，到底他们之间如何分手的呢？我们恐怕永远不会知道。分离是牵涉到暴力还是友好的呢？也许图 11–3 的卡通可以算作我一厢情愿的场景。

图 11–3　漫画显示了物种形成场景以及人类与黑猩猩之间的关系

杂交的证据，有照为证

人们如果仍然怀疑人类和黑猩猩是否有曾经杂交的过去，有一张照片可以证明了他们之间的亲密关系，这也应是杂交的前奏曲。这事件发生在 1968 年的电影《人猿星球》中，剧照（图 11–4）显示了齐拉（猩猩）和泰勒（人类）交往弥深。当泰勒要求与齐拉吻别，齐拉却有点犹豫，因为她认为泰勒“真是太丑了”（You are so damn ugly!）。这真是十分有创意的剧本桥段！电影的写作可以如此自由发挥，一定很有意思。

图 11-4　电影《人猿星球》剧照

本章总结

物种形成是困扰我的最后一个主题。尽管本章的结论不是很直截了当，但我认为这是一个很好的开始，当然还有更多的疑点有待进一步澄清。

早期人类和黑猩猩之间的形体区别一定不是很明显，否则就不会发生杂交事件。随着长时间的演化，这些微小的区别渐渐变得明显，到了现在我们可以清楚地指出人类独有的特征。但是演化也没有停顿，使得人类因适应环境而产生了多元化的种群（品种），但也没有多元到接近或打破人类物种边界的地步。这些题目将是下一章的重点。

注释

1. "Genetic evidence for complex speciation of humans and chimpanzees," Nick Patterson, Daniel J. Richter, Sante Gnerre, Eric S. Lander, and David Reich, Nature, 441, 1103–1108(2006).
2. "On the Origin of Species by Means of Natural Selection, or, the Preservation of Favoured Races in the Struggle for Life," Darwin, Charles, Oct. 1st, 1859.

第 12 章
人类的共通性与变异性
Commonalities and Varieties

自从 540 万年前成为独立的物种以来，人类一直继续在演化。经过遗传密码的随机排列组合，基因发生突变，承受环境过滤，产生了多项新的形态与功能。具有这些新特征的人类并不都很成功，有些人类或因更能适应环境或因特别的幸运而生存下来，也有些人类的命运没有那么好而已经灭绝了。所留下来的人类不仅与黑猩猩有所不同；现代人类和他们的祖先也非常不一样。最终人类以崭新的形体和行为出现，在动物界的分类中占着一个自己物种的特别身份。

成为人类自己的物种

人类许多共有的特征显出了和黑猩猩截然的不同，这些不同都可以从宏观的表型看出，同时也可以从微观基因型为之佐证。从形态学角度来看，现代人类和黑猩猩在许多方面是不相容的，两者之间的杂交是难以想象的。从基因上讲，现代人类与现代黑猩猩的基因组也有超过 3% 的不同，到底距最后一次人类与黑猩猩之间的基因交流已经过了几百万年。人类之间最普通的共通处也是跟黑猩猩最明显不同的地方。

尽管人类的共通处（commonalities）可用来定义人类，不同人类群体之间却存在着不少的差异。这些群体有些特征可以识别他们从哪个地理区域来的，或是属于哪个部落，甚至出生于哪个家庭。有些群体可能比较容易得某些传染病，也有些人可能具有容易调整人体温度的肤色。所有这些种种变异处（variabilities）都是人类物种形成后不断演化的结果。

在物种之中，一方面基因组经自然选择发生变化，另一方面第 8 章中也说过，突变是变体（variants）进入基因组的唯一方式。现代人类的种种变异大都因基因组的突变引起的。但是所有的变异还没有大到接近人类物种基因组的边界，换言之 78 亿现代人类中没有任何生殖孤立的群体。同时，自 540 万年前开始，人类一直在发展并强化自身物种，到了现在，人类的物种边界已经几乎是密不透风了，也没有任何被其他物种经杂交而稀释的危机。事实上，这一物种内自由混血的特性也是一个既必要又充分的物种（亚种）条件，完全与上一章对物种的定义相符。实际上，不只如此，由于人类有极为快速的迁移能力，加上已能控制自己演化的方向，对人类有益的变异将很快扩散到全人类，有害的则很快被消灭；人类将演化成一个非常均匀的物种。

本章从过去、现在和未来可能的角度来突显人类的共通处与变异处。对人类的共通处的叙述将包括三方面：①每个人共有的特征；②这些特征是如何演化来的；③这些特征对人类的影响。至于现代人类对适应环境产生的变异，则都是因为不常有的基因突变而来的，所以也会将这些变异的来龙去脉做一介绍。

我们人类的共通之处

共通处包括非形体和形体的特征，它们一起把人类从过去带到现在。最重要非形体上的特性则是思考，即认知与智慧；人类是唯一会思考的物种。由思考而带来了许多课题：他们是谁，他们来自何处，他们的存在，他们的死亡，他们的社会与他人的互动，他们的环境、说话和语言，他们的表达和抽象能力，他们的经验和感受，他们的科学与艺术，以及许多其他种种。他们也是唯一不惧怕火的物种。他们尊重火的威力和火带来的杀伤力，但同时也会善用火以供利用。

从形体上的特征来说，人类是极少数脱落了皮毛让皮肤直接暴露于自然的哺乳类动物之一，后来又演化了一个很不一样的皮肤：它可以出汗以防止人体过热伤及大脑，并演化了不同的颜色以因应不同太阳的强度。又经非形体的思考特质发明了兽皮、皮革和衣服保护暴露的皮肤。他们是唯一有灵活的双手，能够与大脑协调，执行复杂的任务的物种，也是唯一的常态双足动物。尽管我们对这些功能都认为理所当然，但黑猩猩，人类最近的血缘亲属，却没有这些特征。

认知与智慧

认知和智慧是最根深蒂固的特征，它不仅长久以来深深的存在于人类直觉中，还对人类的影响巨大。什么是认知和智慧呢？现代心理学认为两者有密切相关但又不相同。认知是一个最基本的心理活动来获取知识。这些活动包括了观察、体验、感知，当然还有思考。所以认知是人们用来应对周围环境与其他人的一种机制，也是一个活动和过程。智慧则是获取和应用知识背后的能力。换句话说，它是能够利用认知本身或认知的成果，来处理人类生存、情感和事务的能力。

情感是处理各种先天性欲望认知的部分。除了管理知识外，处理情绪的能力也是智慧的一部分，用到流行文化的说法则是情绪智慧（emotional intelligence）。它通常是指如何使用、理解和调节自身和社群情感的能力。

认知与智慧之间存在着微妙的相互依存关系。没有认知能力，就没有智慧，因为智慧是建立在认知能力之上的。没有智慧，就无法执行认知的活动。两者在现代心理学之前是无法区分的。例如，笛卡尔（Rene Descartes）并未使用不同的词汇来代表思考和智慧。他把所有这些都归纳为一个词“cogito”，也就是认知。为了实用和方便起见，本章也将这认知和智慧视为同义词，除非需要特别强调，否则可以互换使用。

特征

认知特征有三个渐次复杂的层次。第一层次是知识的获取和应用，它来自对生存需要的演化，有这项特征的人类就更能面对环境的考验而存活下来。它产生了像科学、技术和物质上的能力来持续改善生活。第二层次用来处理人类的自我意识和抽象思维，引发了人类对自己的存在的质疑。同时也带动了其他活动，例如早期的洞穴壁画、音乐、舞蹈、诗歌、戏剧、文学等，一直到现代各种形式的艺术都属于这一层次。第三层次专指认知的情感部分，产生了同理心、同情心、道德、伦理、规则、法律和组织。此层次导致了大型社会（如一个大公司或一个国家）层层相套的结构来补足人类迄今尚未能精通的人际关系。

认知的研究

对认知的了解最开始只是在找出它是在什么时候开始影响人类的生活。认知开始的时间可能是未知的，可是这一定是在演化为人类之前就已有的，因为可以观察到当今猿类也具有深刻的认知。当今猿类很明显都有一些相似与人类认知的行为，如好奇心、同理心、哀悼、仪式、符号和使用工具；当然，它们不如人类复杂，而认知只停留在人类最原始的阶段。

更深一层的研究则是希望沿着演化路程中找出由认知带来的种种行为。这方面已从人类的形态、人工制品、文化和遗传学推断出很多认知影响到的行为，同时从祖先留下的证据中也可以推断出认知本身的演变。

现代人类认知的开端

从黑猩猩中分离出来之后，人类的认知走过了一条与形体改变相吻合的演化路径。一个很合理的假设是：认知随着大脑容量的增加而持续进步，所以从第 7 章中关于大脑容量增长的讨论，可以推断出认知能力与大脑形态与容量同步发展。但是在过去的 100 万年中，大脑容量的演化，即认知的演化，似乎有加速进步的趋势，而手、脚和其他形体（除了脑容量之外）的演化则处于平稳的状态。这种认知及智慧的进步是否超越了我们的形体演化？人类的认知会继续比缓慢的形态变化走得更快更远吗？这一点是值得我们深思的。

有些学者根据不完整的证据推测，在 6 万～8 万年前现代人类离开非洲之后，认知和智慧经历了很突然的提高，被称为智慧大跃进或爆炸。人类学的记录提供了许多的证据，证明人类此阶段在技术上已经远远超越了祖先。先是从石材工具跃升到骨骼工具，专门用于广泛的生活必需的活动，后来他们处理皮革、钓鱼、远距离贝壳（可能作为珠宝或货币）交易，并制造不同颜料做装饰用。他们还在住处附近进行有目的的焚烧树林来帮助所需的植物滋长，他们用个人物品来给死者陪葬，并在洞穴墙壁上绘制精美的图案。处处都表现出他们比祖先们更有智慧。

另外，现代人类高度的情绪智慧使现代人类能聚集多人在一起，能将人与人之间的摩擦减至最低。他们的狩猎团队更加有组织，狩猎更为有效，团队也越来越大。这些有组织的团体带着他们的文化从非洲到了欧亚大陆。这些新到的移民吸收或取代了本地人，例如尼安德特人、丹尼索瓦人以及欧亚大陆的其他古智人。

那么是不是现代人类演化了所谓的智商基因，使得他们比祖先有更先进的认知能力？如果有的话，是什么时候发生的呢？第 7 章提到过，现代人类第 7 号染色体上的 *FOXP2* 基因与大猿科的动物的 *FOXP2* 基因有两个氨基酸的不同，这个经过突变的 *FOXP2* 使人类有了语言能力，同时对人类的认知和智慧有很大的影响，但那最多也只是有可能的诸多智商基因之一。先前的遗传分析指出，智人的 *FOXP2* 基因在大约 12.5 万年前已经完全成形，另一些研究发现尼安德特人也有同样的基因。这种尼安德特人和现代人共有的突变基因席卷了 26 万年前的整个智人物种。当然对尼安德特人在 43 000 年

前也有同样的 *FOXP2* 基因有几种说法，但是都用来解释它存在的事实。

尽管这些可能的智商基因出现的时间与智慧大跃进的时间有很大不同，但它们之间也并不完全矛盾。但是后续研究也无法根据任何证据来确定智慧大跃进的存在、时间或程度。目前，智慧大跃进的存在最多只是猜测。但是人类在最近的 20 万年的认知与智慧是有长足的进步却是毋庸置疑的。

真有智商基因存在吗

至于对难以琢磨智商基因的研究，我只见过一些十分初步的报道，而且只有一结果值得提出做一简介。这项研究的方法论现在仍处于原始阶段，它是利用问卷调查结果来找出与基因之间的关系。虽然研究方法还在原始阶段，科学家已经发现了人类智慧与 52 个基因有一些联系。此联系并无法直接决定人类有多聪明，但是这 52 个基因可以调节神经元的生长。如果可以将这 52 个基因与现代人类的祖先（如尼安德特人或大猿类）的基因进行比较，也许可以对认知演化的历史有进一步的了解。

已确定的这 52 个基因对人类智力的影响仍然很小，因成千上万的基因可能参与了人类认知的演化。这样复杂的基因与表型的关联应该不足为奇，因为人类几乎每个方面都与认知有关。当认知的质和量和哪些基因的关系都还不明朗时，将来这方面的研究将至少需用到全基因组关联性研究方法才能一窥智商基因的可能。

后果与影响

认知和智慧为人类带来了什么呢？凭着特有的认知与智慧，人类改变了生活的每一个方面。人类已经成为专门从事学习、思考、了解和分析的动物。这些非凡的能力使人类做出非凡的事物。

通过农业和烹饪，人类改变了饮食习惯，也通过建筑、桥梁、道路，改变了人类的家园。人类用车辆、飞机和太空飞船移动了人体，轻而易举地从一地到达另一地。人类知道什么是时间，对它也有某种程度上的了解，并且可以对其进行量化而作精确的测量。人类更用望远镜将思想带到很遥远的地方，而用电子显微镜将思想集中到很微小的世界。

人类是政治和经济动物，他们可以谈判影响数百万人的协议，并可即时与不同时区的陌生人进行交易。他们使用口头和书面符号进行交流，同时使用这些语言为人类规划出政治和经济的人际关系。通过艺术、建筑、音乐和舞蹈，各种美丽且错综复杂的事与物丰富了人类的生活与生命。但是他们也借着这些政治、语言和艺术，建立组织，推动了群体的善意或恶意的意识形态，造成了连绵不绝的争执与战争。

当然，认知引起最有趣的活动之一是，人类不断地在思考自己与整个生物界的相互关系，也在思考人类在这悠长的宇宙中占有什么地位。当然，现代人类也正在思考自己的未来，甚至如何来决定自己的未来。

火的使用

特征

火的使用是一种衍生的特征，它起源于人类的认知，但是它是知识，在基因型和表型里都找不到，就像我能写本书的能力是无法遗传给我的子女一样。此特征，除人类之外，连黑猩猩都没有，更不用说是任何其他动物了。

众所周知，所有动物都怕火。如果你经常在野外露营，有可能会遇到狼或其他小动物，但是经过童子军训练，或在电影中也会看到，可以用火把它们赶走或挡在外面。一般的动物经历了数千万年被野火燃烧过的痛苦经历，对火的恐惧已成为本能，火带来的痛苦和恐惧对它们来说是真实的。动物可不知道野火的起因是静电现象，包括闪电或干热的树叶触发的火花，这都只自然的现象。但是一般的动物却不知道这一点。

至于人类呢？当然，火灾可能会引起皮肤灼伤，带来痛楚，甚至夺取性命。但是，人类有认知能力和足够的智慧，知道火可以带来很多的利益，同时也会对它可能造成的痛苦和破坏敬而远之。在这个利弊之间，人类了解到火的威力和它的用途，于是能从野火中带出火种，或学到钻木取火的本领时，人类就掌握了控制火的技巧而善加利用了。

人类用火来保护自己免受掠食者的袭击，烹饪食物供食用，建篝火取暖。有了火，人类可以将日常生活延长到深夜。他们与同伴在篝火约会，也就当天狩猎的成败交换意见，或如何改进狩猎的技巧，抑或策划次日的活动。人们也会考虑如何组成最好的狩猎小组，或如何分配猎物。这些种种的社会活动，正在酝酿文化的形成和成长。

人类运用火的历史

最早人类控制用火的证据来自200万年前到170万年前的人属成员遗留下来的。大约100万年前开始，直立人留下了烟灰的痕迹，意味着人类已能对火运用自如。大约30万年前在摩洛哥早期的现代人类已留下燧石被火烧过的痕迹。最近在丹尼索瓦洞穴中发现了20万年前丹尼索瓦人居住的痕迹，同时也发现了他们经常用火的证据。

大约164 000年前在南非也发现早期现代人用火对硅土石材进行热处理，让它容易剥落以利于制造各种工具，当然狩猎工具是主要的目的。解剖学上现代人类广泛控制火的证据也可追溯到大约125 000年前。所以希腊神话里的火神普罗米修斯（Prometheus）和中国的燧人氏都活在100万～200万年前。

后果与影响

火的应用使早期的人类大为受益。它有助于保护他们免受掠食动物的侵害，同时装备精良的狩猎活动以及肉食的趋向改变了人类的身体结构。用火带来了食用熟食的习性、篝火旁的聚会、社交互动，以及渐趋完善的组织，最终促进了人类文化的诞生。人类可以说是“火焰的生物”（creatures of flame）。

人类是裸体的猿类，简称裸猿

特征

在所有灵长类动物目（order）中，只有人类的皮肤是近乎裸露着的。与其他大多数哺乳动物一样，大猿科（family）每个其他成员都有茂密的皮毛覆盖着，不管是吼猴（howling monkey）的短而黑的皮毛，或红毛猩猩飘逸的红棕色皮毛，都是毛茸茸的。虽然人的头顶、腋下、腹股沟还有一些毛发，但与最接近的表亲黑猩猩相比，人类就好像刚进过理发店把全身剃得光秃秃了一般。

人类为什么脱去了体毛

体毛是哺乳动物独有的特征，这也是此类动物生物学上定义的一部分。它为哺乳动物提供对磨损伤害、湿气、有害的阳光以及潜在有害寄生虫和微生物等的保护。它也可以作为迷惑掠食动物的伪装，它独特的图案可以使同一物种的成员相互识别。此外，大多数哺乳动物可以在社交活动中使用毛皮来表示侵略或鼓动。当猫受到警觉耸起脖子和背部的毛发，它就正向挑战者发出了明确的信号，要敌人知难而退。所以，体毛有诸多功能，为什么独独人类把它丢弃了呢？

保持凉快和威士忌

当人类从树上下来，用双脚在辽阔的大草原上活动时，他们失去了肥沃森林里又舒适又凉快的住地。他们开始为了食物、资源和其他目的而四处漂泊。因此，人类的体格和需要的活动量造成了一个人类特有的问题，人们必须排除体力因运动所产生的多余热量。如果人类像黑猩猩一样有那么多体毛，多余的热量则无法排泄。

其实人类不是唯一的裸露着皮肤的哺乳类动物。一些较大的陆地哺乳动物，例如大象、犀牛和河马，也都演化出裸露的皮肤。保持凉爽对它们是一个大问题，尤其是当这些动物生活在炎热的地方，并且长时间步行或跑步时会产生大量热量，这些动物必须调节其体内温度，因为它们的组织和器官，特别是大脑，会因过热而受损。被皮毛覆盖的哺乳动物在炎热的非洲进行剧烈运动或过长时间运动，将因体内过热而崩溃。动物越大，越难通过身体表面排出过多的热量，对它们来说，第一要务是把体毛脱落。这种脱毛的过程演化了多少时间还不十分清楚。与亚洲象的近亲长毛象是到了冰原上时又重新长了体毛来抵御寒冷的气候。长毛象与亚洲象分开是在 90 万年前发生的，所以亚洲象又长出长毛的演化也大约是需要相当的时间。人类脱掉体毛的时间至少也应在百万年以上。

为什么动物越大越难把体内的热量散出来呢？我们可以用简单的数学来理解。我最喜欢的饮料之一是威士忌，尤其是较小的桶装威士忌，因为它的味道比具有同年陈酿但装在标准酒桶的威士忌浓厚。当酒桶尺寸减为标准酒桶的一半时，它的体积（威士忌的酒量）将减少到八分之一，但酒桶的表面积仅减少到四分之一。酒桶面积对威士忌酒量的比例则相对的变成了两倍，所以酒桶表面的香味进入酒里则比装在标准酒桶的味道多了两倍，因此威士忌酒的香味增加了两倍。当然，威士忌的风味还有很多其他因素才能决定。

相同的逻辑可用于动物的散发体热。动物体型越大，它们产生的热量与体积成比例来增加，但是热量则只能从体表面排出，而体表面积却跟不上体积的增加。所以大自然就想出一个好点子，为了保持身体和大脑的凉快，就经演化把身上的体毛脱掉。

除了脱了体毛之外，人类还演化出发达的汗腺来控制体内热量。如果人类用出汗来将热量排出体外，脱掉体毛则更是顺理成章的方向。稍后我们将讨论人类汗腺的演变。

人类体毛在何时脱落的

人类至少有 120 万年没有厚重的体毛了，甚至还可能长达 300 万～400 万年。到了 120 万年前时，人类已经获得了 6 号染色体上的 *MC1R* 基因，该基因影响了皮肤上的色素的表达。人类的近亲黑猩猩和倭黑猩猩的毛色黝黑，但底下的皮肤却是没有颜色的，所以合理的推论是，人类的祖先的皮肤也是没有颜色的，演化出的 *MC1R* 基因则是为人类的皮肤上颜色。当人类的体毛皮肤失去后，他们需要一种新的机制来保护自己，以免强烈的非洲阳光造成伤害。因此，人类脱落体毛必定早于肤色的改变。

要了解人类也有可能在300万～400万年前开始脱掉体毛的证据，人们可以从人身上的虱子找到端倪。人类在灵长类动物中非常独特，因为他们有好几种虱子：人有发虱、体虱和阴虱，而其他灵长类只有一种虱子。据推测，猿类被体毛覆盖着，它们的整个身体成为虱子家园，所以没有机会演化出多种虱子。而人类没有体毛，因此，虱子就要适应头发和身体两种生态，演化出了头虱和体虱。

体毛和虱子相关密切，而人的虱子又与黑猩猩的虱子相关，他们在人与黑猩猩分家的时候也分了家。但是，人类阴虱的最近亲属却是大猩猩（gorilla）身上的虱子，但是人与大猩猩远在1000万年前就分了家，人的阴虱却和大猩猩的虱子在300万～400万年前才分家。很显然，人类可能是在300万～400万年前在野外被大猩猩虱子跳到人身上。这种情况只有人类失去了大部分的体毛后才会发生，只剩下耻骨区域成为大猩猩虱子的家。后来，这些虱子演化成仅能生活在人类耻骨区域的物种。这120万年和300万～400万年前设定了人类开始失去体毛和皮毛时段的上下限。

人类虱子的遗传学也揭露了人类开始穿衣服的时间。在稍后介绍斯通金等开创性研究时，会讨论到用虱子的基因来确定另一项人类特征的谜。

人类体毛全都脱落了吗

不管人类是为什么演化得光秃秃的，但是人身上某些部位仍然被毛发掩盖着。关于人类如何失去体毛的任何解释，也必须能解释为什么将体毛保留在这些地方。

腋窝和腹股沟的毛发可能保留了人身上的体味，起到传达信息素（pheromones）的作用。它们更有助于在运动过程中保持这些区域的润滑。

头发可以帮助防止头顶过度散热。这个概念听起来有点矛盾，但是在头顶上留有浓密的头发会在出汗的头皮和顶部的发烫表面之间形成一层空气屏障。因此，在炎热的大晴天，头发上层吸收热量，而空气的阻隔层保持凉爽，使头皮上的汗液蒸发到那一层空气中。从这方向来推理，紧密卷曲的头发可提供最佳的头套，因为它会增加头发表面和头皮之间的空间厚度，使得汗液容易蒸发。这也是为什么非洲人的头发又黑又卷又浓密。

人类头发的演化一定还有许多未能完全了解的议题。但是，紧密卷发应是现代人类的原始发型，随着人类迁徙到世界各地，头发也随着环境不同演化出许多不同的颜色、浓密度和卷曲度。

后果与影响

脱下体毛不仅达到保护身体的目的，它对后来的人类演化也产生了深远的影响。脱掉体毛和改进的汗腺使人体容易发散体热，防止脑部温度过热，有助于人类脑容量激增的需要。南猿的脑容量平均为 600 立方厘米，仅比黑猩猩的脑容量大一些，而到了直立人时，他们的脑容量更有进展，约为 1000 立方厘米。100 万年之内，人类的脑容量又膨胀了 400 立方厘米，达到目前的大小。毫无疑问，许多因素影响了人类脑容量的增长。但是脱掉体毛是人类变得聪明的关键之一。这个赤裸的动物已经做好了继续增加脑容量和启动认知与智慧积极反馈的演化循环。

皮肤器官与汗腺

特征

皮肤是人体最大的器官，它有两项特征：又会流汗又有不同的肤色。脱落体毛可以确保人体内部产生的多余热量可以从皮肤表面散逸而不会被体毛阻隔，这是体温调节过程的一部分，这种辐射和人体周围空气的流动（如微风）是一种排热的机制。另外一个排热的机制则是出汗，它之所以有效有两个原因：第一，出汗带走与身体温度相同的液体。我们的出汗非常有效，每天可以流掉10升以上的汗水。如果周围温度适度低于你的体温，则可以每小时从你的身体中带走100卡路里的热量。第二，一旦汗液从体内流出，只需要一点微风就会把它蒸发。汗腺越多，越能调节体温。人类的汗腺比黑猩猩的汗腺多10倍。

人们认为，早期的人类具有像黑猩猩一样黑色体毛所覆盖的无色皮肤，其实几乎所有哺乳类动物的皮肤也都是无色的。你可以把狗或猫的体毛拨开看一看就会发现，它们的肤色是粉红色的，因为除了看到半透明的皮肤后的血色外，它们的皮肤是无色的。所以人类在脱掉体毛后只剩下无色、半透明和粉红色的皮肤。

在体毛发消失后，人类的皮肤就成了抵御严酷的非洲阳光的最后一道防线。经过适应此环境的演化，人们的皮肤形成了一层薄薄的颜色来阻挡紫外线。皮肤的颜色的深浅一方面要阻挡紫外线，但另一方面要允许足够的阳光促进人体生产人类所需维生素D的微妙平衡。

演化的历史

那么人类在什么时候变为多汗和带有色素的皮肤？虽然

没有皮肤的化石记录，人类学家却可从祖先日常活动的了解来推测。大约在 100 万年前，人属的早期成员，像海德堡人，因为适应生活的需要演化出与现代人类相似的身材比例。这样的身材适合长时间的步行和跑步，但这些活动产生的很大的热量需要排出体外。因此，走向裸露皮肤和汗腺系统的过渡定然伴随着人类生活方式的改变。

人类何时摆脱了体毛的另一个线索来自对皮肤颜色基因的了解。在非洲，有深色皮肤色素的人都带有 120 万年前第 16 染色体内 *MC1R* 基因变体，而 *MC1R* 基因则控制着人类生产皮肤色素的表达。演化出深色皮肤是失去体毛必需的一步。因此，120 万年前应是脱掉体毛和为皮肤着色最晚的估计。

综合了人类学、比较解剖学和现代的分子人类学，可以得出以下的结论：体毛的脱落、汗腺的演化和皮肤的上色，应该在 160 万前至 120 万年前开始的。

为人类穿衣服

特征

这些裸露着皮肤的人类凭着智慧，发现覆盖身体敏感的部分（如生殖器官）可帮助他们减少擦伤、瘀伤，以及与动物或其他人打斗带来的伤害。他们后来一定知道这种微不足道的保护措施不足以满足保护的需求，因为最近的分子人类学研究结果表示他们开始穿上更厚重的外衣，而不仅仅是为了遮盖重要区域。这些额外的外衣有可能是为了一些其他需求，最有可能的是为了抵御寒冷的气候。当我们充分利用人类迁徙和分子人类学的知识时，我们也许可以从下面的讨论说出更完整的“人类穿衣服的故事”。

最理想的状况是考古或人类学家能找到一些远古的残留衣物，用精确的测年技术来决定它的年份。不幸的是，人们可没有那么幸运，衣物会像人的肉体一样腐烂（当然合成纤维不算在内），所以人们一直没能找到任何上百万年前的衣物。最完整的则可能是属于大约 5000 年前奥兹（Ötzi）的穿着。

奥兹是 1991 年在阿尔卑斯山上发现保存完好的木乃伊，他活在 5100～5400 年前。他被发现的地方奥兹塔（Ötztal），是奥地利和意大利边界的一个小镇。他是欧洲最古老的天然木乃伊，他为欧洲铜器时代的人类和社会提供了前所未有的信息。奥兹从好多地方得到了身上的穿着，显出早在五六千年前欧洲各地已有了广泛的手工艺、贸易，以及衣服的发展和应用。铜器时代的衣物固然有趣，对人类着衣的开始的研究却毫无帮助。

因为没有可用的古衣物，人们再次用到分子遗传学，又不得不从人类虱子身上找证据。感谢德国莱比锡普朗克研究所的遗传学家斯通金，他提出用分子时钟的方法来决定人类什么时候开始把裸露的皮肤遮盖起来。斯通金是坎恩（第 9 章介绍的研究团队成员）的同僚，对用 mtDNA 作为人类演化分子时钟的贡献良多。他将同样的原理应用在解决人类的着装历史上。

现代人类身上的虱子有三个物种：头虱、体虱和阴虱。本章前面已把分子时钟的概念用到阴虱的身上来推测人类脱掉体毛最早的开始。所有虱子都是生活在人类身上的寄生虫，离开了人类 24 小时后就会死亡。人类在为脱体毛之前，全身都是一个生态，但是在脱了体毛之后，头发和身体变为两个不同的生态，人身上的虱子为了适应不同的生态演化出头虱和体虱两个物种，它们在形态上非常相似，在遗传上也非常接近。就像可以从人类 mtDNA 累积的突变差异估计人类的远祖的年龄一般，2003 年斯通金从头虱和体虱 mtDNA 的突变差异算出来他们的 TMRCA 约为 10 万 7000 年前。后来用到更适合该问题的新数据和计算方法与更为精细的分析显示，他们的 TMRCA，也就是现代人类是在 17 万年前开始着衣的。17 万年前是两个冰河期前的时候，一般的理论是非洲并没有受到多少的影响，似乎并没有一个特别的理由让人类在那时开始需要把身体遮盖起来。

这项研究的结果意味到，人类在脱掉体毛后将近 100 万年之间，除了一些轻薄的缠腰布外都是赤身裸体的生活着。可能在 17 万年前以前没有穿衣服的需要，那么为什么 17 万年前之后又开始穿衣呢？目前还没有合理的解释。

那么尼安德特人又是什么时候开始穿衣服呢？他们在 50 万年前从中东或欧洲演化而来，历经了多次的冰河时期，他们如何生存下来的呢？这也许又是另一个需要用到基因研究才能解答的问题。

双足行走

双足行走几乎是人类最显著的形体特征，在第 7 章中已介绍过，在此不做赘述。简言之，双足行走运动使人类逐渐从树木移到广阔的地形，使人类可以在 200 万年前漫游到辽阔的区域并迁移到遥远的地方（见第 13 章）。就像人类其他共通的特征一样，双足行走也伴随着所有其他特征一起带着人类继续演化，历经了 700 万年，变成了今日的我们。

对生拇指

特征

对生的拇指是可以接触到同一只手的每一个其他手指，同时可以抓住和处理物体，是灵长类物种的特征。人类则把这个特征发挥到了极致。增长的对生拇指的出现和其他手指的缩短可能同时发生的。第 7 章也已提到，从地猿人属到具有类似现代人类的对生拇指的巧手人，经历了至少 200 万年或 8 万个世代。人类的双手灵巧地运用了石头作为工具，再用这些工具制造了更为精巧的新工具；双手用来表达艺术、音乐、文字、绘画、玩游戏、狩猎和战争。试想一下，这些种种，当然有好有坏，但没有对生拇指会发生吗?

演化

其实，并不止灵长类才有对生的拇指，但人类比其他任何动物都会利用它。这个特征比人类脑容量的增加早了很多，譬如巧手人的手已经和现代人类十分相像，但他们的脑容量只有约一半。科学家们可能已经找到了对生拇指的遗传根源，他们找到了被视为“无用”的一些 DNA 片段，可能是直立行走和对生拇指的微观关键。这个片段在 2 号染色体中，被称为 *HACNS1* 基因。

将人类基因组与黑猩猩仔细比较之后，可以看到自 700 万年前分家以来，人类的 *HACNS1* 基因中已经累积了 16 个变体；对这个“无用”的基因来说，这一数目算是很多的。当人类 DNA 的这一部分被拼接到老鼠的基因组中时，它们的爪子变得更像人类的手指。因此，也许 *HACNS1* 是人类发展工具文明的源泉。

我只希望科学家们不要让任何这些修整过 DNA 的老鼠从实验室逃出去。有一年，我在外休假一个月时回家，我车库里的车子被老鼠咬断了几条电线，结果花了我 1000 多美元才修好。如果这些老鼠有对生拇指的话，说不定会启动车子开走。我认为谁也不想有对生拇指的老鼠来和人类竞争。

下巴

特征

现代人类都有下巴，有的尖，有的圆，也有的有棱有角，五花八门，不一而足。但是这个特征只有在现代人类里特别明显。尼安德特人的下巴则很不显眼（图 10–5，说不定还要先把胡子刮干净才看得到）。在古老的智人之前的人类里几乎看不到。那么下巴的出现有什么目的呢？

吸引异性是一个可能的原因，说不定好看的下巴增加了你交友求偶的机会。但是从演化的角度来看，下巴应先对人类有用，然后才有美丑之分。单单好看还不是长出下巴的原因。

比较好的答案是它可帮助人类咀嚼。人的上下腭在咀嚼时会产生很大的力量；臼齿表面最大力量可达每平方英寸 70 磅（1 英寸 ≈ 2.54 厘米；1 磅 ≈ 453.6 克；大气压只有每平方英寸 15 磅）。睡眠中磨牙的人在用力时，是平均用力的 10 倍，约为每平方英寸 200 磅。在咀嚼时下颌不只是上下运动，还可以前后滑动，因此，下一步的推理则是，咀嚼运动可能会增加骨骼的重量，就像不断地锻炼可以增加肌肉和骨骼的重量一样。于是，下巴就应要求而演化得越为明显。这样的推论却不能解释为什么其他灵长类动物几乎都没有下巴，但他们却能用更大的力量来咀嚼更为粗糙的食物。所以，下巴是来自咀嚼需要的理论也不圆满。还有另外的一个解释是现代人类没有长出下巴，而是他们下巴留在原处，下颌的其他部位缩小了。

总而言之，对于下巴的来源找不到合理的解释，下巴也好像没有什么用处。现在我只知道一个没有下巴的人，看起来可够驴的。

人类的变异处

在人类与黑猩猩分道扬镳之后，演化并没有停止，人类离原始的人类越来越远，但也使得他们的共通处更为特殊。这特殊化的演化过程不停地磨炼着共通处，使有些人类更能够适应与生存，但是演化却同时毁灭了多达 30 多个其他的人类物种，现代人类则是硕果仅存的智人亚种。

从古老的智人约 100 万年前出现后，人类的形体已呈现半稳定的状态，为进一步的演化奠定了一个基本的出发点。人类的人口已大为增加，并扩散到这个多元化星球的每个角落，每个新的住地都可能需要人们适应当地独特的环境。结果，多元化的积极反馈放大了某些特性，催生了有这些特性变异的不同群体。这些群体对在当地环境具有良好的适应与生存能力；人类之中有更能适应炎热或寒冷气候的人，也有更能适应高海拔生活，甚至有些经自然的基因飘移，产生了一些毫无目的的变异处。

每种适应都是需要时间的，自然选择的演化十分缓慢，但是经随机突变引起的演化则快得多。突变产生的等位基因（或基因型）在短时间之内不一定从群体表型看得出来，但是在不断变化的环境中有优势的等位基因在大多数的成员身上显现出来，变成了这个群体的特殊变异处。这些群体可能是一个大家族，部落或地理群体。群体内的相似性与群体之间的变异处是下半部分的焦点，同时，这些变异处多半来自突变的基因变体。

由于这些变体对人类的基因型只做了细微调整，它们不会造成群体之间混血的障碍。有时，有些群体间的变异似乎比较明显，但经过人类的高度流动，这些变异处可能不会持续很长的时间。由于一般现代人类的变异都颇为温和，因此在此只讨论一些较为突出的变异。

肤色

人类最明显的变异是肤色。人类的多种肤色纯粹来自对气候的适应造成的，但在现代人类中造成了人为的分裂，这种分裂使种族的概念深植于许多文化中，也在人类之间激起了无止无休的仇恨。通过本节的讨论，将显而易见的是，以肤色定义种族概念只是由少于几个基因突变引起的，所以深浅不同肤色的人为分界是毫无意义的。

科学家一致认为，在非洲的早期南猿祖先可能在毛茸茸的体毛皮下是无色的皮肤。宾州大学的演化遗传学家萨拉·蒂什科夫（Sarah Tishkoff）说："如果将黑猩猩体毛剃掉，就可以看到他们的皮肤是很浅或根本没有颜色的。"她还说："如果你有毛发，就不需要深色皮肤来保护自己免受紫外线辐射的伤害。"

肤色的演化

将人类的肤色分为不同的颜色是做不到的，因为现代人类的肤色是连续的，从浅色到深色，从淡黄色到红色，它们几乎遍及整个色域（color gamut）。但是从遗传基因角度来看，我们可以将它们分为三大类，分别用单独的基因识别为苍白、浅色和深色。

苍白的皮肤基因：*SLC24A5*

根据遗传和分子时钟分析对肤色的最新研究，在15号染色体里“除去色素的基因”*SLC24A5*，是与苍白的皮肤有关，它在过去的6000年中席卷了欧洲人群。除去色素基因是把皮肤的色素根本地去掉，而不是变成一种特定颜色。所以肤色的概念之一不是黑色或白色，而是有色或无色。

有趣的是，这种基因从3万年前就在许多埃塞俄比亚人身上开始经常见到。该基因的两个原始等位基因（SNP ID：rs1426654）（G）在非洲和东亚人群中占主导地位（93%～100%），而变体的等位基因（A）几乎是所有现代欧洲人所共有。但是，原始（G）等位基因实际上不仅在非洲人中，连东亚人中都有。这一事实表明，高纬度地区的苍白皮肤是在东亚和西欧亚大陆独立地演化出来。这倒不全是因为等位基因（A）的关系，负责苍白皮肤的其他基因的来源要比欧洲人皮肤变浅早得多，而且在欧洲以外的地方也有。

另外，尽管许多东非人有等位基因（A），但他们却没有白皙的皮肤，这可能是因为*SLC24A5*只是塑造肤色的几个基因之一。

浅色皮肤基因：*HERC2*和*OCA2*

与*SLC24A5*相邻的第二个和第三个基因有两个变体：第15号染色体上的*HERC2*和*OCA2*，它们与欧洲人浅色的皮肤、眼睛和头发相关。这两种变体最早出现在100万年前的非洲，所以南非的桑（San）族人中十分常见浅肤色人。后来两种变体又传播到欧洲和亚洲。所以现代欧洲的浅色皮肤基因变体很可能起源于非洲。

深色皮肤基因：*MFSD12*

与肤色有关的第四个基因是 *MFSD12*。在皮肤最深的人群中，有两个降低 *MFSD12* 基因表达的变体。这些变异大约在 50 万年前出现，表明人类祖先在此之前可能具有中等肤色，而不是如今因这些突变产生的深黑色。

这两种变体在美拉尼西亚人、澳大利亚原住民和一些印第安人中也很常见。他们可能继承了非洲古代的变体，这些非洲移民沿着"南部路线"走出东非，沿着印度南部海岸到达美拉尼西亚和澳大利亚。（下一章将详细介绍人类祖先的迁徙故事。）但是，这一想法与 2020 年以前得出的其他遗传研究相悖，该研究得出的结论是，澳大利亚人、美拉尼西亚人和欧亚人都起源于一次非洲移民。另外，这个大规模的迁徙可能包括携带有浅色和深色皮肤变种的人，只是后来深色变种在欧亚人中消失了。

肤色基因小结

总之，四个基因主要控制皮肤的颜色，包括第 19 号染色体上的 *MFSD12*，第 15 号染色体上的 *SLC24A5 HERC2* 和 *OCA2*。浅色和深色均来自非洲，但来自不同时期。除去色素基因变体在非洲 / 亚洲以及欧洲也都有。

这些结果为已有的坎恩的研究更加反驳了传统的种族观念。你不能使用肤色进行种族分类，就像你不能用身高、鼻子形状来定义种族。蒂什科夫说："非洲人的多元性如此之多，以至于根本没有非洲种族的存在。"一点也没错！

乳糖的耐受性

人类的乳糖耐受性是来自 2 号染色体上 *LCT* 基因的突变，这个变体在第 8 章已仔细讨论过。在此再次提出只是列举为人类诸多变异处之一。

耳垢和体味

特征

大约十年前，我的一个朋友和妻子去哈萨克斯坦收养两个女孩，一个 6 岁，一个 7 岁。带回美国后，作为新父母，他们帮助孩子们准备洗澡，他们拿出一些清耳朵的小棉签。令他们感到惊讶的是，他们的女儿的耳垢是白灰色而干燥，与他们自己的略带黄色的黏稠液完全不同，小棉签没法派上用场。显然，现代人类至少有两种耳垢，一种是干燥、白灰色，另一种是湿答答、略带黄色的黏液。

演化

控制耳垢类型的基因是 16 号染色体 *ABCC11* 基因上 rs17822931 位置。*ABCC11* 的两个等位基因仅一个 SNP 不同，即湿型等位基因 A（显性）和干型等位基因 G（隐性）。这个突变发生在大约 4 万年前，但是干耳垢的等位基因在两千年前才从东北亚开始散播。这个变体在东亚很普遍，在欧洲不那么普遍。现在欧洲人（或高加索人）一般是湿润和黄色的耳垢，亚洲人是干燥和灰色的耳垢，在非洲则很少见干燥的耳垢。我朋友本身是高加索人，他收养的女儿是亚洲人，难怪对他们两个女儿的耳垢与自己的耳垢不同倍感惊讶了。

像其他动物一样，据说体味具有将信息素散布的功能。*ABCC11* 基因也是导致这种变体的部分原因。因带有此变体的人大都有一些体味，带原始基因的人则没有。但是，从表型上来看，湿的耳垢和体味之间没有直接的关系。

头发、乳房和牙齿

在当代西方文化中，审美的概念着重于一些肤浅的表面。首先是头发，浓密还是稀疏？金发、红发还是黑发？卷曲还是笔直？然后看身体各部的结构，颧骨是否突出，身高、乳房、腰围和臀部的尺寸。还有牙齿，它们是平滑整齐还是带点弯曲？

其实，彰显这些特征是人类第 2 染色体中的 *EDAR*（*EDARV370A* 的缩写）基因中单一 SNP 的突变。这个突变在大约 35 000 年前开始出现在大部分的东亚地区。

此突变的表型包括三个变异特征：头发、乳房和牙齿。带有这个变体的人有较小的乳房、锋利的门牙、浓密的头发。表面上看，这些特征都没有明显的演化优势，但是都保留下来了，也说不定我们还没有找到真正的演化优势而已。

至于牙齿（图 12–1），带有这些变体的人有一种称为“铲形门齿”或“巽他型齿”（巽他是在 2 万年前海平面很低的时候东南亚大部分的海域形成的大陆）的特征。其特征是第一和第二门牙（总共四个）外面平滑，后面却像铲子，而不是一般人像凿子。同时这些“铲形门齿”和其他牙齿无法对齐，因此让人感觉不够美观。有此特征的小孩，大都会找牙齿矫正医生来“矫正”这个问题，这些牙医都因此钱包鼓鼓了。

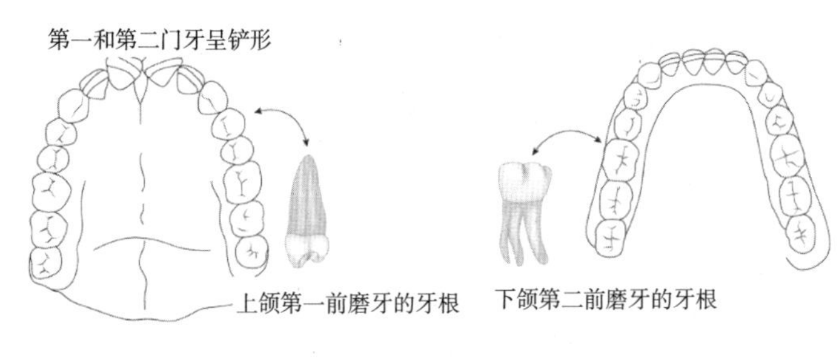

图 12-1　在东亚人和美洲原住民中发现的铲状门牙、弯齿排列和不同的牙根结构

“中国齿”另外还有一个不太明显的特征：带有此变体的人的上颌第一前磨牙只有一个牙根，无此变体则有两个牙根；带有此变体的人的下颌第一前磨牙有三个牙根，无此变体则有两个牙根。这些特征在视觉上不明显，他们的父母可省了一大笔矫正牙齿的钱。

另外，像北京人一样的直立人和尼安德特人，也都有铲形的牙齿和扎实的牙根。但是，这些铲形门牙和现代人类的铲形门牙不太一样。尼安德特人的铲形门牙可能是为了适应他们的犬牙和门牙吃东西和手牙并用的需要应运演化的。现代人类的铲形齿和在 4 万年的尼安德特人都有相似的铲形齿，看起来是巧合，却有可能是来自于所谓趋同演化（不同物种在相似的环境中演化出功能相同的形体）发挥的效用。

眼睛的颜色

一般人所指的眼睛颜色是由眼里虹膜中黑色素的多寡来决定的。其实据研究，眼睛颜色与多达 16 种不同的基因有关。但是，最具决定性与眼睛颜色有关的两个基因是 15 号染色体中的 *OCA2* 和 *HERC2*。眼睛颜色几乎是人人迥异，也可以说它与人类的肤色一样，占满了整个色域。

超级运动员

在第 10 章里提到了现代人类中有的人承袭了丹尼索瓦人 2 号染色体上 *EPAS1* 的变体，他们可以在高海拔的高原正常生活。这些人之所以可能成为超级运动员是因为他们需要较少的氧气就可达到一般人的体能。这也算是一种人类的变异处。

变异处摘要

人类中还有其他变异处。有的人像美国原住民一样，对毒漆树没有敏感的倾向，那是第 1 染色体上的 *CD1A*、*B* 或 *C* 基因突变造成的。有的部落可能遗传了丹尼索瓦人的一些（见第 10 章）变体，对某些病原体有抵抗性。这些特征实在是不胜枚举。

但是在现代人类亚种中产生的所有变异的一个共同点是，变异的特征来自很少数的基因突变。上面列出的每个特征都来自少于 10 个基因产生变异。也就是说，在 25 000 个基因中，只需要少于 0.04% 就可以造成不同的特征。人类形形色色的表型，都是这些微小基因型的改变造成的，所以无论现代人类表型的变异有多大，我们都无法跳出是现代人类亚种的圈子。

本章总结

人类经过了 500 多万年的演化成就了现代人类的形体和认知的能力。这些共通特征使他们更加适应生活环境。在几百万年漫长的过程中，人类的许多祖先或因未能完全适应环境，或经历了极度不幸的厄运都先后灭绝了。最后硕果仅存的就是现代人类亚种，他们共享着本章上半部分所列出的共通处。

不论是否是人类，生物都永无休止地演化，只要智慧的智人亚种继续生存，不管他们是否同意被演化，都将身不由己地继续演化。现代人类亚种非常会搬家，到了很多不同环境的地方，于是他们持续不断地演化来适应当地的特殊情况，产生了一些现代人类中的变异。这些变异似乎发生得很快，本章下半部分提到的变异都是在过去一两万年内发生的。如此快速的演化有两个因素：人类有着空前的流动性把突变很快扩散到多处；再者，人类因能调节相互的冲突而大幅增加的生产力，也就是有着众多的人口。现代人类已经几乎可以目睹自己的演化。最显著的例子包括智齿正在消失中，体温在不断下降，骨骼密度越来越轻。当然，人类还一直在积累着对多种传染病更具抵抗力的遗传变化。

在如此快速的演化步调下，人类有没有演化到或超出物种边界的可能性？答案是否定的。如今，任何宏观的物种形成方案（第 11 章），无论是分开地域、相邻地域或同一地域物种形成方案，都不太可能将现代人类分解为几个新物种。因为从现在开始，流动性加上人口众多造成的快速积极反馈回路将减少变异，使整个现在人类亚种更加均匀。

前十二章试图通过第 3 章介绍的微观演化原理，将宏观人类特征与微观的变化联系起来。在同一演化原理之下，这几章都遵循着逻辑分析，逐渐从广泛的分子人类学出发并解释了宏观的演化。假以时日以及资源，人类学者将有足够的能力深入研究人类演化中任何主题的更多细节。

现在可以换个角度来看人类最宏观的集体活动，即整个物种的全球迁徙和演化。这个题目虽然就采集研究化石和比较解剖学来说都是宏观的，但是要能追踪现代人类群体的动向则将借助微观分子人类学的分析了。已知的事实是，人类填满了地球上所有可用的空间。但是这 78 亿的庞大人口是如何到达土地的每个角落的呢？下一章就这个主题做一个简单的介绍。

注释

1. I became aware of the origin of clothing us through a CARTA symposium in later 2015 when Stoneking made his lice mtDNA analysis presentation. That symposium is as close to professional conferences in molecular anthropology as I got. CARTA is an organization privately funded and stands for Center for Academic Research and Training in Anthropogeny with a stated goal to "explore and explain the origin of the human phenomenon." It organizes free public symposia addressing particular aspects of human origins and uniqueness for professionals and amateurs alike. The panels usually feature recent relevant studies by scientists, eminent in their respective fields. Any person interested in the subjects can attend personally or live online for free. Considering the organization's and the symposia's quality, I have donated time and funds to ensure its continuing effort and success.
2. "Microstratigraphic evidence of in situ fire in the Acheulean strata of Wonderwerk Cave, Northern Cape province, South Africa," Francesco Berna, Paul Goldberg, Liora Kolska Horwitz, James Brink, Sharon Holt, Marion Bamford, and Michael Chazan, Proceedings of the National Academy of Sciences, April 2, 2012.
3. "Genetic Variation at the MC1R locus and the Time since Loss of Human Body Hair," AlanR. Rogers, David Iltis, and Stephen Wooding, Current Anthropology, 45, 105–108 (2004).
4. "The evolution of human skin coloration," NG Jablonski and G. Chaplin, Journal of Human Evolution, 39, 57–106 (2000).

5. “Origin of Clothing Lice Indicates Early Clothing Use by Anatomically Modern Humans in Africa,” Melissa A. Toups, Andrew Kitchen, Jessica E. Light, and David L. Reed, Molecular Biological Evolution, 28, 29–32 (2011).
6. "A common variation in EDAR is a genetic determinant of shovel-shaped incisors," Kimura R, Yamaguchi T, Takeda M, Kondo O, Toma T, Haneji K, Hanihara T, Matsukusa H, Kawamura S, Maki K, Osawa M, Ishida H, and Oota H, American Journal of Human Genetics, 85, 528–35 (2009).
7. “Genome-wide association meta-analysis of 78,308 individuals identifies new loci and genes influencing human intelligence,” Suzanne Sniekers, Sven Stringer, Kyoko Watanabe, Philip R Jansen, Jonathan RI Coleman, Eva Krapohl, Erdogan Taskesen, Anke R Hammerschlag, Aysu Okbay, Delilah Zabaneh, Najaf Amin, Gerome Breen, David Cesarini, Christopher F Chabris, William G Iacono, M Arfan Ikram, Magnus Johannesson, Philipp Koellinger, James J Lee, Patrik KE Magnusson, Matt McGue, Mike B Miller, William ER Ollier, Antony Payton, Neil Pendleton, Robert Plomin, Cornelius A Rietveld, Henning Tiemeier, Cornelia M van Duijn & Danielle, Posthuma Nature Genetics, 49, 1107–1112 (2017).
8. “Loci associated with skin pigmentation identified in African populations,” Nicholas G. Crawford, Derek E. Kelly, Matthew EB Hansen, Marcia H. Beltrame, Shaohua Fan, Shanna L. Bowman, Ethan Jewett, Alessia Ranciaro, Simon Thompson, Yancy Lo, Susanne P. Pfeifer, Jeffrey D. Jensen, Michael C. Campbell, William Beggs, Farhad Hormozdiari, Sununguko Wata Mpoloka, Gaonyadiwe George Mokone, Thomas Nyambo, Dawit Wolde Meskel, Gurja Belay, Jake Haut, Harriet Rothschild, Leonard Zon, Yi Zhou, Michael A. Kovacs, Mai Xu, Tongwu Zhang, Kevin Bishop, Jason Sinclair, Cecilia Rivas, Eugene Elliot, Jiyeon Choi, Shengchao A. Li, Belynda Hicks, Shawn Burgess, Christian Abnet, Dawn E. Watkins-Chow, Elena Oceana, Yun S. Song, Eleazar Eskin, Kevin M. Brown, Michael S. Marks, Stacie K. Loftus, William J. Pavan, Meredith Yeager, Stephen Chanock, Sarah A. Tishkoff, Science, 358, 867 (2017).

第13章
人类大迁徙
Human Migration and Dispersal

我是个大自然爱好者，最吸引我的旅行目的地是人口稀少且很少人去过的地方。我到过安第斯山脉的高山、美国西南部的沙漠、令人上气不接下气的青藏高原、雄奇的帕塔哥尼亚山脉、广阔的蒙古草原，还有冰冷的加拿大洛矶山脉。我惊奇地发现，所有这些地点都曾是人类许多祖先的家园。不管多遥远与困难的生活环境，他们都能定居下来，世界上六个大洲都有他们驻足的痕迹，除人类外，没有其他哺乳动物有如此广大的漫游范围。我们不禁想知道人类的祖先从什么时候开始从非洲的故乡去到这些遥远而陌生的地方，他们经历了多少时间，走的是哪一条路到达新的地方建起新家园。

迁徙与扩散

迁徙、扩散与定居

迁徙和扩散指的是一般生物学的过程。迁徙是有机体从一个地方搬到另一个地方，而没有为自己和后代留下定居的过程，这些移民可能已有明确的目的地，经过的途径只是为了到达目的地。扩散是指生物迁徙到新的目的地定居下来，建立起新家留给后代，同时以新家作为基地扩展生计和家庭人口的过程。

但是，很难想象早期的迁徙是有长远的计划和目标的。人们很可能跟随猎物、气候、地质条件和其他资源而迁徙和扩散，每当找到或发现一个地方的化石、文物或是残余的基因时，都不会知道这个群体的意图是迁徙还是扩散，所以这两个活动无从区分。这些活动是本章的主要重点，因此本章任何提及迁徙就如同是扩散，反之亦然。

从小学过英语的人都知道“people”是个名词，但在许多人类学刊物中可能会见到“peopling”这个动名词，特此区分。在描述早期人类迁徙时，该词已被作为动词，意味着人类占据了某一个地方，同时用它的动名词表示整个扩散的活动。例如，我曾读到以下内容：北美洲的“peopling”（人类迁徙、扩散和定居于北美洲）发生于公元前 13 世纪。所以本章的讨论将不区分迁徙、扩散和定居。

是何人、在何时、如何迁徙到何地

人类祖先留下了很多迁徙的线索，如化石、人工制品和DNA。何时和何地大概比较容易，何人也可经化石或 DNA 来决定。但是如何迁徙则是个比较棘手的问题，本章试图将这些问题用证据在时间、空间和什么人联系起来。

当然，祖先们遗留的 DNA 线索还附带着他们是哪一些人的资料。加上所有其他信息，则可合理地补充第 5 章中描述的人类族谱，或是人类系统发育树，并在每个里程碑上加上时间和地点。

人类迁徙的两个阶段

从各种线索提供的证据性质来看，人类迁徙的故事可分为两个不同年代。除了人属物种外，其他人类素（hominins）迁徙过程的了解主要基于化石和人工制品证据，这是早期人类迁徙故事的第一阶段，这里早期人类一词包括人属巧手人和直立人。第二阶段，则指可以找到 DNA 证据的人类迁徙故事，包括了几个古老智人（也可以简称为近代人类）和现代人类的迁徙。

凭着现代分子人类学有能力为古老智人与现代人类做完整基因组和 mtDNA，人们已可以从父母亲双方高解析度的 DNA 分析来追踪群体迁徙的路径。分子遗传学家和传统的古人类学家共同努力，绘制出了整个人类离开非洲后各个物种和群体的迁徙路线。

人类迁徙了多远

早期人类

化石和相关的证据已看出，早期人类在 200 多万年前已遍布了非洲和欧亚大陆，也就是西方人所指的“旧世界”已经有人类移民了。试想，擅长搬家的人类祖先很可能是直立人甚至巧手人，在没有谷歌地图的导航下，追逐猎物和其他自然资源而行，200 万年前从非洲迁徙到东亚一定花了很长的时间。当然，对于习惯于船、汽车、火车和飞机的现代人类来说，到底早期人类用了多少时间才到达东亚，实在很难想象。

早期人类离家有多远？有化石为证，直立原人属的爪哇人已到了离家乡（从中非开始算）9000 千米的印尼爪哇岛上。另外还有更早的直立人在 163 万年前已经到了中国陕西蓝田附近，他们也经历了跨越至少有 9000 千米坎坷的旅程。当然，他们究竟通过哪条路线到达这些地方的则只能做最合理的推测。他们有可能跨过非洲之角，沿着亚洲南部的海岸线，然后利用平坦的土地从南亚向北而东。他们也有可能沿着北部路线穿过中东和广阔的中亚东行。无论走的是哪一条路，都是万里之遥。

这其中最令人着迷的思维之一是，当这些人把一个已久住的家连根拔起，继续前进并建立另一个新家时的心态。当他们沿着从未被其他人踩踏过的路径跋涉前进时，他们在想着什么？试想一下，随着猎物的足迹，他们进入了一个广阔的新世界；这些猎物有时很危险，而且还经常受到自然和气候的威胁。再想象一下，在不知道他们第二天是否会生存以及接下来会发生什么的情况下，他们仍然坚决地冒险进入未知世界以求生存。我们的祖先的确非常勇敢而且定是足智多谋的。

至于他们从老家迁徙到目的地所需的时间尚无合理的估计。不过，可以肯定的是，他们迁徙的速度定比北美印第安人以每年 10 千米从北美洲到南美洲的速度要慢得多。无论如何，假如他们离家有 9000 千米之遥，他们必定在路上有几千年前之久了。更有甚者，他们定然没有一个既定的目标和期限，旅程甚至可长达几万或几十万年。

现代人类

至于现代人类的迁徙则走得更远、更快。他们所覆盖的距离约为 4 万千米，这是从非洲中部到南美洲南端的火地岛（阿根廷的火地岛省）的大略估计，那大概已是地球的周长，他们还迁到了澳大利亚，离家也有 25 000 千米。这些遥远的路程只有双足的跋涉，但也许有些船只横穿了有限的水域，即使没有现代文化的出现，他们也很快地踏遍了可迁徙的空间。现代人类大约在 75 000 年前从非洲开始，在不到 6 万年的时间里到达了地球的每一个角落。

现代的迁徙和扩散的速度和范围更加惊人，人类已经用光了新的可迁徙的空间。他们可能必须探索地球以外的地方来继续迁移并寻找更多资源。2019 年诺贝尔物理学奖得主米歇尔·马约尔（Michel Mayor）强调，人类在耗尽地球上所有资源之后是没有机会迁徙到太阳系外的行星的。他在发现太阳系外行星方面的工作而得到诺贝尔奖，他应比一般人有权威作如是声明。已被发现的太阳系外行星的数量大约是 4800 个，但离地球最近的距离也有 4 光年，即约 4×10^{13} 千米，即使人类能以 1% 光速的速度旅行，也要 400 年才能到达，更不用说往返了。

2 分钟人类迁徙史

下面我将以 2 分钟来概述人类全球迁徙，为后续更详细的叙述做一参考。

最早的人类迁徙始于约 200 万年前，那是最早的直立人离开非洲的移民潮。现在的印尼和中国都有他们的足迹。继直立人之后，90 万年前的古智人，包括住在欧亚大陆海德堡人（很可能是尼安德特人和丹尼索瓦人的祖先）扩散到整个欧亚大陆，向东到达了东亚，向西到了西班牙。但是，这些早期离开非洲的古老的智人却都没有幸存下来。

现代人类亚种在约 20 万年前开始了他们的物种历程。他们几乎在一出现就开始向非洲各地和外部迁徙和扩散。早期的欧亚现代人类化石分别在以色列和希腊被发现，其年代分别为 19.4 万年前至 17.7 万年前和 21 万年前。这些化石似乎代表了早期现代人类走出非洲最早的尝试，他们很可能被当地的尼安德特人所取代。

最重要的现代人类迁徙是在大约 7 万年前离开非洲。其中一部分人经印度沿岸的南亚到大洋洲，即南部路线，并在大约 6 万年前到达了澳大利亚。大约 4.5 万年前，其他一些现代人转向北行，并在欧亚大陆扩散。

气候的变化更容易引起人类的迁徙。最后一次冰河最高峰期（last glacial maxima，LGM）是前一个冰期最冷的时候，这个冰河期开始于约 2.6 万年前。那时巨大的冰盖覆满了北美、北欧和亚洲的大部分地区，引起干旱以及海平面大幅度下降，据信比今天的海平面低 145 米之多，对地球的气候产生了深远的影响。那时住在这些地区的人类都找到了避难所，苟且求生，直到冰河解冻，他们又恢复了活跃的迁徙。

最后一次冰河最高峰期之后，约 2 万年前，东北亚的欧亚人口继续向东迁徙到了美洲。到了 14 000 年前，现代人类已遍布在欧亚大陆北部。在约 4000 年前，因纽特人扩张到了加拿大的北极和格陵兰。最后，波利尼西亚在 2000 年前被南岛人（Austronesia）的扩张（即澳大利亚人继续东向的海洋迁徙）占据。

早期人类的足迹

有一确凿的化石证据显示，早期人类最有可能是直立人，早在 212 万年前已经远离非洲，到了中国北方。同时也有证据表明，这些早期人类最远到了印尼，并在那里活到大约 5 万年前。迁徙经过的时间如此之长，却只有稀少的化石，加上跨越辽阔的非亚欧大陆，按时间顺序来看迁徙的记录可能是最好的叙述方式了。

最早的移民：人属直立人和人属巧手人

南猿属人种在非洲几乎无所不在（除了北非外），但人类学家却从未在非洲以外找到任何他们存在的证据。换句话说，他们可能根本没有离开非洲，所以没有长途迁徙的故事可谈。

到了 250 万年前至 200 万年前，人属人类的祖先已遍及整个东非和南非，但尚未扩散至西非。在 210 万年前至 190 万年前，直立人（可能还有巧手人），经过黎凡特走廊离开非洲，来到了欧亚大陆。此时的迁徙可能与 190 万年前的“撒哈拉泵”（Sahara Pump，长期持续的暴雨）有关，当时东北非洲雨量充足，草原上郁郁葱葱，食物丰富，给富有冒险精神的人类一个通往欧亚的桥梁（“撒哈拉泵”理论是一个假设，它解释了动植物如何通过黎凡特地区的陆桥在欧亚大陆和非洲之间迁徙）。到了180万年前，降雨变得稀少，郁葱的绿地变得荒芜，不再是通往欧亚的阳关大道，使得穿越黎凡特走廊变得困难，人类通往欧亚大陆的步伐显著放缓。这也是为什么在170万年前至50万前欧亚的人类化石几乎付之阙如的原因之一。

直立人的旧世界

直立人散布在整个旧世界的大部分地区，包括了东南亚。他们迁徙到旧世界的证据是从他们用的奥杜韦（Oldowan）原始石材工具来追踪的。到130万年前，他们的地界一直延伸到北纬40°，显示出这些人虽然出生于非洲，但已经适应了寒冷的天气。

以下按测年的时间顺序列出了比较熟知的化石及石材工具的发现。

250万年前中国重庆龙骨坡和220万年前中国广西人智洞穴（Renzhi Cave）的石材工具，都意味着直立人的住地。但是证据不是十分确切，在此提过不再详论。

212万年前：中国陕西蓝田上陈镇发现了多种石器，包括石片、刮削器、钻孔器、石锤等。这个年代比黑海边格鲁吉亚的达马尼西（Dmanisi）的人类化石发现要早了30万年，而比中国云南的元谋人（Yuanmou man）更要早42万年，甚至比非洲人属直立人的出现还早（约190万年前）。看起来，上陈镇的人是巧手人的可能性更高。目前因没有人类化石证据，所以谁是制造这些石器的人还无定论。

190万年前：1983年发现在北巴基斯坦的瑞瓦区（Riwat）人工制品。这些卵石工具据报告有190万年的历史，但是，它们是否真是人工制品尚有争议。

181 万年前：格鲁吉亚达马尼西、高加索山麓区，这是 2018 年之前在非洲以外的发现的最早人类证据。在 21 世纪 10 年代初此地发现了一系列具有多种不同有人类特征的头骨，合理的推论是人属中的许多不同物种同住在达马尼西，他们都来自于单一血统。

170 万年前：考古学家在中国云南省元谋县发现了人类化石和烧黑的哺乳动物骨骼。人类化石证据是两个门牙，它们是属于直立人的。后来在同一个地点发现了人类的残余物，其中有石材制品、动物骨头碎片以及篝火灰烬。烧黑的骨骼和灰烬表明这些直立人已经会用火。但是，他们对火是否运用自如则尚无定论。这些化石和石材工具现在在北京的中国国家博物馆展出。

163 万年前：一些在中国云南发现的化石，被认为是在确认元谋化石测年之前发现的最古老的直立人化石。

150 万年前：中东的乌贝迪亚（Ubeidiya，在人类祖先常去的黎凡特走廊附近），保存着直立人离开非洲最早的遗迹。该地区发现了典型阿舍利（Acheulean）的手斧，还有人类屠宰过的河马大腿骨和一对巨大的牛角。

136 万年前：中国河北泥河湾盆地发现的石头文物证实了直立人在该地居住过。这个遗址位于周口店以北约几百千米处，戴维森·布莱克（Davidson Black）和他的团队 1920 年在周口店发现了北京人。泥河湾直立人的存在比周口店的北京人早了 60 万年。

127 万年前：中国山西西候渡村的考古遗址据称是有最早直立人使用火的考古遗址。但是此结论尚待进一步的证实。

直立人的这样广大的分布，使一些人猜测他们可能建造了木筏并在海洋中航行。这种猜测也是有争议的，一直没有得到很多的支持。

本土直立人的多元演化和扩散

直立人从200万年前在旧世界扩散了100万年后演化出了几个新的人类亚种，以几个略有不同的形体来区分，但大半后来都先后灭绝了。其中生存下来的直立人一直活到50万年前至143 000年前。这些直立人的后代其一从80万年前分出来，在欧洲被分类为人属前身人种（*H. antecessor*，在此专指欧洲人的前身）；另一个后代从90万年前在非洲被分类为的人属海德堡人种。海德堡人在50万年前扩散到东非、中东和欧亚大陆，产生了尼安德特人和丹尼索瓦人，在非洲则衍生了现代人类。

在直立人把欧亚大陆视为他们永久居所之后，似乎在好几个区域同时演化出好几个物种，也就是说多区域演化观念是已成的事实。第9章的分子人类学研究虽然毫无疑问地反驳了现代人类多区域演化观念。但是第10章也提到，如果把时间拉长，至少一两百万年，并包括了一些像人属前身人种、人属海德堡人种、尼安德特人和丹尼索瓦人在内的演化模式，多区域演化观念倒是需要的。

古老的智人（近代人类而非现代人类）

尼安德特人

在1856年，一群采石场的工人在德国杜塞多夫附近的尼安德特河谷发现了人类的化石，这些人类因此得了尼安德特人的名称，也从此开始了对人类演化的探索。后来在欧亚大陆各处陆续发现了400多个尼安德特人的化石。

对他们的演化有一种合理的推论，认为它们最有可能是直立原人属海德堡人的后代（见第 5 章）。它们可能在 100 万年前到 50 万年前之间在中东和东欧演化的，至于他们到底如何到达他们的所在地，则还没有一个合理的推测。

根据化石和遗留的人工制品物发现，尼安德特人大多生活在山洞中，覆盖范围很广。他们漫游的区域最西到了西班牙和英格兰南部，在意大利南部遗留了很多遗迹，往东的迁徙到了南西伯利亚的阿尔泰山区，另外遗传证据还表明他们曾经迁回东北非。尚有其他证据说他们甚至扩展至欧亚大陆靠近北纬 50° 的北极圈边缘。

他们占据了如此广大的地方和时间，究竟总人口有多少呢？通过 mtDNA 分析，综合了各种研究，可以做如下的假设：尼安德特的人种寿命 40 万年；每 29 年一个世代更替；尼安德特人在绝种前经历 13 000 个世代，同一时间的群体约有 5000 人（这个数字是非常保守的估计，有的研究认为可多达 25 000 人）。所以总共有 6500 万个尼安德特人曾经活在这个世界上。那么，可以找到多达 400 个尼安德特人的化石，这就不足为奇了。

丹尼索瓦人

由于丹尼索瓦人的化石记录很少，因此，不得不借着基因和其他辅佐的证据来推测他们住过的地方。

丹尼索瓦人的化石只有在两个地方发现过。其一是南西伯利亚的丹尼索瓦洞穴。其实最早在丹尼索瓦洞穴里发现的是尼安德特人，丹尼索瓦人的认定是一个意外的惊喜。尼安德特人和丹尼索瓦人从 30 万年前开始在那个洞穴进出不知凡几，有时独栖也有时共栖。在 2019 年发表的研究中还证实了 13 岁的女孩，其母亲是尼安德特人，父亲是丹尼索瓦人。

丹尼索瓦人的另一个遗址是中国青藏高原东北部甘肃省的白石崖溶洞，其历史可追溯到16万年前（见第5章和第10章）。棕色地带从丹尼索瓦洞穴开始延伸，穿越中国西藏，并一直延伸到东南亚和印尼。这个结论是因澳大利亚原住民带有4%～5%的丹尼索瓦人的DNA而来。在没有进一步的实物证据之前，学者们不知道他们如何演化来的，也不知他们如何到达印尼的。甚至有人猜测丹尼索瓦跨越了华莱士线（Wallace line），但这在目前最多不过是一个建议。华莱士线是英国博物学家华莱士于1859年绘制并由英国生物学家赫胥黎命名的动物界线，它将亚洲的生物地理领域与亚洲和澳大利亚之间的过渡区分隔开来。一般认为长久以来，这个界线因有海洋的隔离，两边的动物界无法跨越，所以它们有截然不同的演化跟特征。但是这个海域也只有35千米远，谁也不知道人类什么时候有足够的航海能力跨过这界线到了澳大利亚。另外，也有一些遗传基因学家指出有些南美洲本地人也带有丹尼索瓦人的基因，他们如何得到丹尼索瓦人的DNA，令人费解。因为过去几十年人类考古学都比较重视欧洲和尼安德特人，对他们累积的总人口还有迹可循。最近十多年人类学家才开始注意东亚的人类遗迹与演化，所以对丹尼索瓦人的人口总数尚无法估计。丹尼索瓦人之谜还在继续困扰着人类学家。

其他古老智人

除了尼安德特人和丹尼索瓦人在欧亚大陆扩散外，在非洲还有其他古老智人扩散的足迹。有些有化石证据虽可追踪，但有时也还须DNA作为佐证。另外，从现代非洲人身上也可以发现古老智人的DNA，就像在研究尼安德特人和丹尼索瓦人的基因组的时候，学者发现了一部分DNA来自更早的人种一样（见第 10 章）。

人属纳莱迪人（*Homo naledi*）于 2015 年在南非发现，从化石证据知道他们活在 305 万年前至 25 万年前，可能是古老人类之一。但是，他们的骨架却与 200 万年前的化石标本相似。赫尔梅斯人（*Helmeis*）则是从现代非洲人的基因组里尚未被确定的神秘客，稍后将在适当的文中会再度提及。纳莱迪人和赫尔梅斯人与尼安德特人或丹尼索瓦人虽然都活在同一时代里，应被视为古老智人，但他们都没被放进人类族谱里，那是因为他们与其他古智人类之间没有足够基因上的相似点。

现代人类迁徙

一点学术，一点流行科学，一点流行文化

早期人类依赖化石及其形态来鉴定他们是何时何地的何人。如果发现的化石及人工制品或 DNA 是 20 多万年的，则都很可能是属于现代人类的。人类学者可以利用遗传生物学、分子时钟和完整的基因组知识，来勾画出现代人类的迁徙路径。

为了能追踪现代人类如何走出非洲到达世界各地，对单倍群体（haplogroup）一词可能要有一些基本的了解。这个术语当然起源于学术界，但是现在已经成为我们日常和流行科学语言的一部分。诸如 23andMe 和 Ancestry 之类的基因公司，会根据对客户 DNA 的分析，以单倍群体的形式告诉客户他们祖先的来处和迁徙的路线，同时可以让客户分别知道一个人

父亲和母亲的血统，以及他们在何时何地聚首在一起的。

单倍群体一词正在成为流行文化的一部分，它已不着痕迹地渗入了畅销小说之中。根据《龙文身的女孩》系列的官方页面，这套书一共 6 卷，都在《纽约时报》年畅销书排行榜上，整个系列全球销售量已达 9000 万册。读者一定不会陌生，它也是好莱坞拍电影的好剧本：饰演"007"的丹尼尔·克雷格曾主演故事的男主角。故事的女主角，即龙文身的女孩莉丝·莎兰德（Lisbeth Salander）在第 6 卷里用一个谋杀受害者 mtDNA 的 C4a3b1 单倍群体知道了他来自南亚，同时他的细胞核 DNA 还带着 EPAS1 的变体，进一步把搜索范围缩小到尼泊尔的一个夏尔巴人小村庄里。最后，受害者由直系亲属从族谱里认定。当然，这件凶杀案因此得破。所以 mtDNA 是确定受害者来自何处的第一步，核 DNA 则是直指族群的第二步，最后是用到受害者的族谱。单倍群体的这一名词与 EPAS1 已成为流行科学和流行文化的一部分。其实这个故事已对单倍群体的定义做了初步的解释了。

单倍群体

单倍（haplo-）群体是指单在父亲或单在母亲一方具有共同特殊遗传基因的人群。从定义上来讲，单倍的字面意思是指遗传来自父方或母方；因为 mtDNA 是从母系相传，带有特殊突变 mtDNA（以惯例命名来代表）的人们就属于此特殊突变 mtDNA 的单倍群体。Y 染色体有一部分带的是父亲一方的遗传信息，因此也有此单倍性质，所以带有这一特殊突变的染色体的人群被称作 Y-DNA 的单倍群体。

通常当一群体（或家族）在一个地方停留一段时间后，他们的单倍 DNA 会从当地的原始 DNA 开始累积属于这一群体的突变。从基因突变差异和已知突变的速度可以用来校准这一群体（或家族）开始在该地生活最早的时间。然后从 DNA 研究参与者的来处，可以推断这一群体的最早位置。有了时间，有了地点，也有了人群，再加上单倍 DNA 的系统发育树，那就能够绘制出带有单倍群体身份和日期的迁徙图。如此一来，迁徙的大谜团不就都解决了！

mtDNA 单倍群体的迁徙

在人类遗传学中，单倍群体的命名是确定了 mtDNA 系统发育树的主要分支点。其实我们对这些单倍群体一点都不陌生。在第 9 章中提到坎恩所做的 mtDNA 系统发育树就是一个单倍群体从“a”到“j”的命名（图 9–4）。在同一章里也绘出了用得比较广泛的 mtDNA 单倍群体，它们的命名从“L”到“M”（图 9–5），这些字母仅代表了最先发现学者的最初命名，字母的顺序并没有实际的基因或遗传的相互关系。

现代人类 mtDNA 单倍群体最原始的是 L 型，是线粒体夏娃的族人，也是现代人类母系 MRCA。图 13–1 类似于第 9 章中的图 9–5，不同之处在加入了更详细的资料。从图中可以看出《龙文身的女孩》故事里受害者带有 C4a3b1 mtDNA 的单倍基因，所以属于此单倍群体，他一母系的祖先从 L 开始发展到 L0、L1、L2、L3、M，然后 CZ（C4a3b1）单倍群体在 45 000 年前分支出来。

知道了哪些人在什么时候从哪一支分出来以后，就剩下最后的地理位置和迁徙的问题了。

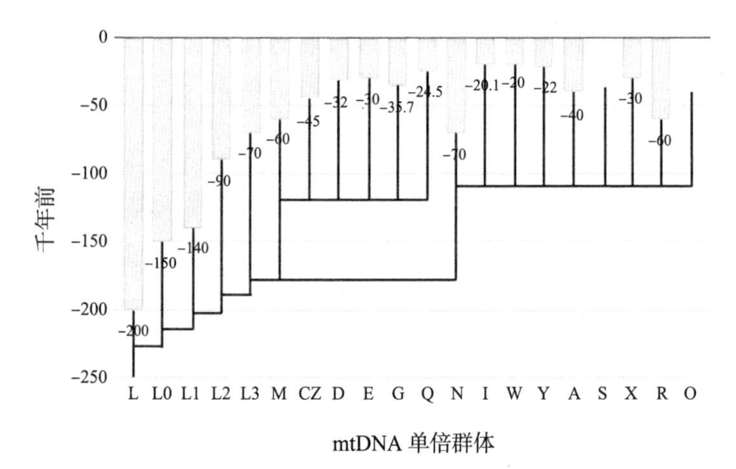

图 13–1　mtDNA 单倍群体（可参见图 9–5）

Y-DNA 的单倍群体是由来自 Y 染色体的 DNA 非重组部分的突变所做的定义。它则只是经父系遗传下来。Y -DNA 的单倍群体系统发育树，比 mtDNA 单倍群体的稍为复杂。图 13–2 是 Y-DNA 单倍群体的系统发育树，是根据 Y 染色体单倍群体的命名惯例编纂的。

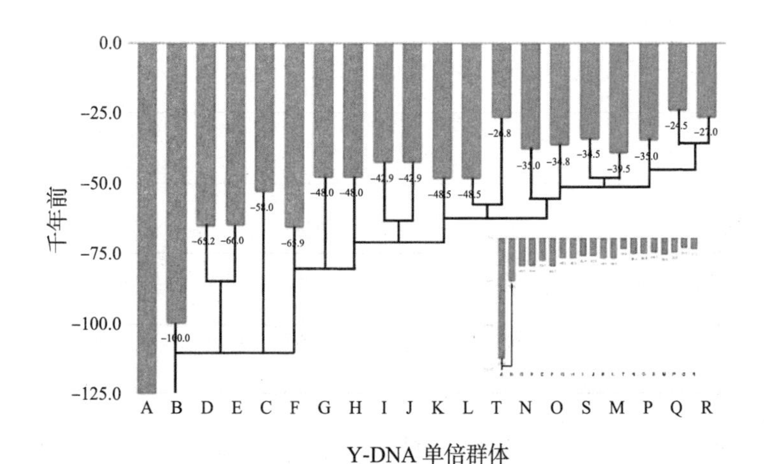

图 13–2　Y-DNA 单倍群体及其迁徙

本书作者的单倍群体和血统

原则上，任何一个人都可以从 mtDNA 和 Y-DNA 的系统发育树和迁徙图找到更详细分支点的时间和地理位置。对自己祖先的迁徙有更进一步兴趣的读者可以从这两个章节的图片开始，当然你要先知道自己的 mtDNA 和 Y -DNA 的单倍群体。但是如果你是基因检测的顾客，你可能已经知道自己大概的单倍群体以及祖先的迁徙路径。

我个人的母系单倍体群是 M7b1，是 M7 单倍群体后又分支了两次的后代，更详细的资料显示了此单倍体群是在 13 500 年前从 M7 分支出来的，而 M7 则是在 45 000 年前从 M 分出来的。继续往回推，M 则是在 5 万年前从 L3 分出而的，而 L3 是于 6.5 万年前的 L 分出来的。当然 20 万年前的 L 是最原始的 mtDNA 单倍群体。因此，L 单倍群体是我最早的曾曾祖母，也是现代人类的最早母系祖先，当然也是现代人类的母系 MRCA。

我的父系单倍群体 O-P164 是 O-M122 的后代，约 36 000 年前从 OM-1359 分支出来。而 O 则来自于 48 000 年前的 K-M9 单倍群。K 则来自 66 000 年前的 FM-89。F 的传承来自于 B 和最早的 A，而 A 则是 275 000 年前开始的一个父系单倍群体。这个群体就是我的曾……祖父。

将所有可用信息汇总在一起，我可以追溯到大约 13 000 年前的父系和母系的单倍群体。但是自有历史以来，任何族谱都忽略了母亲的族谱，我也只能从父系族谱里知道最早的祖先是 3000 年前开始的。所以在“我来自何处”的故事中，我无法填充从 13 000 年前到 3000 年前中间 1 万年的空档，但对我说来已是差强人意了。

从理论上讲，只要有自己父系和母系的单倍群体和族谱，每一个读者都可以找到“我来自何处”的答案。

现代人类迁徙的三个阶段

对于现代人类迁徙故事的这一部分，我将采用维基百科“早期人类迁徙”网页上部分的信息作为参考。但是我将尽可能结合了前面所讨论到的单倍群体，它们的系统发育树和迁移地图，勾画出比较完整但是概括的现代人类迁徙历史。

现代人类迁徙可分为三个阶段来处理。第一阶段是现代人类从中心地带扩散到非洲的大部分。第二阶段是第一阶段的延续，因为他们找到了出走非洲的一条大道，成为第一梯队出走非洲的移民潮。

第三阶段是出走非洲的第二梯队移民潮以及其后的扩散。这些现代人成功地在南亚以及随后在澳大利亚定居。移民的一部分向北转向亚洲其他地区，向西北转向欧洲。后来，他们扩散到整个欧亚大陆，最后移居美洲。现代人类在前两个阶段最终都没有大规模的在非洲以外的地方生根，所以比较简单，也无须着墨太多。这第三个阶段让人类最终能够遍布全球，也知道得比较详尽，所以会有详细的讨论。

本章后半部分的现代人类迁徙故事，依照以下大纲来叙述。

第一阶段，非洲内部的迁徙与扩散：距今 20 万年前开始

北非：摩洛哥

撒哈拉沙漠

南非

中非

西非

第二阶段，出走非洲的第一梯队

中东路线

红海路线和沿海迁徙

中国连线

第三阶段，出走非洲的第二梯队：从 75 000 年前到最后一次冰河最高峰期

走出非洲的两条路线

到达大洋洲和更远的地方

欧洲的扩散

东北亚的扩散

第三阶段：最后一次冰河最高峰期之后

欧亚大陆

美洲

第三阶段：全新世（holocene）

欧亚大陆

撒哈拉以南的非洲（严格说来不算出走非洲）

太平洋地区

加勒比海

北极

第一阶段：非洲内部的迁徙与扩散

摩洛哥，北非

根据大多数分子时钟的研究，现代人类的年龄介于 14

万—28 万年（见第 9 章），在 2017 年摩洛哥杰贝尔依罗地区（Jebel Irhoud）发现的遗物和五片人类化石已被测年为 30 万年，而且被认定是现代人类。这一发现对现代人类演化的历史似乎引起了异议。因为它的测年比 28 万年前还早。难道现代人类年龄的估计偏低了？

后来，对颅骨化石仔细的研究得出不同的结论。尽管颅骨化石的面孔纤巧而现代，但颅骨后端较长，更类似于早期的人骨。所以他们可能还不是现代人类，而是更早的人类。

近年来，在其他非洲地区也有一些约有 20 万年的化石，进一步证明了 mtDNA 分子时钟研究的结果。1967—1974 年在埃塞俄比亚发现的奥莫基比什（Omo Kibish）遗迹也有 20 万年的历史，那里的化石被认为是非洲解剖学上现代人类最早的化石。公认的现代人类年龄还是在 20 万年前后。

摩洛哥的这一发现表明，早期非洲人类的扩散超出了预期，在非洲还有其他古老智人的踪迹。先前认为东非是现代人类最早的家园，则似有需要扩大到涵盖整个非洲。

撒哈拉沙漠

新兴的现代人类从出现之初便很快地扩散到中非、西非和南非。他们还扩散到了欧亚大陆的一部分，但似乎后继无力，而很快就从那里消失了。向南非和中非洲的扩散造成了现代人类最古老的分支：早期的现代人类向撒哈拉以南非洲地区的迁徙可能带来了大约 13 万年前晚期阿舍利（Acheulean）石材工具文化的消失。这些石材工具是直立人和海德堡人等常用的工具，以椭圆形和梨形的手斧最具代表性。这些早期的现代人类要么在这里把海德堡人吸收进到现代人类中，要么就是造成了他们的绝种。

南非

现代科伊桑人（*Khoi-San*）的祖先在 15 万年前就扩散到了南非，他们可以说是现代人类最古老的民族了。科伊桑人的名称来自笨嘴人（*Khoi*）和丛林人（*San*）。这两者都是荷兰殖民者对非洲土著的蔑称，"笨嘴人"是因为他们说话发音和欧洲人发音不同，被荷兰人形容为笨嘴的人。这些人是 L 单倍群体在 15 万年前分支出来的 L0 单倍群体（图 13–2 的 mtDNA 单倍群体系统发育图）。到了 13 万年前，非洲有两个人类最古老的单倍群体，南部非洲的 mtDNA L0 单倍群体，即科伊桑人（*Khoisan*）的祖先和中非、东非洲的单倍群体 L1～L6，也是其他所有人（包括我们大多数人）的祖先。在南非的 L0 单倍群体后来在 12 万年前到 75 000 年前，又大量迁回东非。

科伊桑人说的是一种独特的语言，总是在发出母音之前先发出"咔哒"声。他们的咔哒声语言可能是所有现代人类所使用的最原始语言（荷兰人称科伊桑人为"笨嘴人"，其实是荷兰人的无知与西方人的优越感的体现）。从非洲迁出的现代人失去了这种"咔哒"声语言，而留在南非的现代的科伊桑人则保留了这种现代人类最早的语言。

中非

现代中非的侏儒人——刚果盆地的狩猎采集者，其祖先很可能是在 13 万年前扩散到中非的。这些中非的侏儒人有复杂的遗传，与其他所有单倍群体不同，这表明他们就像科伊桑人一样有很古老的血统。他们是仅次于科伊桑人第二古老现代人类的分支。

西非

现代人类可能很早就已经到达撒哈拉沙漠的西端和临近大西洋。有证据表明，自 13 万年前以后，热带西非的考古遗址（可能是古老智人留下来的）已开始与现代人类有关了。不过，与非洲其他地区不同的则是，这些古老的中石器时代（middle stone age，MSA）的遗址似乎一直持续到 12 000 年前，这表明西非的古老智人与后来的现代人类有时间和空间的重叠，他们混血的可能性很高。MSA 遗址遗物主要来自古老智人，他们在非洲本地发展，就像人属赫尔梅斯人（*Helmeis*）一般，生活在 26 万年前的南非，但并未引起我们的太多关注。因为这样的混血发生在非洲，也没有离开非洲，并未对大多数现代人类的基因产生长期的影响，所以赫尔梅斯人远没有尼安德特人和丹尼索瓦人那样出名。

第二阶段：出走非洲的第一梯队

他们通过两条路线离开非洲，一条路线向北穿过尼罗河山谷到达中东，即中东路线。另一条路线向东和东北称为红海路线和沿海迁徙。

中东路线

据最可靠的推断，现代人类离开非洲的第一梯队一部分在大约 12 万年前到 10 万年前穿过尼罗河谷，到达中东。另一说法在 13 万年前到 11.5 万年前之间到了黎凡特和欧洲。可能最早在 18.5 万年前就已经开始他们的旅程。在以色列密斯利亚（Misliya）洞穴发现的八片现代人类的腭骨碎片可追溯到19.4万年前到17万年前。这些早期的迁徙似乎并未带来长久的殖民，在约8万年前以后，就不再见到新移民了。

2019年7月，人类学家在希腊南部发现了21万年的现代人类化石，比欧洲现代人类的发现早了15万年。同一地点还有约17万年的尼安德特人遗址。但是，同样，一直都没有现代人类在8万年前以后在中东存在的证据，这些早期的现代人类可能已经融入古老的智人了。

红海路线和沿海迁徙

第二条路线是经过今天的曼德海峡（Bab-el-Mandeb Strait）。这狭窄的海峡当时可能是比红海和亚丁湾海平面低得多的旱地。从那里，现代人类越过阿拉伯半岛，大约12.5万年前定居在今天的阿拉伯联合酋长国，也有部分人大约10.6万年前定居现在的阿曼，还可能在7.5万年前到达印度的中部。尽管在这三个地方均未发现任何人类遗骸，但在阿联酋、印度的石器和非洲的一些石器十分类似，显然制造这些工具的都是现代人类。

中国连线

最早通过红海路线扩张移民潮有可能早在12.5万年前就到了中国。从红海路线沿海迁徙的证实可支持以下说法：非洲现代人约在10万年前到达中国南部和越南之间的边界地区。一些2007年在中国广西壮族自治区的人智洞发现的零碎现代人类的遗骸，提供了人类在欧亚大陆东部扩散的证据。遗骸的年龄有10万年之久。另外来自邻近地区，2014年发现了鲁那洞内人类牙齿，包括右上第二磨牙和左下第二磨牙，它们测年出来是已有 125 000 年了。

这些来自非洲的早期移民并未在 DNA 分析中留下任何 Y-DNA 或 mtDNA 的痕迹。那些现代人类似乎也没有单独的生存下来，有可能因过少的人口无法维持群体的生存，也有可能被更早期的移民（如直立人的后裔）或古老的智人（如丹尼索瓦人）所吸收。

第三阶段：出走非洲的第二梯队

走出非洲的两条路线

现代人类出走非洲的第二梯队是在大约 7.5 万年前开始的。正是这个梯队的现代人类迁徙和扩散造成了他们在世界各地的长久存在。这个梯队的移民也同样有两条可能的迁徙路线。

根据 2003 年和 2008 年的几项研究，第一条路线从东非跨过巴贝曼德布（Bab elMandib）海峡，经也门继续东向。一些属于 L3 单倍群体的移民，人数可能少于 1000 人，大约在 75 000 年前到了也门。

另外，新的研究也显示了通过西奈—以色列—叙利亚（黎凡特走廊）偏北的第二路线的间接证据。从 7 万年前到 5 万年前沿海线迁徙的移民都属于 M 和 N 的母系单倍群体，他们则都是从 L3 分支出来的人群。他们的后代在 55 000 年前，就沿着阿拉伯和波斯湾的沿海迁徙到印度。

这两条路线都为现代人类提供了与尼安德特人或丹尼索瓦人相识甚至相知的机会。

到达大洋洲和更远的地方

现代人类在离开非洲后，继续沿着亚洲海岸到达东南亚和大洋洲，约 6 万年前到了澳大利亚大陆，此时，现代人类首次扩展到了比直立人居住地更远的地方。血统由美拉尼西亚人、澳大利亚原住民以及东南亚的零星人群（如菲律宾的少数民族）都共享了部分丹尼索瓦人的 DNA。这表明了现代人类与丹尼索瓦人在东亚有甚多混血的机会。丹尼索瓦人甚至可能已经越过了华莱士线，而华莱士区（Wallacea，澳大利亚和加里曼丹岛之间的群岛）则是他们的上一个冰河时期的避难所。弗洛雷斯岛是直立人到达的最远极限，这说不定也是人属弗洛雷斯西人的祖先，但直立人从未到达澳大利亚。

图 13–3 显示了 2 万年前上次冰河期最高峰时的土地和海水的可能地形，当时海平面可能比今天要低 100 米以上。在这段时间内，东南亚大部分海域形成了一个被称为巽他（Sunda）的大陆。现代人类移民继续沿这沿海路线向东南走，面临了巽他大陆和莎湖大陆（Sahul，即今澳大利亚和新几内亚的大陆陆块）之间的海峡。据查，这道海峡有 90 千米宽，因此向澳大利亚和新几内亚的迁徙将需要有足够的航海技能。

那些没有去大洋洲的人留在印度附近，但转向东北前往中国，又从中国抵达日本。有一部分人从中国转向北亚。他们属于母系 M 单倍群体和父系 C 单倍群体。

澳大利亚人从哪儿来

对澳大利亚一个原住民的头发标本做的基因组分析看出，

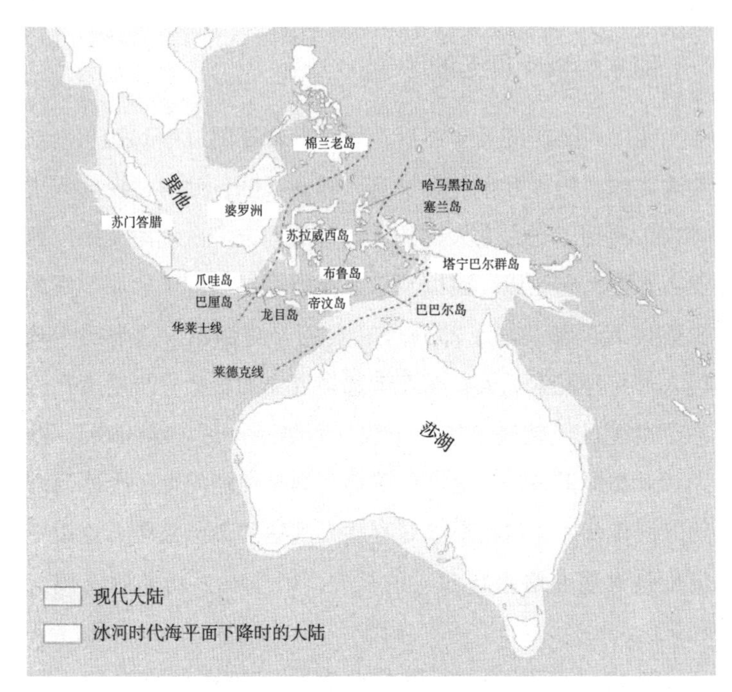

图 13-3　2 万年前巽他和莎湖地区末次冰盛期（LGM）时的陆地和水，当时的海平面可能比现在低 145 米以上

图片来源：马克西米利安·多尔贝克尔，维基百科，略有改动

此原住民是 7.5 万年前至 6.2 万年前东亚人群的后代。这一证据支持了移民到澳大利亚和新几内亚的人几乎是最早从非洲缓慢却不停地一直迁徙到澳大利亚的一批移民。而现在的东亚人则是 3.8 万年前至 2.5 万年前才来到亚洲的；后来同一批的东亚人又辗转移民到北美。据信，向澳大利亚的迁徙是早在 5 万年以前已到了澳大利亚，而在大约 8000 年前，澳大利亚和新几内亚因海平面上升而分开，造成了澳大利亚的孤立。上面所提到的早期移民澳大利亚和后来的孤立有以下 4 个证据：①最早在澳大利亚定居的证据是在 6 万年前至 5 万年前；②大约在 4 万年前的人类遗骨；③至少有 6.5 万年前的人造遗

物；④在 4.6 万年前到 1.5 万年前，澳大利亚的大型动物从众多到绝种，意味着人类长期的以它们作为食物，使得它们无法生存。

欧洲的扩散

由沿海移民到南亚的人类似乎留在那里一段时间，6 万年前至 5 万年前，然后向欧亚大陆进一步扩散。在石器时代晚期（5 万年前至 1 万年前）这些人类扩散成为旧世界和美洲的主要人口。

在向西北的扩散中，母系的 R 单倍群体及其后代，遍布亚洲和欧洲，几千年前母系 M1 单倍群体从中东回到北非和东非的非洲之角。在图 13–3 中也可以看到这些迁徙和扩散。

现代人类大约在 4.3 万年前到达欧洲，也很快地取代了尼安德特人。当代欧洲人都或多或少有尼安德特人的血统。有一说法现代人类是与尼安德特人在欧洲混血来的，另一理论认为尼安德特人和现代人类的混血在 4.7 万年前就已停止，换句话说他们的混血在现代人类进入欧洲之前就已发生，而后者的说法是比较合理的。

欧洲和尼安德特人的互动

大约 4 万年前，最新的现代人类从中亚和中东地区随着冰原上动物狩猎往西进入欧洲。那时，尼安德特人已经在中东和欧洲生活了数 10 万年。现代人类到了欧洲后，扩散到尼安德特人居住的地方，从伊比利亚半岛到中东等地，犬牙交错并相互重叠，与尼安德特人混血几乎无可避免。这些交往将尼安德特人的基因带给了古石器时代人类，也留在现代欧亚大陆人和大洋洲人的血统中。

克罗马农人被认为是欧洲最早的解剖学现代人类，所以在欧洲现代人类和克罗马农人等于同义词。他们大约在 5 万年前从伊朗和土耳其东部进入欧亚大陆，其中一部分迅速在印度洋海边附近定居，另一部分则向北扩散到中亚的草原。在意大利和英国都发现了距今 4.3 万年前至 4 万年前克罗马农人的遗骸。欧洲的俄罗斯北极地区也发现了 4 万年前的现代人类遗骸。

现代人类殖民了乌拉山以西的领土。但他们面临着许多挑战，冬季气温在 -30～-20℃，燃料和庇护所都十分贫乏，在天寒地冻的莽原行走，依靠狩猎擅长跑跳的畜群作为他们的食物，都造成生活上的挑战。但是他们有创新的技术克服了这些挑战，从利用动物身上的毛皮制成了保暖的外套；建造带有火炉的庇护所；用骨头作为燃料；并在冰原上挖冰窖来储存肉和骨头。

来自意大利亚德利亚海边帕利亚奇洞穴（Paglicci Cave）的两个克罗马农人生活在 23 000 年前到 4000 年前，他们是属于 mtDNA 的 N 单倍群体，从图 13-2 可以看到，这一单倍群体很早就从 L3 分支出来的。但是，意大利的克罗马农人和在伊朗和沙特阿拉伯人都属 N 单倍群体，证实了这两个克罗马农人是通过红海路线的迁徙到欧洲的。

人们认为，欧洲现代人口的急速增加始于 45 000 年前。他们可能经过了 1.5 万年到 2 万年才完全殖民了欧洲。随着古代 DNA 研究的出现和蓬勃发展，戴维·赖克（David Reich）于 2018 年收集了他用古代 DNA 的研究结果，详细地把过去 4 万年各个群体在欧洲迁徙和相互融合的经过写成一本书（*Who We Are and How We Got Here: Ancient DNA and the New Science of the Human Past*, David Reich, Vintage Publisher, March 2018）。

但该书的重点还只是在欧洲。近年来欧亚的详细迁徙过程才备受学者重视，也有许多论文发表，希望对近代整个欧亚大陆的人类迁徙有更进一步的了解。

东北亚的扩散

大约在 4 万年前，居住在现代北京市附近的一个“田园”人有不少的尼安德特人血统。在 2017 年对他们的 DNA 研究显出，田园人与现代亚洲人和美洲原住民都是亲戚。研究发现东亚人第三染色体的 3p21.31 区域（HYAL 区域）内有 18 个基因是从尼安德特人渗进来的。这个单倍型（H aplotype）一直在东亚人口中扩散，从 45 000 年前逐渐上升，但是到了 5000 年前到 3500 年前突然快速增加。现在与其他欧亚人口（如欧洲和南亚人口）相比，这个单倍型在东亚人口中的发生频率很高。研究结果还表明，这种尼安德特人的单倍型渗入是发生在东亚人和美洲原住民共同的祖先身上的。

2016 年的一项对日本北部阿依努人（*Ainu*）的基因进行了分析，这是早期东亚人迁徙的关键。研究发现，阿依努人是比东亚的现代农业人口更早到达那里，表明了他们与西伯利亚东北部有着古老的联系。2013 年的一项研究将阿依努人的多项表型特征与蒙古人连了起来，他们都有在 35 000 年前发生的 EDAR 基因变体。受此变体影响的特征是汗腺、牙齿、头发和乳房组织。

在东亚的 A、B 和 G 的母系单倍群体源于约 5 万年前，随后这些群体大约在 35 000 年前扩散到了西伯利亚、韩国和日本。在最近一次冰河期最高峰期间，部分人口迁徙到了美洲。

第三阶段：最后一次冰河最高峰期之后

欧亚大陆

从大约 2 万年前开始，冰河时期迫使许多北半球居民迁移到几个大庇护所（refugium，是人类可以长期躲避寒冷而不利于生存的环境），直到这个冰河期结束后，又重新开始他们的迁徙与扩散到欧洲。依据欧洲的历史推测，人口都是在庇护所生存下来的人类的后代。欧洲人口结构后来又因进一步的迁徙而发生了变化，特别又经过了来自近东新石器时代的扩张和擅用铜器的印欧人口的扩张，才形成了现代欧洲人口结构。

另外，现代人类在东北西伯利亚的亚那河（在北纬 71°附近）也留下了旧石器时代的居住遗址。该地点位于北极圈以北，而居住的遗址可追溯到 27 000 年前。人类能在此生存再度表示，人类很早就已经适应了这种恶劣、高纬、寒冷的更新世（pleistocene）环境。

美洲

古老的美洲原住民从中亚，穿过西伯利亚东部与现今阿拉斯加之间的白令陆桥来到北美。人类在上一个冰川期结束时，或更确切地说，在上一个冰河时期结束之前（约 23 000 年前）已在整个美洲生活。他们到美洲大陆和整个美洲的迁徙的详细信息，包括是哪些母系单倍群体、日期和所走的路线，都包括在图 13–4 里。图中①是约 23 000 年前最早经白令陆桥到北美的迁徙，他们都属于母系 A 单倍群体，②是在白令陆桥时人口逐渐成熟而分出的单倍群体，③是约 15 000 年

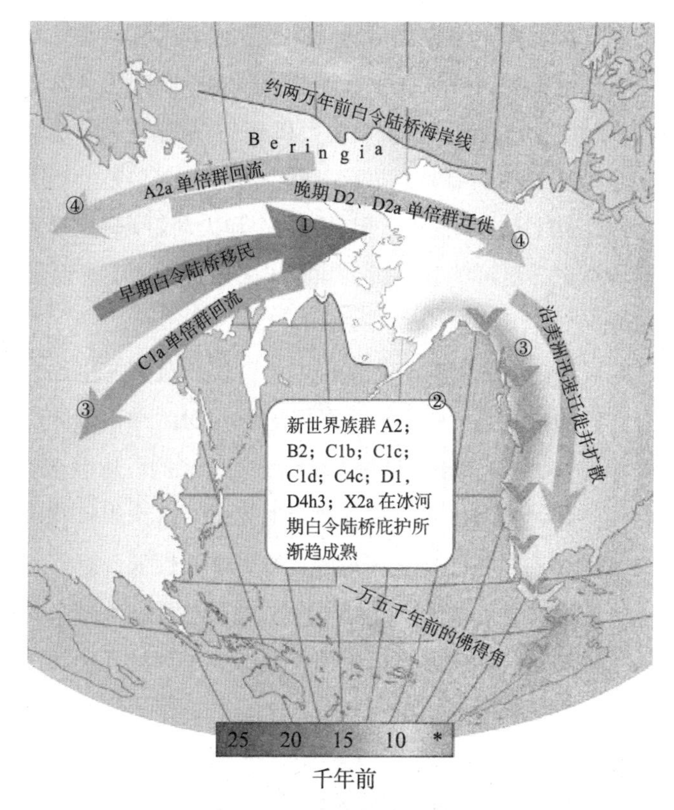

图 13-4　基因流进出白令陆桥

图片来源：Erika Tamm，维基百科，背景有修改

前沿美洲西岸由北向南迅速的迁移以及一部分回流至西伯利亚，④代表了晚期的西伯利亚回流和晚期的美洲移民。

迁徙到美洲的途径并未成为定论。有一种理论认为，由于冰河时期断断续续，这些早期移民在海平面显著降低时，随着现已绝种的大型动物群沿着劳伦泰德（Laurentide）和科迪勒拉（Cordilleran）冰原之间的无冰走廊，由北而南到达北美，而至南美。

另一假说是，人类步行或乘坐原始船，沿太平洋海岸从水路到北美、南美，直至智利。但是上一个冰河时期沿海的任何考古证据现在都被海平面上升所覆盖，所以几乎无法证实。最近在亚马逊地区发现的澳大利亚 / 丹尼索瓦人的遗传标记支持了从非洲到南亚、东亚、白令海峡以南、北太平洋沿岸，最终到达南美的假说。但是，这个澳大利亚 / 丹尼索瓦人的遗传标记，更可能是在过去 400 年来通过全球贸易而带来美洲的。

定居美洲的人都有一个基因上的特征。最引人注目的部分是它们都很单纯，从东亚到美洲最大 mtDNA 单倍群体只有 A 和 D，后来的 X 单倍群体是在美洲分支出来的。从中亚和东亚到美洲最大 Y-DNA 单倍群体则是 N 和 Q。这个观察背后的含义是美洲人的基因变化相对的狭窄、多元性低，对环境的适应较迟缓。美洲原住民在 16 世纪以来面临欧洲人带来的各种微生物和疾病的入侵，措手不及而造成了大量死亡。这个特征也有可能是其主因之一。

全新世移民

全新世（holocene）始于 12 000 年前开始。在全新世气候最佳时期，大约 9000 年前开始，原来局促于庇护所的人口开始重新出现迁徙与扩散。这时，虽然全球大部分地区已经被现代人类定居。但是，原被冰河覆盖的广大区域现在开始重新被人类殖民。

同一时期，整个温带地区都从中石器时代过渡到新石器时代。后来，新石器时代又被旧世界的青铜时代所取代。5000 年前以后，近东和中国逐渐开始了有记录的历史。

据信，中石器时代到新石器时代的大规模迁徙导致了世界主要语言的分布，例如尼日刚果语系、尼罗撒哈拉语系、亚非语系、乌拉语系或印欧语系。理论性的“语源论（nostratic theory）”假设，从全新世初期开始使用的一种原始语言衍生出欧亚大陆的主要语言家族（不包括汉藏语言）。

在最后一次冰河最高峰期（26 000 年前至 18 000 年前）冰盖撤退之后，父系 N 单倍群体的史前迁徙路线与语源论的假设不甚谋合，大概语言学家和人口学家需要多沟通。这些迁徙和扩散倒和东西方有文字的历史都有不断地被北方野蛮民族骚扰的记录颇为谋合。

欧亚大陆

2014 年发表的有关古代人类遗骸的基因组分析的证据指出，欧洲的现代人口主要来自三个不同的血统：①西方的欧洲肉食猎人与植物采集者是克罗马农人的后代；②早期的欧洲农民，是新石器时代革命期间从近东移入欧洲；③在印欧语系扩张的背景下，古代的北欧亚人们扩展到了欧洲（见上文）。最后一个血统的人是欧洲历史上认为是野蛮人。这些人可能就是后来的欧亚游牧民族，包括了匈奴和突厥人。

撒哈拉以南非洲

人们认为，尼罗河人是从 5000 年前的一个早期东苏丹族分支而来的。他们是尼罗河谷的土著，讲尼罗河语言，是尼罗撒哈拉语言的一大分支，而尼罗撒哈拉语言是南苏丹、乌干达、肯尼亚和坦桑尼亚北部的语言。东苏丹人比尼罗河人发展得更早，也许有 7000 年的历史。较早的尼罗撒哈拉人可追溯至大约 15 000 年前的晚期旧石器时代。

据信，尼日刚果语系的人们大约在 6000 年前就出现在西非或中非。他们在大约 5900 年前的扩散可能是因为撒哈拉农业的扩张，那正是非洲新石器时代且撒哈拉已干旱成为沙漠的时候。班图人的扩散将班图语传播到非洲中部、东部和南部，部分取代了该地区的土著人口。班图的迁徙从大约3000年前开始，到大约1700年前到达了南非。

印度太平洋

“印度太平洋”是一种不太常见的用语，有时也称为印度西太平洋或亚洲印度太平洋，是一个由印度洋的热带水域、西太平洋和中太平洋以及连接这两个区域组成的大海域，包括从西起的马达加斯加岛、东南亚海域、印尼、密克罗尼西亚、美拉尼西亚和波利尼西亚。

最早向印度太平洋的迁徙是由中国台湾的南岛民族（Austronesia）开始的，被称为“南岛扩张”。他们用各种航海技术，如双体船、支腿船、蟹腿帆船等往大海进发。在5000年前至3500年前迅速殖民了东南亚岛屿。他们在公元前4200至公元前3000年前从菲律宾和印尼东部向东殖民了密克罗尼西亚（Micronesia）。

这些南岛人的一个分支在3600年前到3000年前，扩张到了美拉尼西亚。他们又是现居波利尼西亚人的直系祖先。从那里，他们在3200年前到了斐济群岛，2900年前到萨摩亚和东加，2200年前到了密克罗尼西亚。这支南岛人继续向东太平洋迁徙，在1300年前到了库克群岛、社会群岛和马克萨斯群岛。又从那里，他们在1100年前到了夏威夷群岛，800年前到了新西兰岛。

在加里曼丹岛的南岛人向西走，在1500年前到了马达加斯加岛。总的来说，南岛人是印度太平洋岛屿的主要民族群体，并且是第一个建立远达东非和阿拉伯半岛的海上贸易网络的人。南岛人的扩张是最后一次也是影响最深远的新石器时代人类迁徙大事。

加勒比海

加勒比海是美洲人类最后定居的地方之一。已知最古老的遗骸来自大安的列斯群岛（古巴和伊斯帕尼奥拉岛），其历史可追溯到6000年前至5000年前。从工具技术的渊源可以看出，这些人从中美洲穿越尤卡坦海峡。所有证据表明，从4000年前以后的移民是从南美的奥里诺科地区移民过来的。这些移民的后代包括了泰诺人（*Taíno*）和卡林那哥人（*Kalinago*）等加勒比岛的祖先。

北极

最后一个人类迁徙而定居的地区是北极。大约在4500年前，北美中部和东部北极地区最早的居民，被称为北极小工具传统（Arctic Small Tool Tradition）。AST是由几个古爱斯基摩（Paleo-Eskimo）组成的文化，其中有独立文化和早期多塞特（Dorset）文化。后来的因纽特人（Inuit）是图勒（Thule）文化的后裔，而图勒文化则在大约1000年前起源于阿拉斯加西部，并逐渐取代了多塞特文化。

现代人类迁徙总结

根据mtDNA单倍群体和Y-DNA单倍群体的说明，加上基因检测测出来你是属于哪一个群体，任何人都几乎可以追寻到粗略的父母双方祖先。

当然，mtDNA单倍群体和Y-DNA单倍群体的分析只是过度简化的迁徙和人类分支的信息，进一步的分析还要包括整个基因组才能回答人类的迁徙扩散的详情。将这两个单倍群体和基因组的分析合在一起则可以绘制出一般的现代人类迁徙的路径。看来"我们从何处来"的问题已经有简单的回答了。当然，这里的"我们"只包括存在了 20 万年的现代人类。赖克对古基因组的研究，更为详尽地叙述了过去 4 万年间欧洲人口的迁徙与更替，学者对东亚人口的迁徙与更替也开始有一些比较详尽的报道。本书对这些细节则列在注释中，读者可用它继续深究。

现代人类将去往何方

这个星球上曾经有 1080 亿个现代人类生存过，其中包括了目前的 78 亿，使得全球的每一个地方都已被人类占据和殖民。这个了不起的成就是依靠着对看似无限的自然资源，即广阔的空间和其他生物（动植物）无休止的欲望达成的。

人类不停地迁徙与扩展是对空间的追求，部分原因是现代人类的天生机动性。但是他们每到一个新家，在还没有足够的时间来适应新环境的挑战，就因过多的人口不得不继续搬家，一直扩展到世界的边缘。人口的激增是利用了人类周遭的动物和植物，他们迅速将其他动物的生活范围都占领了，剩下的除了鸡、牛、猪等食用的动物外，其他的动物几乎都绝了种。他们也已经驯育并改变了谷物和蔬菜的生长方式，产生了专为食用的玉米、谷类和蔬菜。

从积极的方面来说，人类喜欢冒险，总是寻找比现在更好的东西。另一方面，如果他们只继续迁徙和扩散，而错失了与现有环境相处与适应的机会，反而改造环境来适应人类的习性，那么人类和围绕在他们身边动植物的多元性将不断地减少。这样的循环如果不加以调整，人类和环境的多元性越为缩小。不管是从宏观的形体或微观的基因来看，人类对突发变化的应变和生存的能力也更为减低。迁徙与扩散带来的影响可以说是十分深远和微妙的。

加来道雄（Michio Kaku）是一位日本理论物理学家，也是畅销科普书作者，他在《人类的未来》一书里概述了人类未来从地球向别的星球殖民的乐观景象，当然目的是能利用其他太阳系外行星的资源来补足地球上被消耗殆尽的资源，延续人类的生存。但是，现在全球每年 100 万亿美元（2022 年的预测）的生产总值还只能用在一些次要的理想，和用在解决人类之间不停和不必要的争端上（如发展武器），当然还要用来养育着目前 78 亿的人口，已没有任何余裕来执行走出地球的探索与计划。其实在可预见的未来数百年间，如何向外探险和移民根本就是个虚拟的题目。就算是人类能拨出一部分的财富来谋求未来人类的福祉，也应多加重视迫在眉睫的课题——和平地处理人际关系，有效利用有限的资源，竭尽所能优化人类的生产环境，以及发展成一个更好的物种。种种这些都应该是在人类抛弃资源日渐枯竭的地球，移民到其他星球以前的最优先课题。

注释

1. “Identifying and Interpreting Apparent Neanderthal Ancestry in African Individuals,” Lu Chen, Aaron B. Wolf, Wenqing Fu, Liming Li, and Joshua M. Akey, Cell, 180, 677 (2020).
2. “Updated Comprehensive Phylogenetic Tree of Global Human

Mitochondrial DNA Variation," Mannis van Oven and Manfred Kayser, Human Mutation, Mutation in Brief #1039, 30 (20089).

3. "Genetic clues to dispersal in human populations: retracing the past from the present," RL Cann, Science, 291, 1742 (2001).
4. "The Future of Humanity -- Our Destiny In The Universe," Michio Kaku, Doubleday Publisher, 2018.
5. "Mitochondrial DNA and Y Chromosome Variation Provides Evidence for a Recent Common Ancestry between Native Americans and Indigenous Altaians," Matthew C. Dulik, Sergey I. Zhadanov, Ludmila P. Osipova, Ayken Askapuli, Lydia Gau, Omer Gokcumen, Samara Rubinstein, and Theodore G. Schurr, The American Journal of Human Genetics, 90, 229–246 (2012).
6. "Major genomic mitochondrial lineages delineate early human expansions," Nicole Maca-Meyer, Ana M González, José M Larruga, Carlos Flores, and Vicente M Cabrera, BMC Genetics, 2, 13 (2001).
7. " Modern Humans Did Not Admix with Neanderthals during Their Range Expansion into Europe," Mathias Currat and Laurent Excoffier, PLoS Biology, 2, 12 (2004).
8. "Who We Are and How We Got Here: Ancient DNA and the New Science of the Human Past", David Reich, Vintage Publisher, March 2018.
9. "Human Dispersal Out of Africa: A Lasting Debate", Saioa López, Lucy van Dorp, and Garrett Hellenthal, Evol Bioinform Online, 11, 57–68 (2015).
10. "Pre-Clovis occupation of the Americas identified by human fecal biomarkers in coprolites from Paisley Caves, Oregon," Lisa-Marie Shillito, Helen L. Whelton, John C. Blong, Dennis L. Jenkins, Thomas J. Connolly, and Ian D. Bull, Science Advances, 6, 29 (2020).
11. "The Future of Humanity: Terraforming Mars, Interstellar Travel, Immortality, and Our Destiny Beyond Earth," Michio Kaku, Anchor Publisher, 2018.

第 14 章 近年来人类学的进展

Recent Anthropological Discoveries

人类学的研究与进展从 100 多年前开始就一直没停止过。尤其是对人类学有兴趣的人，几乎每一天都可以从网络上看到媒体争相报道人类学的新发现。当然，有的是有根有据的专业论文，但大半都是复诵别人毫无深度的短文。重要的是，如何判断真伪，或者对人类的根源有没有革命性或进一步的了解，或者对人类演化有多少贡献。

人类学的进展包括许多方面，它们有的是新化石的发现，有的是通过现代测年法和新的 DNA 研究对旧的化石进行了重新验证，有的是对早期人类化石未知残留物的新基因的研究，当然，还有的是用到完整的古基因组分析和广泛的人口统计学来追踪人类迁徙与扩散。收入本章中的发现是要符合以下几个条件的：第一，对人类演化有重要的影响；第二，数据和分析的可靠性，结论的合理性；第三，是研究团队过去的记录；第四，报道的客观性；第五，是否通过严格的同行评审。

现代的超快速的网络通讯，使得新的人类学研究和发现很快就可传到研究人员和公众的手中。如果新的研究结果的确有革命性的震撼，它们就会很快地渗透到我们文化的每一个角落。教科书将做出改变，随之而来的是公众舆论和辩论，小说作家将有新的故事来赚更多的钱。但最重要的是，对学术界和公众而言，如果新的发现导致对主流观点的不可避免地修改，那么我们应该有足够的客观和成熟度，在没有预判的情况下来面对修改引起的问题，包括社会、政治、道德和宗教等方面的影响。

在此必须先有一个认识，尽管有的研究的确有惊奇的发现，但今天人类进化的理解与理论历经 100 多年无数科学家的努力，已可说是千锤百炼的结晶。任何的新发现充其量只会在细节上修改现有的理论，不会动摇目前深厚的人类演化理论基础。

本章列举的进展，包括了从 2017—2021 年的科学发现，有些已经在前面的章节中提到，这些谈过的主题除非有更详细的信息，否则不会重复说明。

2017 年

多元的人属纳莱迪人（2017 年 5 月）

我们在第 11 章中提到了纳莱迪人（*Homo naledi*），因为他们与直立人和海德堡人几乎是同时的人种。但是，他们的形体却很像更为古老的人类。他们是一个不容易融入我们族谱的人种。纳莱迪人的挖掘工作开始于 2013 年位于南非约翰内斯堡附近的新星洞穴系统。南非金山大学（University of Witwatersrand）的李・博格（Lee Berger）及其团队在地纳莱迪（Dinaledi）洞穴中发现了一个多人的化石组，这些人被指定为纳莱迪人。

除了包括许多人的大量化石之外，特别引人注目的是它们形体像几个不同人种特征的结合。例如，纳莱迪人有着像现代人类的锁骨、腿、脚踝和脚，同时又与南猿相同的手和骨盆特征。这些现代和远祖特征的独特组合，让研究人员最初认为纳莱迪人有长达 200 万年的历史。

该研究小组在 2017 年 5 月公开了两项后续研究结果。第一，博格的小组后来从地纳莱迪洞穴中整理出至少 15 个人的化石。他们在 2013 年继续在洞穴另一个地方发现了另外 4 个人的 130 多片化石，包括 2 名成人和 1 名儿童。新的标本之一是男性，是迄今发现的最完整的人类化石之一。

第二个报道更为重要，它用了 6 种不同的测年技术得出令人惊讶的结果。这些纳莱迪人的年龄介于 236 万—335 万年。在时间上，他们与直立人和海德堡人，甚至古老智人共享这个星球。然而，在南非他们不太可能会遇到尼安德特人或丹尼索瓦人。但是他们的体形的多元化只能把他们指定为人属，但不是人属智人。尤其是因为他们的较小的脑容量，又只能把他们放在南猿属和人属之间的物种。这些小脑容量的人仍然可以与大脑容量的人同时存在，间接证实了人类演化的最后一步是认知和智慧，也就是脑容量的增加。

尘埃中的古人类 DNA（2017 年 5 月）

一个德国普朗克演化人类学研究小组于 2017 年 5 月在《科学》杂志上发表了在欧洲和亚洲洞穴沉积物中，古代哺乳动物 DNA 的发现。这一发现之所以引人注目是因为他们在这些沉积物中或可称为尘埃中，发现了古人类的 DNA 。

这个发现比科幻小说的故事还要令人惊讶。此小组与在比利时、克罗地亚、法国、俄罗斯和西班牙挖掘的人类学家们合作，从 7 个考古遗址收集了 85 个沉积物的标本，这些遗址的年代为 1.4 万—55 万年。沉积物中发现了来自 12 个不同哺乳动物家族的 mtDNA 的片段，包括来自灭绝的动物（如长毛象、长毛犀牛、洞穴鬣狗和洞穴熊）的 DNA。

最令人兴奋的发现是来自 4 个地点的标本中有 9 个标本有古智人的 DNA，其中 8 个是尼安德特人的 DNA，1 个是丹尼索瓦人的 DNA。在某些情况下，研究人员甚至可以从特定的 DNA 序列中得知它们来自几个不同的个人。这项发现对人类演化研究至关重要，因为它可以识别出尚未发现化石的史前遗址已有人类存在的遗迹。例如，这已把西伯利亚丹尼索瓦洞穴被人类占为居所的时间提早了数万年。同时也表明，现在的科学已经可以从常温下保存了数 10 万年的标本中提取古老的 DNA。在 2021 年用同样的技术在丹尼索瓦洞穴的沉积物中发现了有 20 万年前丹尼索瓦人居住的证据。

摩洛哥 30 万年前的现代人类（2017 年 6 月）

摩洛哥发现的 30 万年的现代人类化石的事件在第 13 章里人类迁徙的叙述已有提及，在此不做赘述。

现代人类 6.5 万年前到了澳大利亚（2017 年 7 月）

现代人类是什么时候来到澳大利亚一直是一个很有争议的题目。根据先前的估计，现代人类大约在 47 000 年前到达澳大利亚。2017 年 7 月 19 日，昆士兰大学的克里斯 · 克拉克森（Chris Clarkson）在《自然》杂志上宣布了在马杰贝（Madjedbebe）的原住民岩洞新发掘结果，将现代人类到达澳大利亚的时间往回推到了6.5万年前。

虽然该遗址是早在20世纪70年代就已发掘，但2012年和2015年的新挖掘工作从那里发现了1万多件人工制品（包括各种石材工具），包括已知的最早有刃的石斧，而且可看出这些石斧本来还有斧柄。克拉克森的团队使用光学激发发光（OSL）测年法，对多个最深层石器物周围的沉积标本做了精确的测年，那些人工沉积物的年龄从最年轻的1万年到最老的6.5万年。

他们还对石材工具进行了广泛的审查，以了解这些早期的澳大利亚本土住民的生活技术。第一，他们为了了解那时的人们吃什么植物，检查了遗址中保存的古代植物遗骸和化石。第二，他们分析了沉积物颗粒的大小来推测古代土壤里保存的人类的遗物。这些研究共同揭开了一个澳大利亚现代人的故事：现代人类在6.5万年前已在北澳大利亚研磨食物，包括种子、水果、其他动植物，吃坚果和山药。同时他们还会把赭石（红色的氧化铁）捏成“蜡笔”以方便携带和把握，并且已会使用反光颜料，便于在洞壁或脸上绘画。

这一发现，对现代人是造成澳大利亚大型动物灭绝的说法产生了质疑。气候和化石证据显示，澳大利亚大型动物的数量在4.4万年前才开始快速地减少，这和人类早在6.5万年前就已经到了澳大利亚似乎不甚一致。但是，澳大利亚大型动物灭绝的原因不止一端，目前它们如何灭绝的还未定案。

挖掘遗址的研究人员认识到原住民应有对遗址和遗物的所有和管理权，对祖先传统有保护的义务。但是研究团队了解到这个遗址和遗物对人类历史的重要性，他们一开始就和当地民间与官方密切合作。这也是未来考古学家对人类的遗产应持有最起码的珍惜与尊重的态度。在第6章中已提过，现代大型土木工程都须先经考古和文化资源管理（Archaeological Resource Management，ARM）对当地可能的考古价值做一评估与核准才能进行。这也是对维护人类古文化的必需步骤。

2018年

尼安德特人和丹尼索瓦人的混血女儿（2018年1月）

第11章已阐明，物种边界一词只是分类学古老的观念。智人的亚种之间没有不可逾越的遗传分界线，几万年前跨亚种的混血更可说是常态。在第10章也提到，在西伯利亚丹尼索瓦洞穴的化石和古DNA的发现，把尼安德特人、丹尼索瓦和其他古代人类的复杂宗（家）谱表露无遗。

2018年初，德国马克斯·普朗克研究所帕伯领导的一个研究小组在丹尼索瓦洞穴发现了一个生活在9万年前的13岁女孩的骨头碎片，并称她为“丹妮”（Denny）。经mtDNA分析证明，丹妮的母亲是尼安德特人。他们还对她的核基因组进行了测序，并将其与同一个洞穴中的其他尼安德特人和丹尼索瓦人的基因组进行了比较，发现丹尼的DNA中约有40%与尼安德特人的基因组相同，而另外40%与丹尼索瓦人的基因组相同。研究小组意识到这意味着她已经从每个父母那里获得了一套染色体，父母一定是两种不同类型的早期人类，即尼安德特人和丹尼索瓦人。所以丹尼是最早已知两个不同智人亚种的混血。

非洲以外最早的现代人类（2018 年 1 月）

2018 年 1 月，特拉维夫大学的人类学家赫斯科维茨（Hershkovitz）在以色列北部卡麦尔山西麓的山洞发现了一个现代人类的上腭。在此之前，该处以前发现的火石制品可追溯到 25 万年前至 14 万年前，这些石材工具最合理的推测是尼安德特人制造的。但是，有一个现代人的上腭夹在与石材工具相同的沉积层中，通过三种不同的测年技术认定了这个现代人活在 194 000 年前至 177 000 年前。这一发现将人类从非洲扩展到非洲以外的时间提早了约 4 万年。如此说来，在这段时间里，现代人类的确已走出非洲，并且存活了下来。同时，这也意味着现代人类分好几个梯队离开非洲，只是这些早期的迁徙似乎并未带来长久的殖民，在大约 8 万年前以后，中东地方就不再见到现代人类的化石了。最有可能的情况是这些来自非洲的现代人类移民已消失或被尼安德特人所吸收。这一个发现已在第 13 章人类迁徙故事中已作过一简介。

擅长创新和有高度智慧的早期现代人类（2018 年 3 月）

一个研究小组由史密森尼国家自然历史博物馆的瑞克·波茨（Rick Potts）和乔治·华盛顿大学的艾莉森·布鲁克斯（Alison Brooks）共同领导，在肯尼亚南部欧罗格撒（Olorgesailie）的史前遗址展开仔细的挖掘工作，希望对现代人类如何适应气候和环境的变化有所了解。

挖掘工作找到了许多复杂的人造遗物，其中以石材工具最为突出，这些工具十分精巧还有专门用途，远比起水滴形手斧等大而笨拙的阿舍利时期（170万年前至13万年前）工具复杂得多。这些工具也显示出了走向中石器时代的转变。这些中石器时代工具的测年约在32万年，是非洲这种技术的最早证据。另外，挖掘工作还发现用于制造MSA工具的黑曜石（Obsidian，一种含有黑色火山烟灰的黑色玻璃，只有在火山附近才自然出现）是离当地至少95千米的地方才有的。如此长的距离使研究小组认为黑曜石是经与其他人辗转交换得来，要知道，这个距离比那时现代人类觅食的范围要远得多。

最重要的是，该小组还在这个MSA遗址发现了用于给工具着色的红色和黑色的石材颜料，表明人群之间已开始用到共用的符号达成交流的目的，可能用于保持与诸多远近群体的联络。

所有这些工具、符号与交流的创新与发明都是在气候和环境不稳定和不可预测的时期发生的。面对种种的不确定性，现代人类的早期成员似乎已经通过发展技术创新，扩大社会联系和象征性交流做出了因应。

这一些发明让现代人的远古祖先长途贸易，会使用颜料，并早在30万年前就制作了非洲最古老的中石器时代石材工具。那时人类的聪明和足智多谋都远超过一般人的想象。

尼安德特人的艺术（2018年2月）

世界各地过去100多年间先后发现了将近350个有史前时期艺术品的洞穴。人类学家们相信所有的洞穴壁画都表现了现代人类对生活的艺术创作，许多壁画都描绘了狩猎的活动。比较新的发现有印尼苏拉威岛溶岩洞中画的人类集体狩猎，这组壁画有43 900年历史。还有，在加里曼丹岛东加里曼丹洞穴中的公牛画可追溯到4万年前。在印尼苏拉威西的洞穴中关于一头35 400年前大野猪的壁画。当然，大家都听说过最具代表性的欧洲洞穴壁画：有35 000到3万年前的法国东南的肖维岩洞（Chauvet cave）作品。澳大利亚也发现过洞穴壁画，但是比上面所提的都要来得年轻。所有这些洞穴壁画有一共通点，它们都颇为精致，而且是5万年前之后的产物，难怪人类学家都认为现代人类是它们的创作者。

但是，这个2018年2月发表的新发现改变了现代人类与尼安德特人之间有着认知和智力鸿沟的观点。由南安普顿大学阿利斯泰尔·派克（Alistair Pike）领导的一个小组在三个西班牙洞穴的深处发现了用红色赭土画的点、线条、框架、抽象的动物形象和手印。最令人惊讶的是，这些壁画创作的时间至少在6.5万年以前，那是比现代人类到达欧洲时间还早了2万多年。所以这些6.5万年老的壁画，无疑是尼安德特人创作的。这一发现树立了一个新观念：尼安德特人像现代人类一样有用抽象概念来代表现实的能力。

北美最古老的人类脚印（2018年3月）

第5章中提到1978年玛丽·利基在非洲坦桑尼亚北部的莱脱利发现了300多万年前南猿人类留下的足迹，由此人类学家推断出他们的形体、步态和他们在人类族谱中的归属。这个发现最大的影响是确定了人类在300多万年前已是常态直立双足运动的动物。2018年在北美发现的现代人类脚印确定了他们到美洲的时间，而且有可能是从亚洲辗转经海上航行到美洲的。与莱脱利脚印相似，这些足迹对现代人类殖民美洲也是相当重要的。

发现脚印研究团队有人类学者，有来自加拿大美洲原住民海尔楚克（Heiltsuk）和伍克努（Wuikinuxv）族人的代表。他们对遗产和本土文化研究兴趣自然浓厚，同时也负有监督这些学者对古人古物处理是否恰当的责任。

发现的 29 个脚印是由三个人在加拿大的卡尔弗特岛（Calvert）踏在黏土上留下的。该团队用放射性碳测年把足迹定为 13 000 年前的遗迹。从亚洲移民到美洲时，那里可能是人类后期沿海路线迁徙的中转站。有些脚印还是小孩子的，看大小，他应该穿现在小孩子 7 号的鞋子。人类特有对同胞的关怀性质，尤其对小孩子，因为他们是生存的关键。以往大部分考古很少发现小孩子的化石或记录，这一发现使考古学带来了人类特有的人性。任何保留了人类足迹的遗址都是非常独特的，因为目前世界上只有少数的这类遗迹，它们的发现带来了许多人类活动的信息。

卡尔弗特岛在上一个冰河时代还是一个小岛，这表明史前人们是乘船来到的。这些足迹可能是一群人下船后向较干燥的岛中央或向北移动留下的。

2019 年

尼安德特人与丹尼索瓦人共同生活了数万年（2019 年 1 月）

从前几年对尼安德特人和丹尼索瓦人基因研究可以合理地假设，他们在时间和空间都有不少的重叠。马克斯·普朗克研究小组于 2019 年初发表的两篇论文证实了这个假设，他们的确一起生活了数万年。两篇论文以生动的方式总结了这两个人种的关系。

研究小组在分析了丹尼索瓦洞穴里的骨头、人工制品和带有古代人类残骸的沉积层后，提供了该洞穴不同古代人类居住了 30 万年的一份详细历史记录。澳大利亚伍伦贡大学（在雪梨以南约 40 里）的地质年代学家泽诺比亚·雅各布斯（Zenobia Jacobs）说："现在可以说出洞穴的整个故事，而不仅仅是断简残篇而已。"以下是这个洞穴故事的摘要。

古人类的热门聚会所：丹尼索瓦洞穴

在 20 世纪 80 年代初，一些苏联考古学家开始了对阿尔泰山脚下的丹尼索瓦洞穴的探索。30 年来，科学家在里发现了属于 12 名古代人类骨骼的碎片。丹尼索瓦洞穴在 2010 年成为很有名的洞穴，因为经过分析一个人类小指骨的 DNA 后发现，它是来自现代人类与尼安德特人不同的人，而是后来的丹尼索瓦人。

对丹尼索瓦洞穴残存的 mtDNA 和核 DNA 进一步分析后，才知道丹尼索瓦人是尼安德特人的姊妹人类亚种，可能生活范围从中亚到东亚，甚至可能到了印尼和加里曼丹岛等地方，而现在居住在那里的人类的祖先曾经与他们混过血。

洞穴里大多数残骸都比放射性碳测年有效的 5 万年还要古老。由于洞穴内地质层次纷乱，用沉积物年代来测年并不可靠。主因是动物的进出很可能扰乱了地质层次，使得残骸和人工制品不再位于类似年龄的沉积层中。为了克服这些挑战，研究人员使用了光激发发光技术来确定土壤颗粒何时最后一次暴露于阳光下（见第 5 章），来确定沉积物的年龄。这项技术使他们能够识别出土壤受到干扰的区域，同时又与邻近谷物有截然不同的年龄。如此一来，对于这些区域得到的人类残骸和工具的测年则再次地确认。

最早在洞内出现古代人类物种的迹象是 30 万年前的石材工具。但是学者无法确定是尼安德特人做的还是丹尼索瓦人做的。该洞穴丹尼索瓦遗迹（包括浸入土壤中的某些 DNA）的历史可追溯到 20 万年前，而尼安德特人最古老的遗迹也大约在 19 万年前。

学者无法确定这些尼安德特人和丹尼索瓦人何时共同生活，甚至他们是否的确曾经共享过这个洞穴。但是，9 万年前的混血女孩丹尼的存在，意味着这些人必须住得很近才能见面而产生了共同的后代。此外，丹尼的父亲还有一小部分尼安德特人的祖先血统，这表明他的祖先以前曾与尼安德特人交往过。这个细节在第 10 章已经放进了整个智人族谱中（图 10–4）。

甚至现代人类有可能也曾经住过这个洞穴里。马克斯・普朗克研究所的一个研究小组指出，在洞穴较年轻地层里发现的骨质坠子和工具与欧洲早期现代人类制作的类似，这地层的年龄在 43 000—49 000 年。洞穴里还有一根人类骨骼有 46 000—50 000 年历史。但因无法获取任何 DNA，无从得知这根骨骼是属于哪一人种。在丹尼索瓦洞穴或更广阔的阿尔泰山地区都未发现此时期任何现代人类遗骸，因此率先发掘该遗址的俄罗斯考古学家认为这些先进的遗物是丹尼索瓦人制造的。但是也有学者认为把这些先进的遗物归为丹尼索瓦人还需有更多令人信服的证据，当然还有说法是这些遗物是像丹尼一样的混血做的，更有可能是制造这些遗物的人受到了与现代人类接触的影响。

尼安德特人、丹尼索瓦人和现代人类等三个智人亚种会同时在大约 43 000 年前的时间在丹尼索瓦洞穴聚首吗?

最早离开非洲的现代人类（2019 年 7 月）

2019 年 7 月，人类学家在希腊南部的洞穴中发现了 21 万年前现代人类和 17 万年前的尼安德特人的遗骸，比人类在欧洲发现的现代人类早了 15 万年。正如 13 章中的讨论，现代人类的这一早期浪潮很可能移出了非洲，但却无法维持其长期存在。尼安德特人可能已经吸收了他们。

人属吕宋人种的发现（2019 年 4 月）

早期人类的族谱像灌木丛一样枝桠交错，简单起见，我在第 5 章里简化的人类族谱只列出现代人类直接祖先的主轴，不完整是必然的。一方面，南猿属还有许多分支，如南猿阿尔法种、南猿非洲种、南猿色迪巴人种（*A. sediba*），都只有在非洲发展。但另一方面，直立人迁出非洲后，也出现了许多分支，如人属元谋人、人属前身人种（主要在欧洲）、人属北京人和人属爪哇人。现在可以将另一个人种，人属吕宋人种（*Homo luzonensis*）加进来了。

菲律宾的研究人员于 2019 年 4 月宣布，他们在吕宋岛上发现了至少有 7 万年前到 5 万年前所未知的小型古人类。这些人有点像纳莱迪人，因为他们的形体也像是由一些古老的和一些比较近代人类的特征拼凑而成，只是他们的尺寸都小一号。他们之所以是人属物种是从七个牙齿和六个小骨头鉴定而来。化石的曲线和凹槽等细节揭示了古代和更近代特征意想不到的混合。纤细的牙齿和它简单的形状显然来自一个更接近“现代”的人类。但是，他们的一个上颌的前磨牙有三个根，这一特征只有在不到 3% 的现代人中才有，这可能表

明 *EDAR* 基因的突变（见第 12 章）。他们的脚结构却十分古老，有点像 300 多万年前在非洲徒步旅行露西的脚。由此看来，纳莱迪人和吕宋人不同时代特征的混合可能是人类演化的常态，而不是例外。

古人类学家认为，直立人在大约 100 万年前通过陆桥冒险进入现在印尼的部分地区。但是在到了华莱士界线继续往东就碰到了没有船而无法通行的海洋，所以也就没有直立人的踪迹。但是吕宋岛对古代人类来说却跨越了海洋，因为即使在最后一次冰河最高峰期，吕宋岛也从未有陆桥与大陆相连。说不定，人类远古祖先拥有航海能力毕竟不是那么不可能。

尽管这项研究从各方面都考虑到了，但在没有 DNA 佐证而仅从 13 个骨头和牙齿就确定一个新人种，则似乎流于过度的演绎，所以这个吕宋人种的归属还未完全被接受。当然，在热带地区高温和高湿度的环境下，DNA 能够保持下来的可能性微乎其微，但是第 10 章提到牙齿里残留的胶原蛋白质却可以保持长久的时间（见第 10 章和本章后述），如果从这些牙齿里残留的胶原蛋白质来确认特殊人种的氨基酸，从而找出人属吕宋人种究竟是否一新人种，将是很有趣的研究。

不论如何，这一发现引出了一个结论：东南亚可能是许多人类物种的家园。

古老的蛋白质揭开人类远古的历史（2019 年 5 月）

这一节的标题摘自 2019 年 5 月《自然》的新闻杂志，重点介绍了一个新的分子人类学研究工具。在 1980 年，中国西北甘肃省（在青藏高原的东北方）的白石崖溶洞发现了一块人类下颌的化石。后来经地层分析得知，它是 16 万年前遗留下来的，但长久以来人类学家一直无法确定它的归属。在第 13 章人类迁徙的讨论中，也提到这个新基因研究工具，这才确认了丹尼索瓦人活动的范围至少包括了中国的青藏高原。当然，加上其他基因的研究才能画出图 13–1。

人类的牙齿里有蛋白质，经过长时间的分解虽然所剩无几，但仍可识别。尤其是科学家发现了还有残余的胶原蛋白，一种在骨骼中必需的结构性蛋白。它的化学特征是由氨基酸聚在一起组成的。现代人类、尼安德特人和丹尼索瓦人胶原蛋白里的氨基酸大都一样，但是对他们 DNA 的分析得知丹尼索瓦人胶原蛋白里的一个氨基酸变体是丹尼索瓦人独有，而现代人类和尼安德特人所没有的。在中国白石崖溶洞发现的人类下颌化石就含有这个丹尼索瓦人独有的氨基酸变体。毫无疑问，丹尼索瓦人到过中国青藏高原。

在中国发现丹尼索瓦人是一个重要的事件。这是西伯利亚丹尼索瓦洞穴外发现的第一个丹尼索瓦人化石。该遗址的青藏高原位居海拔超过 3000 米，表明丹尼索瓦人能够在冰冷且低氧环境中生活。鉴于现代人类，特别是印度太平洋地区的人类中，存在不少丹尼索瓦人基因，青藏高原在西伯利亚和东南亚的中间，发现丹尼索瓦人并不令人惊讶。

这一发现也标志着另一个学术上的里程碑，这是第一次仅使用蛋白质鉴定出古老的人类。现在，分子人类学者希望能够使用这个古蛋白质的研究来补充 DNA 信息的不足，以期进一步回答古代人类演化的详情。

人类惯用左右手的习性（2019 年 11 月）

2019 年 11 月，一生物学的线上学刊（bioRxiv）上报道了对惯用左右手和双手的遗传因素的研究。研究学者结合了来自 30 多个不同研究的数据，总共有 170 万人的参与，其中有 1 534 836 个惯用右手的人，194 198 个左撇子（11%）和 37 637 个（2.1%）双手皆可的人。此研究工作进行了用到全基因组关联性研究方法来建立人类特征，即惯用手习性与基因的关联。

全基因组关联性研究是一种常用的遗传研究技术，目的是将人类的大脑、行为和身体等特征和遗传变异联系起来。参与者提供 DNA 样品（如唾液、口腔黏膜或血液样品），然后科学家检视整个基因组和数百万个单核苷酸多态性来建立惯用右手的人与左撇子基因的异同处。

研究人员发现，有 41 个与惯用左手人相关的遗传基因组和 7 个与双手皆可人相关的遗传基因组，可以确认为决定一个人用手的习性。也就是说人类的惯用左右手或双手皆可的习性是部分被基因决定了。这个基因决定因素是受“自然”（nature）的影响。当然，另一部分的影响来自“培育”（nurture）。

2020 年

现代人类至少在 17 万年前食用烧熟的淀粉类食品（2020 年 1 月）

根据南非威特沃特斯兰德大学人类演化研究报告，远在 17 万年前在南非的人类已经会将一些根茎淀粉食物经烧烤过后才食用的。这一发现可为南部非洲早期现代人类的社会行为与生活提供了一特别的看法：他们聪明得很，知道可以从地下挖取食物，共同烧烤，共享食物。

这些考古挖掘的过程中，科学家们发现了烧焦的根茎。根茎是植物埋在土里的根，包括竹子、姜、姜黄、莲藕和许多蕨类。这些根茎中不少是可食用的，很多都被人们视为美味佳肴。它们通常营养丰富且富含碳水化合物，具有很高的能量值，大约相当于大麦、小麦或大米。根茎虽然是可食用的，但它们有很多的纤维，直到烤熟以后才容易剥皮、食用和消化。

根茎有高度的营养，它几乎都生长在有土地的地方，可以为在非洲乃至非洲以外的早期徒步旅行的人类提供可靠、熟悉的食物来源。早期的狩猎采集者往往有很大的流动性，而且狩猎也不是最可靠食物的来源，因此这些茎类主食的广泛分布，可以确保粮食的无虞匮乏。

2021年

人属龙河人种的发现（2021年6月）

1933中国黑龙江省哈尔滨市附近发现了一个神秘的头骨化石，方形眼窝、厚实的眉脊、大牙齿，脑容量比其他人类大，但没人能弄清楚它到底是什么人，也没有一个可信的起源地或年龄。现在，一个由中国、澳大利亚和英国的研究人员组成的团队终于在2021年6月发表了对这头骨的研究结果：头骨来自一种以前未知的灭绝人类物种，它属于一名50岁的男性，活在十多万年前，还是智人的近亲，甚至就是早期的智人。

对他头骨的特征分析得知，他应是人属直立人的后裔，被命名为人属龙河物种（*Homo longi*），龙河是以其发现地黑龙江省命名。通过精确的测年得知他活在 146 000 年前。因为没有残存的 DNA，他的归属只能用形态学来推断：人属龙河人大约在 910 万年前从人属海德堡人分支出来，所以他们是尼安德特人的近亲。在图 3–3 中人属龙河人应从人属海德堡人的初期画一支线，但他们何时灭绝则不得而知了。

20 万年的丹尼索瓦人化石（2021 年 11 月）

自从十多年前首次发现丹尼索瓦人以来，人类学家只找到了少数的化石。在这个新的报道中，分子人类学家从对来自丹尼索瓦洞穴里 3800 片骨骼化石碎片的胶原蛋白做了氨基酸分析和 mtDNA 分析，他们发现其中有三片来自丹尼索瓦人，一片来自尼安德特人。前者来自洞穴底部 20 万年前的考古地层，所以丹尼索瓦洞穴里在 20 万年前已有丹尼索瓦人居住过。这也是丹尼索瓦人存在最古老的证据。

丹尼索瓦洞穴的地层包含着大量石器和动物遗骸的考古材料，是探索丹尼索瓦人和尼安德特人的行为和环境适应性的好材料，并可以扩大对丹尼索瓦人和尼安德特人相互交流与影响的研究。

本章总结

从本章列举近年来在人类学上的新发现可以看出，人类学家持之以恒地追求着更完整的人类演化故事，而最新的重要发现是在 2021 年 11 月。所以，这一章几乎是实时文档。有一些提及的新发现已经包括在本书其他章中，也已多少影响并修改了人类的演化故事。因此，这本书也不可避免地是实时文档，它总要随时更新。出版本书时，我尽可能用可信的新证据对人类演化及时修正，也可以让读者能跟上人类学的进展。

注释

1. “Denisovan Ancestry in East Eurasian and Native American Populations,” Pengfei Qin and Mark Stoneking, Molecular Biology and Evolution, 32, 2665–2674 (2015).
2. “U-Th dating of carbonate crusts reveals Neandertal origin of Iberian cave art,” DL Hoffmann, CD Standish, M. García-Diez, PB Pettitt, JA Milton, J. Zilhão, JJ Alcolea -González, P. Cantalejo -Duarte, H. Collado, R. de Balbín, M. Lorblanchet, J. Ramos-Muñoz, G.-Ch. Weniger, AWG Pike, Science, 359, 912–915 (2018).
3. “Terminal Pleistocene epoch human footprints from the Pacific coast of Canada,” Duncan McLaren, Daryl Fedje, Angela Dyck, Quentin Mackie, Alisha Gauvreau, Jenny Cohen. PLOS, March 28, 2018, https://doi.org/10.1371/journal.pone.0193522.
4. “Timing of archaic hominin occupation of Denisova Cave in southern Siberia,” Zenobia Jacobs, Bo Li, Michael V. Shunkov, Maxim B. Kozlikin, Nataliya S. Bolikhovskaya, Alexander K. Agadjanian, Vladimir A. Uliyanov, Sergei K. Vasiliev, Kieran O'Gorman, Anatoly P. Derevianko & Richard G. Roberts, Nature, 565, 594–599 (2019).
5. “Age estimates for hominin fossils and the onset of the Upper Palaeolithic at Denisova Cave,” Katerina Douka, Viviane Slon, Zenobia Jacobs, Christopher Bronk Ramsey, Michael V. Shunkov, Anatoly P. Derevianko, Fabrizio Mafessoni, Maxim B. Kozlikin, Bo Li, Rainer Grün, Daniel Comeskey, Thibaut Devièse, Samantha Brown, Bence Viola, Leslie Kinsley, Michael Buckley, Matthias Meyer, Richard G. Roberts, Svante Pääbo, Janet Kelso & Tom Higham, Nature, 565, 640–644 (2019).

6. "A new species of Homo from the Late Pleistocene of the Philippines," Florent Détroit, Armand Salvador Mijares, Julien Corny, Guillaume Daver, Clément Zanolli, Eusebio Dizon, Emil Robles, Rainer Grün & Philip J. Piper, Nature, 568, 181–186 (2019).
7. "American Indians, Neanderthals, and Denisovans: Insights from PCA Views," German Dziebel, Anthropogenesis Blog, March 2012.
8. "Genome-wide association study identifies 48 common genetic variants associated with handedness," Gabriel Cuellar Partida, Joyce Y Tung, and 116 more contributors, https://doi.org/10.1101/831321, Nov (2019).
9. "Recovering signals of ghost archaic introgression in African populations" Arun Durvasula and Sriram Sankararaman, Science Advances, 6, Feb (2020).
10. "A late Middle Pleistocene Denisovan mandible from the Tibetan Plateau," Fahu Chen, Frido Welker, Chuan -Chou Shen, Shara E. Bailey, Inga Bergmann, Simon Davis, Huan Xia, Hui Wang, Roman Fischer, Sarah E. Freidline, Tsai- Luen Yu, Matthew M. Skinner, Stefanie Stelzer, Guangrong Dong, Qiaomei Fu, Guanghui Dong, Jian Wang, Dongju Zhang & Jean-Jacques Hublin, Nature, 569, 409–412 (2019).
11. "Early modern humans cooked starchy food in South Africa, 170,000 years ago," ps://phys.org/news/2020–01-early-modern-humans-cooked-starchy.html.
12. "Evidence of human occupation in Mexico around the Last Glacial Maximum," Ciprian F. Ardelean, Lorena Becerra-Valdivia, Mikkel Winther Pedersen, Jean-Luc Schwenninger, Charles G. Oviatt, Juan I. Macías -Quintero, Joaquin Arroyo- Cabrales, Martin Sikora, Yam Zul E. Ocampo-Díaz, Igor I. Rubio-Cisneros, Jennifer G. Watling, Vanda B. de Medeiros, Paulo E. De Oliveira, Luis Barba- Pingarón, Agustín Ortiz-Butrón, Jorge Blancas -Vázquez, Irán Rivera-González, Corina Solís-Rosales, María Rodríguez-Ceja, Devlin A. Gandy, Zamara Navarro-Gutierrez, Jesús J. De La Rosa-Díaz, Vladimir Huerta-Arellano, Marco B. Marroquín -Fernández, L. Martín Martínez-Riojas, Alejandro López-Jiménez, Thomas Higham & Eske Willerslev, Nature (2020). https://doi.org/10.1038/s41586–020–2509–0.
13. "The major genetic risk factor for severe COVID-19 is inherited from Neanderthals", Hugo Zeberg and Svante Pääbo, Nature, (2020). https://doi.org/10.1038/s41586–020–2818–3.
14. "The earliest Denisovans and their cultural adaptation", S. Brown, D. Massilani, MB Kozlikin, M. Shunkov, A. Derevianko, A. Stoessel, B. Jope -Street, M. <eyer, J. Kelso, S. Paabo, T. Higham, and D. Douka,

Nature Ecology and Evolution, (Nov. 2021). https://doi.org/10.1038/s41559-021-01581-2.

15. “Late middle Pleistocene Harbin cranium represents a new Homo species”, Qiang Ji, Wensheng Wu, Yannan JI, Qiang Li, and Xijun Ni, The Innovation, (Jun 2021), https://doi.org/10.1016/j.xinn.2021.100132.

第 15 章 人类必须成为更好的物种

We Can Be a Better Species

写这本书，原本是为了记录我这个学物理的人所理解的人类演化过程，以及学习这个主题的经验。我对这个主题最初的预期是：所有演化事件中都存在着因果关系。没有令我失望的是，经过几年的钻研可以证实。的确，在所有的演化现象背后都有个一贯的逻辑贯穿整个过程，而且屡试不爽。这本书的首要目标，就是以这种认知来传达人类演化的信息。我把记下来的课堂笔记、阅读所得、理论思辨和思考过程，从因果的角度整理成一个具有连贯性而符合逻辑的演化故事。

虽然我对人类演化的兴趣由来已久，但从未在相关的领域中受过正规训练，有的只是对这个主题的好奇心与不断的追求，但经过了几年，已可以和一般人侃侃而谈人类演化了。第一目标的另外一部分是能分享我这个非常规的学习过程，来鼓励那些对人类的发展感兴趣但不是科班出身的人来满足他们对人类起源的好奇心。我希望这本书带给读者对人类演化的故事有直觉的了解，从而很有自信地知道任何演化事件都应很自然落入它的逻辑框架里。

在过去的几年里，我得到了一个人类宏观演化的认识：从物种的眼光来看，所有现代人类是属于同一亚种，人与人之间没有任何生殖上的隔阂。而从微观基因上来说更是接近，在 25 000 个共有的基因，只有 150 个不相同。然而，争执、战争和暴力始终贯穿着人类历史。虽然历史的记载总是胜利者夸张自己的荣耀，但是荣耀的背后藏有不可胜数的残酷行为。我一直在思考为什么人类那么亲近的关系没有转化为人类彼此之间更加良性的互动与行为。本书的第二个目标是希望借着不断提醒人们之间的血肉相连的关系，同时唤醒人类与生俱来的本能——同理心，来提高人类物种的品质，从而了解到人类的未来是必须成为一个更为良好的物种。简单地说，就是把这种人与人之间的亲密关系揭示得响亮而清晰，让它深深植入人类的直觉，同时用它建立起改进人类物种的基础。

第一个目标的实现

尽管从我开始追求人类演化的答案迄今已有五年，我还是一个业余的人类学家，但是也很高兴已对人类学有了粗浅的认识。我很清楚，我不是任何一门构成人类学诸多科学的专家。我不是生物学家，无法理解生物之间的复杂相互作用，也无法理解碱基对如何最后形成双螺旋。我不是化学家，无法理解细胞里氧离子浓度如何影响 mtDNA 的突变。我不是遗传学家，因为我无法毫不费力地将具有特定人类特征的基因联系起来，也无法使用最简约法来建立与识别最可能的系统发育树或者世代相传的关系。我不是数学家，无法确定不同物种特征形成的概率。我也不是传统人类学家，所以无法从化石证据来想象古人类的体态。我当然也没有演化心理学的专业知识，来合理地推测出组成早期人类群体社会的心理原动力。我也不是人口演化论学家，能够了解移民和增长的动态。我不是现代人工智能科学家，能通过大规模全基因组关联性研究分析来解读特征与基因组之间的相关性。但是，在近几年浸淫于人类演化的各个方面之后，我很自信地说我可以算是人类学的业余通才。

作为一物理学家，我曾使用量子物理学来研究如何提高用于集成电路（如智能手机芯片）制造中光蚀刻激光的效率。我通过量子物理学在实验室中用超冷氢的量子行为来研究太阳系外围行星（如天王星、海王星）上大气层的特性。作为一名工程师，我参与设计了可靠快速的通信主干网，以便所有云计算、云存储和互联网都可让信息畅通无阻。我有自信也有能力从复杂的事物中理出隐藏的秩序。通过在逻辑上运用相同的分析技巧对复杂问题进行分类，我简化并阐明了生物体基础的演化原理（见第 3 章）。我已从逻辑上看到了演化过程的明确因果关系。在此因果关系的监督下，每一个演化活动在看似混乱的生物活动和行为中都按照演化原则有秩序地表现出来。

当人类最初成为自己的物种时，对最早的“我们来自何处”的问题已有一个粗略的答案。本书说明了人类是如何从 700 万年前人类和黑猩猩的共同祖先演化出一个新的不同物种。物种形成理论通过基于来自人类、古人类和我们的灵长类动物亲属的 DNA 的大量数据分析得到一雏形（见第 11 章）。

人类学家从黑猩猩开始构建了一个简化的系统发育树，或是人类族谱。只要有可能，我都会在遗传证据和化石证据之间建立联系，以帮助对祖先的了解（见第 5 章）。人类学家尽其所能通过基因的研究把其他古老智人包括在智人的族谱中（见第 10 章）。

现代人类有一个很短的家族血统，它是从非洲来，而只有 20 万年的历史（见第 9 章）。通过 DNA 分析，我们将现代人类定义为与其他任何生物体不同的独特物种。我们还发现，作为一个物种，人类拥有绝大多数相同的基因。他们的差异和变异性是确保我们物种的多元性和物种永寿的自然手段（见第 12 章）。

分子人类学很复杂，需要深入与长久的培训才能精通。尽管如此，本书浅显地打下 DNA 和分子时钟观念的基础，因此有了对我们祖先的微观了解（见第 8 章和第 9 章）。第 13 章还运用到单倍群体分子人类学的微观观念，结合了宏观的线索和证据，绘制了人类在整个地球上的迁徙历史。

本书已基于具有合理逻辑的演化原理概述了我们从猿类到人类的演化过程，关于“我们来自何处”的答案，可以视其打下了扎实的大略基础。本书对阐明一个从物理学角度看人类演化知识和理解的第一个目标，尽管还是肤浅的，但可以视为已部分实现了。

人类演化理论的基础今天已十分扎实而稳定。但是，人们将继续利用不断发展的新科学技术来改善这个坚实基础，而对人类演化的知识继续不断地积累。对于演化的大方向已有相当概念的读者，可以运用自己的理解和本书强调的逻辑原则，来过滤任何新发现的信息与理论，当然过滤后的知识就是你自己的了。

第二个目标能否实现

第二个目标的成效不是一个是与非的判断，也不是作者可以主观决定的。和第一个目标不同的地方在于它不只是一个知识的传播，而是期望能诉诸人类既有的本性来改进人类物种。世上有亿万人口，这本书再畅销也无法给每个人一本，而且就算每个人都看完本书，有多少人能对此产生共鸣也是未知数，要改变每个人既有的习性是完全不实际的。但是，我希望经过反复提醒人类与生俱来的天生善良和同理心，并且在人类要做影响多数人的决定之前，把同胞的福祉放在考虑之列，三思而后行，我认为是对人类有些许的贡献了。

这最后一章是为这个目标做最后的推波助澜。我将从人类之间的亲密关系再度提出一个整体的观点开始，然后给人类物种一个客观的评估，并试图在人类的本性中发掘出人类物种表现出的善与恶的根本原因。最后，给人类一个可进一步改善人类物种的基本概念。

四海之内皆兄弟也

现在让我们进一步探讨这个人与人之间的"亲密关系"。下面列举三方面同时是宏观与微观的整体视角。

1987年斯蒂芬·杰·古尔德（Stephen Jay Gould）解读了坎恩等的开创性研究结论的意义说："这个结论（现代人类在20万年前来自同一祖先）非常重要……这种在分子生物学层面的兄弟情谊，远比在此以前想象的要深邃得多。"古尔德是美国古生物学家、演化生物学家和科学历史学家，他也是发明多区域演化概念的两个人之一。在此再度地提醒读者坎恩等的这项开创性的结论：当今活着的所有现代人类，无一例外都共有20万年之久的祖先或8000代前的非洲的一些共同祖先。坎恩等的开创性工作确定我们不仅是亲近，而且都是一家人。古尔德这句话在30多年前十分受用，在今天更是如此。

遗传的亲密

人类基因组的25 000个基因中，只有大约150个不同。这些特定的基因积极参与演化的过程，造成了表型与基因型的不同。其余的基因则是将自己复制为同卵双胞胎的基础。这150个基因是造成人类所有的变异性（见第12章）的主因。仅此一事实，就应该使人类彼此之间有温馨的感觉。

人类的变异性是这寥寥可数的几个基因之间异花授粉（cross pollination）的结果。这种多元性是不同人才的主要来源，这些人才产生了新的思想和专业知识，可以加速我们的集体知识、科学、工程、技术和艺术，丰富了人类文明和生活。对这些基因上的微小差异给人类带来的利益，我们怎么能不对亲密关系和有着多元性的成员叹为观止而相互珍惜呢？

表型和基因型的亲密

除了第12章中列举的那明显的变异之外，人类所有人的78亿人在解剖学上看起来非常相似。更有甚者，人与人之间的身体器官是可以互换的！当然这个互换还有些细节须待澄清。我有一个朋友十年前因没有经常清洗隐形眼镜，感染了细菌性角膜炎。这种形成囊肿的微生物通常会导致角膜发炎，统计上说，有1/4的感染者会丧失大部分视力，甚至在某些情况下全部失明。我的朋友左眼失明，需要进行角膜移植。移植手术本身十分成功，但由于主要组织相容性症状（major histocompatibility complex，MHC），他接受了至少两年的免疫抑制治疗。对于 MHC 来言，角膜移植几乎被认为是最微量的排斥了，但是仍需要免疫抑制的处理。实际上，除了那些遭受感染或少数高度传染性疾病的人以外，大多数人都是潜在的角膜捐赠者。

MHC 症状是人类的免疫系统在细胞攻击基因上与本人不相容的组织的能力。人体器官移植需要有基因匹配的捐赠者以及对这种行为认可的意愿。基因上的相似性是器官移植成功的第一步。组织相容性是人体内部的保护机制，它的目的是不让外来的组织影响到人类（或任何物种）长远的基因完整和物种生存能力。由于异种移植尚未实用，借助于免疫抑制治疗，人体器官虽不是百分之百的可互换，但仍然是最适合移植器官的来源。

对现代人类的评价

人类彼此之间既有兄弟般的情谊，还有着遗传基因上和表型上的亲密关系，那么这种关系是如何影响了人类物种演化和存在的品质呢？在此特别指出，当判断物种在演化过程中的表现时，所有判断都是对整个物种的判断，而不是专指人类里某人或某个团体。如果提到人类的成功，那就是整个物种的成功，而失败则是整个物种的失败。人类的成功或失败是所有人共同造成的结果，其中每个人都做了正面或负面的贡献。

人类不是完美的物种

战争、殖民主义和帝国主义

人类依靠各种资源来维持个人和社会团体的生存。为了使所有人都能得到这些资源，他们互相帮助，在顺境和逆境中共享资源和相互扶持。但是，即使在资源无虞匮乏的情况下，人类却经常走向一条残忍和自我毁灭的道路。特别是随着社会团体的扩大，部分的人类以团体的利益为名，自私自利地累积和掠夺自然资源，倡导意识形态与自我主义，创造阶级制度，把人类变成一个有机组织来达成少数人争权夺利的工具。当资源短缺或意识形态与其他社会群体发生冲突时，群体之间的互动就升级为战争。人类以更大的利益为名，千方百计地消灭敌人，却没想到敌人也是自己的血肉同胞。

种族主义

人类有着基本的变异处（见第 12 章），这是大自然赋予人类演化生存的筹码。但它也被利用为战争、殖民主义、帝国主义和阶级奴隶制度的借口。至为严重的就是种族主义。上面所提到的恶行经常用种族主义作为掩护，也同样借团体的更大利益为名而被煽动。恶行的极致甚至造成灭绝种族的行径，却只因为人在最小的细节上有所不同。我们人类彼此之间恶行似乎没有尽头。

如果人类不相信在基因上种族是没有意义的（第 9 章），那么人类则是十分愚蠢的，也不应跻身人类之列，作为人类物种的一员。相反的，人类应该珍惜表面的变异处，因为这些变异大大地丰富了人类物种的多元性。然而，全球种族主义仍在继续蔓延而未能有效地消弥。

对环境的肆意蹂躏

另外，人类对自己居住环境刻意或无意的蹂躏，这可能已改变了人类的演化过程和随之而来的人类未来。人类是环境的产物，他们需要环境的原料来保持演化过程的持续，也需要环境来作为演化的裁判。早期的人类还无法了解人类的演化对环境的影响，但是到了现在，人类的认知与智慧已了解到，人类已是环境的一部分，因为人类的活动造成了环境的改变，人类的演化已不是完全被动地取决于环境了。这个环境与以前最大的不同是，环境的资源不似以前取之不尽、用之不竭。当然，这是相对的，以前人类演化用掉的原料只是地球资源的一小部分，环境并不因此而改变。现在，环境单从人类演化观点来看已经不同，更不用说人类刻意地攫取与蹂躏了。

人类为了生存，急于吞噬身边的资源而不考虑后果。在过去的几十万年中，人类使许多动物灭绝。例如，根据统计分析，每年灭绝物种的速度比现代人类出现之前快了 1000 倍。2020 年发表的一项最新研究发现，人类脑容量的扩张与东非食肉动物灭绝的速度有着同步发生关系。看起来人类变得越聪明，就越会造成其他动物的消失。

现在进到 21 世纪，人类继续不停地消耗自然资源，包括肥沃的土地、金属、化石燃料、稀土金属、植物、土地，当然还有水。人类一直抱着错误的希望，总认为我们可以在这个星球上找到替代的资源；即使在地球上已经没有足够的空间和资源，也可以开始迁移到其他星球，因为人类自以为已有这意愿和技术做到这一点，所以埃隆 · 马斯克（Elon Musk）就满怀自信地把特斯拉车送上太空了，以备他将来在别的星球（如火星）上使用。然而，不管人类有多么聪明和技术多么先进，但在可预见的数千年中，人类只能被困在唯一的地球上。这引出了一个问题：“人类真的很聪明，却不知长此以往的后果是什么吗？”

第一个发现太阳系外行星的先驱，米歇尔·马约尔应该对星际旅行的看法非常可信，他宣称人类迁移到系外行星短期是不可能的。这位瑞士物理学家由于发现太阳系外行星而获得了 2019 年诺贝尔物理学奖。他认为有必要“消灭所有这样的说法：‘好吧，如果地球上有一天不再能生存，我们将生活在另外一颗宜居的星球上。如果我们谈论的系外行星，那就再清楚不过了：我们不会往那里迁移’”。为什么呢？如果他没有获得诺贝尔奖，那么对于大多数人来说，这个听起来有点幼稚：要太长的时间才能到达那里。据我所知，最近的可能居住系外行星，距地球有 4 光年或者说 40 万亿千米。就算是人类能以 1% 光速的速度旅行也要 400 年才可到达。

人类生存的底线是什么呢？他们必须依靠现有的资源来生存，这个资源就是人类演化的家园：地球。现代人类物种的生存与过去有很大不同，在过去，当人类从非洲移民出来时就是因为资源短缺，但他们都能够继续扩展到新的领土。从那以后，人类已迁徙和扩散到全球的各个角落，将近用光了未开发的空间和环境。现在，人类必须先厘清自己和环境的关系，认识到自己与环境在共同的演化中，并采取相应的行动来把人类和环境带向更为和谐的关系。

人类也还有可取之处

上面提到，人类频繁地诉诸暴力和相互破坏，甚至可能消灭自己这个物种和环境。我们不禁要问，人类还有其他可取的品质吗？其实，答案是肯定的。要不然，人类怎么会发展到如此庞大的78亿人口呢？

人性

人性的最简单定义是人类善待同胞的品质。就像任何社会动物一样，人类无法以个体就可生存的。他们的人性来自集体生存的本能，也就是像其他动物一样的互相照顾。人类住在一起来确保在最基本的社会单位（家庭）里有物质和情感的安全感。家庭的凝聚力与价值观使人类把家庭扩大到其他社会同伴。在这个扩大了的社会里人类在物质和情感方面相互支持，共享资源，尽管偶尔龃龉，人类却都可以摒弃成见，从而能维持整体社会和谐。当然，最基本的前提是如果社会中人与人的关系和凝聚力良好时，这个和谐便会持续下去。

语言、智力、沟通与文化

人类经过形体和智慧的演化带来了语言，因此可以表达信息和思想。两个或多个人之间使用语言进行的交流造成了人与人之间的沟通。它提升了知识基础，譬如他们会奔走相告，哪里有食物，哪里有水源，如何取火，如何集体打猎。它也同时深化人类的认知和智慧，把实物和感情抽象化，创造思想，并恰当地表达出来。经过这些口头和符号的交流，人类创造了文化。若非智慧的成长和人类之间的交流，所有科技、艺术和知识的文化成就都不可能发生。

促进与培养亲情

人类在很早就开始寻找并建造庇护所；譬如早期的海德堡人已会用木材和岩石建造简单的房屋，这些行径至少有数十万年的历史（见第 5 章）。这些庇护所不仅使家人免受恶劣的气候或迫在眉睫的危险，而且对部落内的同胞也是如此。人类不遗余力地以获取各种食物，无论是男人猎取大型猎物来打牙祭，或女人猎取较小的猎物来维持生计，都是为了庇护所里的住民。

人类围绕着火堆共同煮食和分享食物，并分享出猎的经过和明天的计划，或是张家长李家短的趣事。通过这些亲密的互动彼此了解，建立了相互之间的信任和友爱。这些炉边闲聊的附带好处是给人类的大脑进一步的挑战与锻炼，同时大谈有益于大脑发育和演化的熟食，尤其是动物蛋白。到了农业社会时，人类种植作物、饲养牲畜，使食物资源变得更加可靠而无虞匮乏，可以维持更大的社会团体。我们成功地将亲情扩大到了家庭和部落以外。但这样不停地扩大也有它意想不到的反响。

用认知与智慧来协调众多的人口

当人类家庭、部落或群体因为资源丰富而越来越大时，群体内因为有紧密的互动，也有争取更好的食物和交配资源的动机，彼此以及社会群体之间，造成不可避免的摩擦。人类同时也很幸运，除了数目的增长外，也随着知识和智慧的发展，认识到设置边界和组织来以协调不断增长的人口的重要性。人类定下规定、准则、界限，以便群体中的每个人都可公平的共享资源，并确保不会践踏而剥夺了别人的福利。这些规则都源出于善意，像连锁反应般，带动了道德、法规、法律和政府的设立，无非都是要求人类发挥人性来互相照应。当然，借着这些法规和法律人类有序地协调并管理着所有 78 亿的人口。

启蒙运动

面对各种人为的和自我造成的悲剧，端赖有高度智慧和对热爱人类的人们，引导着文明渡过了“启蒙运动”时代，这使人文主义、理性与自由改掉了人类的一些最为显眼的缺点。启蒙运动引领了许多共和国的建立与民主，也给人类带来了繁荣和更加平等的世界。

但启蒙运动还不足以阻止第一次世界大战和第二次世界大战的发生。尤其第二次世界大战的开启由德国以恢复往日德意志帝国荣耀的借口以行种族主义之实，日本则假借“共荣”虚伪行帝国主义之实。这都是用荒谬绝伦的意识形态做出令人发指的邪恶行为。当然，这都是人类不可抹灭的污点，也是人类不可须臾忘怀的历史。只希望人类更加意识到自己过去行为的乖戾，并从人本主义的角度来设定人类正确与错误行为的标准。

幸运的是，自第二次世界大战后的 70 多年来，还没有发生过全球性的重大战争和冲突，当然小冲突仍然持续不断。斯蒂芬·平克（Steven Pinker）表示，启蒙运动为人类大大地改善了我们的生活，同时减少了纠纷和冲突。相对而言，过去这 70 多年是全球人类历史上最和平的时期。

人类的同理心和二重性

人类是有缺陷的物种

从上面来看，对人类这个物种必然的评估是：人类是仁慈而又邪恶的。大自然提供了所有原料，并让它们按照演化原理自然发生。但是大自然并没有对结果，尤其是人类的善恶，做出判断或订下规范来如何隐恶扬善。如果人类自己认为是数十亿年演化中最聪明的物种，就不能把人类的善恶归于自然演化，因为人类已经不再是演化的被动参与者，而是一个可以左右自己演化的物种。但是在能左右自己命运前，回顾一下人类的表现，看到人类犯下的暴行，一个必然的结论是：人类是一个有严重缺陷的物种。那么人类是不是无可救药，而没有弥补这个缺陷的机会呢？

由于人类的心理和行为已经成为演化的一部分，我们有责任找出这种善恶分歧的根本原因，至少应该想到如何做到把固有的仁慈极大化，同时也将衍生的邪恶极小化。我们可以用林肯看似崇高且合理的一句话："对任何人都没有恶意，但以善意对所有人"（with malice toward none；with charity for all）作为心理和行为的指导准则。

人类双重性的根本：同理心

看来，不管人类是否愿意，他们都有着善与恶同时存在的矛盾，无时无刻地不被这种善恶的双重性不断地来回激荡着。事实上，这种双重性的根本起源是人类与生俱来的同理心，它在人类演化之前就已经深深植根于人类的传承中了。

灵长类的同理心

同理心是自然感受到其他同类感觉的能力，这是在人成为人类之前，也就是还只是灵长类动物时，就已经有的一种品质。（译者按：其实，empathy 应翻译为"同情心"，而 sympathy 应翻译为"同理心"。但相反的翻译已通用成俗，积习难改，译者在此章和本书使用一般通俗译法。）

2009年加州洛杉矶大学分校的艾雅科博尼（M. Iacoboni）开始对大脑内的镜像神经元系统（mirror neuron system）做了研究，得到初步的了解。他发现猕猴能够凭着观察到同类的动作，而使得自己也感觉到做了相同的动作，这是他们模仿与学习的开始。人类也有同样而且更为敏锐和发达的镜像神经元系统，艾雅科博尼认为，镜像神经元系统是人类同理心的神经基础（neural foundation）。人类经过镜像神经元系统的介入，只需要观察就可知道另一人的感受，因为观察者是在神经上真正感受到被观察者的感觉。就在这一瞬间，观察者就对被观察者起了同理心。

同理心是不需要经过理性的思考就自然地发生，可以说是完全属于直觉的范围。所有灵长类动物都有同理心，只是他们的同理心与人类的程度不同。至于同理心如何表现在行动上呢？让我们先看看灵长类动物最原始的直觉同理心带动的社会行为。

灵长类动物学家弗朗斯・德瓦尔（Frans de Waal）对灵长类动物的集体生活有独到的见地，他长期观察了自然栖息地的灵长类动物的社会行为。在灵长类动物群体上限为10～20个个体的社会群体中，他们表现出一些人类同理心的行为，包括解决冲突、合作与分享食物。

同时，所有灵长类动物相互之间自然产生情感共鸣，这是一个最明确有同理心的迹象。经过弗朗斯・德瓦尔仔细观测大猿苦恼和兴奋的表情以及他们如何应对时，他确认到有效的集体情绪调节也是同理心的重要成分。同理心使大猿能够承受其他大猿的痛苦，而不会过度困扰大家。这种能分享群体中的其他成员的痛苦、悲哀或悲伤的能力，都是同理心的基本征象。

灵长类动物还表现出自然公平分享其物质财产的倾向。最有启发性的例子之一是带着黑猩猩玩最后通牒的游戏。这个游戏让两只黑猩猩决定是都有稍少的食物，或其中一个可以掠夺到全部食物，最后却被人类没收的结果。黑猩猩与人类儿童有相同的反应，他们倾向于公平的结果，而不是一拍两散的结果。这个共享有限的资源心理强烈表明黑猩猩和人类之间对彼此福利公平渴望的感觉相似。另外，灵长类动物学家还观察到，黑猩猩通常会把食物分享给最经常与自己共享食物的个体，也就是最原始的投桃报李的行径。这种互惠的行为也是一种物质上的同理心。

解决冲突与和解也是灵长类动物世界生活的一部分。灵长类动物群体如果不是太多个体时，他们都能相安无事，一些争吵或资源和伴侣的争夺是无可避免的，但是，根据弗朗斯·德瓦尔的看法，使他们团结在一起并保持和谐无疑是同理心的作用。当出现不可避免的分歧和争执，冲突后不久记忆犹新时，聚在一起来和解也是经常出现的情况。这种和解是减缓可能破坏群体和谐，而强化族内团结的第一步。这些不断地和解是任何重大冲突无法升高到战争的基本原因。

人类的同理心

上面看到灵长类动物在自然环境中会自然地引起情感共鸣，在可能的情况下公平地共享资源，即使发生冲突也具有本能的社交技巧来安抚参与的各方。所有这些我们以为只有人类特有的同理心，在非人类的灵长类动物团体中，典型的10～20个个体，带动着良好的秩序而且都能对每一成员面面俱到。一个很合理的推理：人类应具有同样而且更发达的同理心，毕竟人类是灵长类动物最先进的一员。当然，在石器时代，人类的单个社会群体有 30～150 人，远超过灵长类动物社会团体的大小，他们有没有足够的同理心来处理人际关系，维持群体内的和谐，群体之间的交流上和平？又在什么情况下，单单是同理心已不足以保持良好的社会和谐？是不是人类的演化还没有达到有足够的脑力来处理为数众多，人与人之间高度动态的社交活动？

双重性的发生：真实与人为的同理心

人脑的新皮质层（neocortex）是一般哺乳动物大脑皮层最外面新加的一层，这一层涉及高级脑功能，例如感觉、分析、认知、运动指令的开端、空间的推理、感情处理、语言表达，等等。据邓巴（R.I.M. Dunbar）的说法，新皮质层也用于对人际关系和感情的处理，它的质层越厚则越能处理复杂的人际关系。从人脑容量演化的过程来看，人类新皮质层从南猿时期开始不断地增加，到了石器时代就已达到现代人类的大小，所以已有能够处理那时约 150 人的社会群体的脑力。但是人脑的演化可能没有预计人类会发现各种各样的资源，使得社会群体人数远远超过了 150 人。人类脑力的发展虽然带来了现代人类的认知与智慧，但却还无法处理快速增长的人与人之间的复杂事务与感情的纠结。很显然，人类新皮质层的演化速度远落后于人口成长的速度，它还卡在只有处理较小群体的能力。正如托尼·斯坦库斯（Tony Stankus）所说："人类的现代头骨装着的是石器时代的大脑，"人类无法运用有限的同理心来处理大型团体的复杂人为因素。

因为人类人口成长的速度远超过处理人际关系能力的成长，人类用智慧（也使用到相同忙碌万分的人脑新皮层）发明了规则、社会结构和组织把同理心"制度化"来应对人类本能无法处理的人际和社会问题。正因为这些制度代替了人类不够健全的脑力，它是人为的同理心，而不是自然真实的同理心。

当社会群体日趋增大时，真实的同理心带来了同情心、热情、道德、伦理、规则和最后的法律，这是一个从真实的同理心过渡到人为的同理心程序。但是，一旦同理心被制度化，人类就不经意地遗忘了真实的同理心，留下了一个虚假、人为的同理心。人类开始用制度化和“更大群体的利益”的遁词来掩饰贪婪和自私，并煽动暴力行为和战争，并毫不犹豫地为这些暴行辩护。

人为的同理心虽然是人为，在过去数 10 万年来已经造福人类匪浅，因为毕竟它的起源和意图都是来自真实的同理心。但是从对人类的评估时也可知道，滥用人为的同理心也给人类带来了无数的暴行与邪恶。在开始滥用人为同理心的时候，就使人类变为一个同时具有仁慈（真实的同理心）和人为的同理心导致邪恶的双重性物种的时候。

人类应有改善自己物种的理想

在经过了对人类物种的评估之后，我们知道，人类用真实的同理心确实相互照顾，将种群增长到庞大的规模，同时人类还拉着人为的同理心为幌子，以更大的利益为名，对彼此实施了许多暴行。显而易见，我们应该极大化真同情心带来的仁慈，同时极小化因误用人为同理心造成的邪恶。

据我所知，今天尚没有一个足够高瞻远瞩的哲学理论、学说或行为准则，来促进真实同情心的仁慈和抑制滥用人为同情心的恶行。在本书里，我反复强调人与人之间基因上的接近，我相信当读者在了解到并珍惜人类之间的这种亲密感时，人类天生已有的真实同理心就会被唤醒。如果只要在做任何可能影响到他人的决定时，每一个人都能缓一步来先思考一下这种人类之间的亲密关系，期望达到兼顾同理心的结果，我写这本书的第二个目标就有了很好的开始。事实上，如果把镜头放得更远而且从整体上来看，那么人类物种的未来取决于如何利用智慧来跨越真实和人为同理心之间的鸿沟，而引领我们未来的演化。

1947 年，爱因斯坦代表普林斯顿大学的核物理科学家紧急委员会写了一封公开信，其中部分内容为：“鉴于原子弹对人类残酷的破坏力（作者对原文的释意），我们科学家相信，在未来几年间是决定人类与文明的命运的关键时刻。因为在处于原子弹威胁的阴影下，人类应了解到我们都是兄弟。如果承认后者是事实，并根据这一认识采取行动，人类可能会发展到一个更高的层面。”这个声明在当时有它的紧迫性，但时至 70 多年后的今天，这个紧迫性仍未曾稍减。

如果要经过不断的战争与原子弹爆发的震惊，人类才认识到大家都是兄弟，那人类的确非常可悲，他们的前途也十分悲观。我则较为乐观，经过这 100 年来我们对人类物种的演化与基因的了解，不需要像战争、原子弹这样的事件，就应知道每一个人都是血肉相连的兄弟，也痛苦地意识到人类是一个有演化上严重缺陷的物种。同时，尽管人类过去经历了自然与人为的重重难关，依赖自然赋予的真实同理心，以及随之带来的同情心、伦理、道德、法治和智慧，人类仍能够继续蓬勃发展。展望未来，只要在做影响多数同胞的任何决定时，念兹在兹人与人之间的关系，而从本能的同理心作为出发点，我们就有希望成为更为良好的物种。

注释

1. “Brain expansion in early hominins predicts carnivore extinctions in East Africa,” Søren Faurby, Daniele Silvestro, Lars Werdelin and Alexandre Antonelli, Ecology Letters, (2020), https://doi.org/10.1111/ele.13451.
2. “On the universality of human nature and the uniqueness of the individual: The role of genetics and adaptation,” Tooby, J. & Cosmides, L, Journal of Personality, 58, 17–67 (1990).
3. Chapter 1: “The psychological foundations of culture,” Tooby, J. & Cosmides, L. in “The adapted mind: Evolutionary psychology and the generation of culture” (ed. J. Barkow, L. Cosmides, & J. Tooby), p19–136. Oxford University Press Publisher (1992).
4. “The biodiversity of species and their rates of extinction, distribution, and protection,” SL Pimm, CN Jenkins, R Abell, TM Brooks, JL Gittleman, LN Joppa, PH Raven, CM Roberts, and JO Sexton, Science, 344, (2014).
5. “Our Modern Skulls House a Stone Age Brain :An Overview and Annotated Bibliography of Evolutionary Psychology, Part I, ”Tony Stankus, Journal of Behavioral & Social Sciences Librarian, 30, 119–141 (2011).
6. “The age of empathy: Nature's Lesson for a Kinder Society,” Frans de Waal, Crown Publisher, (2009).
7. "Neocortex size as a constraint on group size in primates," Dunbar, RIM, Journal of Human Evolution, 22, 469–493(1992).
8. “Co-evolution of neocortex size, group size and language in humans,” RIM Dunbar, Behavioral and Brain Sciences, 16, 681–735 (1993).
9. “Enlightenment Now, The Case for Reason, Science, Humanism, and Progress,” Steven Pin ke r, Penguin Books Publisher, 2018.
10. “Imitation, empathy, and mirror neurons”, Marco Iacoboni, Annual Review of Psychology, DOI: 10.1146/annurev.psych.60.110807.163604.

相关图书推荐

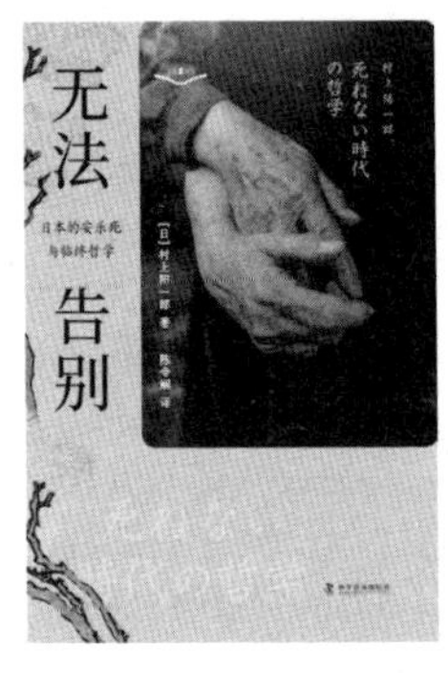

定价 58.00 元

生命延长、难以告别，既是长寿者的幸运，也是不幸？
人终有一死，如何向死而生，跨过人生的最终关？
如果人人长寿，余下的时间应该如何度过？
重病缠身，久治不愈，累及家人，应该如何面对？
面对至亲好友即将死亡，心态该如何调整？
在家度过晚年的独居老人，如何面对活着的压力？
从现在开始建立生死观，或许是解决这一问题的开始。

定价 68.00 元

在了解和对付花粉症的道路上，我们一路打喷嚏，一路前进，对花粉和花粉症的认识也一定会有所改变。花粉症也许不是单纯由植物学原因所致，而是有复杂的理由，如人与自然的关系、文化传统与植林政策等。
日本植物学家小盐海平翻阅古今中外的文献和档案，结合亲身感受，完成了第一部带着善意去介绍花粉症的科普书，启发我们如何与一种早已存在的自然产物共存，找出人类与植物、微生物的相处之道。

相　关　图　书　推　荐

定价　68.00 元

本书以 20 世纪初至近年的案例研究为基础，对当前的反兴奋剂制度追根溯源，直追现代奥运会的诞生之初。从两次世界大战期间对运动纯洁性观念的探讨，到战后的兴奋剂危机，随着药理学的不断发展、各国反兴奋剂政策的曲折变化，曾经看似容易解决的问题，变得更加复杂。20 世纪末，国际反兴奋剂机构成立，在全球性携手措施之下，又会带来哪些新的挑战。最后，著者们站在学术前沿，提出了一些新建议，期望反兴奋剂工作在更科学的前提下，也能更富人性化。

定价　68.00 元

这是一部关于叙事医学与 19 世纪文学研究的经典著作，原书初版于 20 世纪 90 年代，是对小说中存在的现实主义的一次全新、重要的再诠释。芝加哥大学的罗斯菲尔德教授详细描述了欧洲小说与临床医学话语之间的紧密关系，其准确性、细节和复杂性在同时代的研究中出类拔萃。

本书既是对 19 世纪的西方文学进行重新诠释，又是对传统文学史家研究方法的大胆挑战。著者沉浸于《包法利夫人》《福尔摩斯探案集》《高老头》等文学名著中的细节，拒绝将现实主义等同于表现的理论。

相 关 图 书 推 荐

定价 68.00 元

为什么激素是我们生活的“导演”？激素能对我们产生影响吗？从大脑和激素角度看，男人的衰老和女人的衰老有哪些不同？我们能从高龄老人身上学到什么？为什么说晚年幸福也与大脑激素水平相关？压力是如何让我们生病的，我们又为什么不能毫无压力？想要变聪明，就要喝“× 个核桃”？为了年轻，大脑也需要减肥？肠道细菌群如何控制我们的思维？我们能反客为主吗？为什么阿尔茨海默病仍是不治之症？

定价 68.00 元

如果将临床治疗比作航海，在医生被复杂的“海草”纠缠时，还有机会可以求助医学教科书。但如果遇到突发乱流，被卷入其中，又该如何？

历史上曾有一些睿智的医生，率先抵达了安全的岛屿，其名为“传统医学与现代医学的交汇点”。我们可以沿着他们绘制的航线，平安驶向治愈的彼岸。疾病的原因纷繁复杂，但与之对抗的生物模式却是稳定的。

汉方的基本历史和概念是指南针，可以帮助解决诊疗中的各种问题，到访新的大陆和岛屿。著者身为采用汉方疗法的一线临床医生，结合自身求学、诊治的真实经历，介绍了汉方的历史、著名的医学家和经典的方剂，讲解了日本汉方和西方医学的差异，并普及了汉方与中医的区别和联系。

相关图书推荐

定价　68.00 元

日本医疗体系的先进和完善程度，尤其是床位数量，曾经在全球位居前列。但 2020 年以来，由于 COVID-19 大流行，引起了日本全国大范围医疗挤兑，政府和整个医疗系统对大量重症患者无计可施。

2020 年以来，日本民众对医疗提供体制产生了不信任感，比如：为什么日本的医疗崩溃来得如此轻易？为什么有的医疗机构处理得当，有的医疗机构什么都不做？为什么医师会和专家会议，总是建议发布紧急事态宣言、经济活动中止？

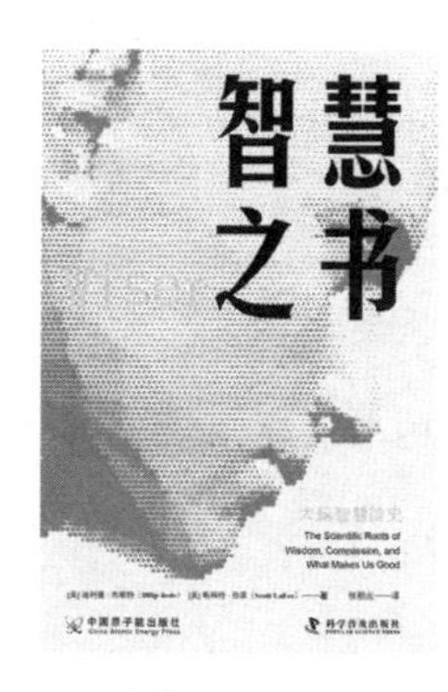

定价　78.00 元

书中认为智慧不等于智力，就像意识、压力或心理韧性一样，从根本上讲都是基于生物学的，能够研究、测量、改变与增强。通过行为、环境、生物学等方法进行科学干预，能够增强基于生物学因素的智慧。变得富有智慧是个过程，本书以智慧科学这门相对年轻的学科为基础，重新界定了智慧是什么，以及在任何生命阶段如何培育智慧，来有效面对生活的问题和挑战。

这是一条通往实现人类最高潜能的、振奋人心的道路。如果你想在家庭、工作、社会生活中成为更有智慧的人，这本书将告知你怎样才能做到。

翻 开 生 命 新 篇 章

埃博思译丛

001　《无法告别：日本的安乐死与临终哲学》

002　《花粉症与人类：让人“痛哭流涕”的小历史》

003　《兴奋剂：现代体育的光与影》

004　《巴尔扎克的柳叶刀：被医学塑造的 19 世纪小说》

005　《痛在你身：如何面对孩子的身心疼痛》

006　《智慧之书：大脑智慧简史》

007　《文明的病因：从疾病看待世界文明史》

008　《血缘与人类：从分子视角重读人类演化史》

009　《七个嫌疑人：不堪重负的日本医疗》

010　《瘟疫编年史：世界史上 100 场疫病》

011　《汉方航海图：到东方之东的医学之旅》

012　《不老的大脑：致老龄化时代的脑科学》